中国工程院咨询研究报告

中国煤炭清洁高效可持续开发利用战略研究

谢克昌／主编

第 7 卷

先进输电技术与煤炭清洁高效利用

李立浧 等／编著

科学出版社

北京

内 容 简 介

本书是《中国煤炭清洁高效可持续开发利用战略研究》丛书之一。

本书以中国工程院重大咨询项目“中国煤炭清洁高效可持续开发利用战略研究”的课题七“先进输电技术及对煤炭清洁高效利用的影响”报告为基础编著而成。全书内容分为综合篇；第一篇：电煤运输现状及发展要求；第二篇：国内外先进输电技术；第三篇：输煤输电比较。全书立足于先进输电技术对煤炭清洁高效利用的影响，结合我国能源发展战略和区域发展规划，厘清煤炭能源运输的主要矛盾，综合煤炭清洁高效利用、电力技术发展、我国区域发展等方面进行有前瞻性的输煤输电综合比较，提出电煤运输战略构想、电网发展方式建议，从煤炭能源输送与电力发展角度提出符合我国国情和区域发展的煤炭清洁高效利用建议。

本书可供政府、能源领域企业和研究机构中高层管理人员及研究人员，大专院校能源相关专业师生，以及其他对我国能源问题感兴趣的社会公众阅读参考。

图书在版编目（CIP）数据

先进输电技术与煤炭清洁高效利用／李立浧等编著．—北京：科学出版社，2014.10

（中国煤炭清洁高效可持续开发利用战略研究／谢克昌主编；7）

“十二五”国家重点图书出版规划项目　中国工程院重大咨询项目

ISBN 978-7-03-040338-4

Ⅰ.先…　Ⅱ.李…　Ⅲ.输电技术-影响-煤炭工业-无污染技术-研究-中国　Ⅳ.X784

中国版本图书馆CIP数据核字（2014）第063533号

责任编辑：李　敏　刘　超　张　震／责任校对：郑金红

责任印制：徐晓晨／封面设计：黄华斌

科学出版社出版

北京东黄城根北街16号

邮政编码：100717

http://www.sciencep.com

北京教图印刷有限公司印刷

科学出版社发行　各地新华书店经销

*

2014年10月第　一　版　开本：787×1092　1/16

2015年 1 月第二次印刷　印张：15 3/4

字数：360 000

定价：188.00元

（如有印装质量问题，我社负责调换）

中国工程院重大咨询项目

中国煤炭清洁高效可持续开发利用战略研究
项目顾问及负责人

项 目 顾 问

徐匡迪	中国工程院	十届全国政协副主席、中国工程院主席团名誉主席、原院长、院士
周　济	中国工程院	院长、院士
潘云鹤	中国工程院	常务副院长、院士
杜祥琬	中国工程院	原副院长、院士

项目负责人

谢克昌	中国工程院	副院长、院士

课题负责人

第 1 课题	煤炭资源与水资源	彭苏萍
第 2 课题	煤炭安全、高效、绿色开采技术与战略研究	谢和平
第 3 课题	煤炭提质技术与输配方案的战略研究	刘炯天
第 4 课题	煤利用中的污染控制和净化技术	郝吉明
第 5 课题	先进清洁煤燃烧与气化技术	岑可法
第 6 课题	先进燃煤发电技术	黄其励
第 7 课题	先进输电技术与煤炭清洁高效利用	李立浧
第 8 课题	煤洁净高效转化	谢克昌
第 9 课题	煤基多联产技术	倪维斗
第 10 课题	煤利用过程中的节能技术	金　涌
第 11 课题	中美煤炭清洁高效利用技术对比	谢克昌
综 合 组	中国煤炭清洁高效可持续开发利用	谢克昌

本卷研究组成员

组　长

李立浧	中国南方电网公司	院士，本卷总执笔人

副组长

杨奇逊	华北电力大学/北京四方继保自动化有限公司	院士
余贻鑫	天津大学	院士
秦定国	中国神华能源股份有限公司国华电力公司	教授级高工，综合篇执笔人

成　员

饶　宏	南方电网科学研究院	教授级高工，综合篇执笔人
荆　勇	南方电网科学研究院	教授级高工，综合篇执笔人
张东辉	南方电网科学研究院	高工，综合篇执笔人
姜绍俊	中国电力发展促进会	教授级高工，第一篇执笔人
彭　波	中国南方电网公司	高工，第一篇执笔人
曾　嵘	清华大学	教授，第二篇执笔人
余占清	清华大学	副教授，第二篇执笔人
范新宽	中国神华能源股份有限公司国华电力公司	教授级高工，第三篇执笔人
徐国新	中国电力工程顾问集团公司	工程师，第三篇执笔人
韩英铎	清华大学	院士
黄其励	东北电网公司	院士
王志轩	中国电力企业联合会	秘书长、教授级高工
王成山	天津大学	教授
佟明东	中国电力工程顾问集团公司	教授级高工
蒋宜国	中国电力科学研究院	教授级高工
吕世森	中国电力工程顾问集团公司技术经济中心	教授级高工
洪　潮	南方电网科学研究院	教授级高工
金小明	南方电网科学研究院	教授级高工

罗　兵	南方电网科学研究院	教授级高工
许定峰	中国神华能源股份有限公司国华电力公司	教授级高工
梁曦东	清华大学	教授
郭培堂	中国电力企业联合会	高工
曾　沅	天津大学	副教授
郑　涛	华北电力大学	副教授
周保荣	南方电网科学研究院	教授级高工
许爱东	南方电网科学研究院	高工
张华赢	南方电网科学研究院	工程师
鲁宗相	清华大学	副教授
管　霖	华南理工大学	教授
余　涛	华南理工大学	副教授
金　强	中国神华能源股份有限公司国华电力公司	教授级高工
吴　华	中国神华能源股份有限公司国华电力公司	高工
熊小鹤	中国神华能源股份有限公司国华电力公司	工程师
辛颂旭	国网能源研究院	工程师
赵金利	天津大学	副教授
韩正华	中国神华能源股份有限公司国华电力公司	工程师
王　建	中国电力工程顾问集团公司	工程师
王　浩	中国电力工程顾问集团公司	工程师

序　一

近年来，能源开发利用必须与经济、社会、环境全面协调和可持续发展已成为世界各国的普遍共识，我国以煤炭为主的能源结构面临严峻挑战。煤炭清洁、高效、可持续开发利用不仅关系我国能源的安全和稳定供应，而且是构建我国社会主义生态文明和美丽中国的基础与保障。2012 年，我国煤炭产量占世界煤炭总产量的 50% 左右，消费量占我国一次能源消费量的 70% 左右，煤炭在满足经济社会发展对能源的需求的同时，也给我国环境治理和温室气体减排带来巨大的压力。推动煤炭清洁、高效、可持续开发利用，促进能源生产和消费革命，成为新时期煤炭发展必须面对和要解决的问题。

中国工程院作为我国工程技术界最高的荣誉性、咨询性学术机构，立足我国经济社会发展需求和能源发展战略，及时地组织开展了“中国煤炭清洁高效可持续开发利用战略研究”重大咨询项目和“中美煤炭清洁高效利用技术对比”专题研究，体现了中国工程院和院士们对国家发展的责任感和使命感，经过近两年的调查研究，形成了我国煤炭发展的战略思路和措施建议，这对指导我国煤炭清洁、高效、可持续开发利用和加快煤炭国际合作具有重要意义。项目研究成果凝聚了众多院士和专家的集体智慧，部分研究成果和观点已经在政府相关规划、政策和重大决策中得到体现。

对院士和专家们严谨的学术作风和付出的辛勤劳动表示衷心的敬意与感谢。

2013 年 11 月 6 日

序　二

煤炭是我国的主体能源，我国正处于工业化、城镇化快速推进阶段，今后较长一段时期，能源需求仍将较快增长，煤炭消费总量也将持续增加。我国面临着以高碳能源为主的能源结构与发展绿色、低碳经济的迫切需求之间的矛盾，煤炭大规模开发利用带来了安全、生态、温室气体排放等一系列严峻问题，迫切需要开辟出一条清洁、高效、可持续开发利用煤炭的新道路。

2010 年 8 月，谢克昌院士根据其长期对洁净煤技术的认识和实践，在《新一代煤化工和洁净煤技术利用现状分析与对策建议》(《中国工程科学》2003 年第 6 期)、《洁净煤战略与循环经济》(《中国洁净煤战略研讨会大会报告》, 2004 年第 6 期）等先期研究的基础上，根据上述问题和挑战，提出了《中国煤炭清洁高效可持续开发利用战略研究》实施方案，得到了具有共识的中国工程院主要领导和众多院士、专家的大力支持。

2011 年 2 月，中国工程院启动了“中国煤炭清洁高效可持续开发利用战略研究”重大咨询项目，国内煤炭及相关领域的 30 位院士、400 多位专家和 95 家单位共同参与，经过近两年的研究，形成了一系列重大研究成果。徐匡迪、周济、潘云鹤、杜祥琬等同志作为项目顾问，提出了大量的指导性意见；各位院士、专家深入现场调研上百次，取得了宝贵的第一手资料；神华集团、陕西煤业化工集团等企业在人力、物力上给予了大力支持，为项目顺利完成奠定了坚实的基础。

“中国煤炭清洁高效可持续开发利用战略研究”重大咨询项目涵盖了煤炭开发利用的全产业链，分为综合组、10 个课题组和 1 个专题组，以国内外已工业化和近工业化的技术为案例，以先进的分析、比较、评价方法为手段，通过对有关煤的清洁高效利用的全局性、系统性、基础性问题的深入研究，提出了科学性、时效性和操作性强的煤炭清洁、高效、可持续开发利用战略方案。

《中国煤炭清洁高效可持续开发利用战略研究》丛书是在 10 项课题研究、1 项专题研究和项目综合研究成果基础上整理编著而成的，共有 12 卷，对煤炭的开发、输配、转化、利用全过程和中美煤炭清洁高效利用技术等进行了系统的调研和分析研究。

综合卷《中国煤炭清洁高效可持续开发利用战略研究》包括项目综合报告及 10 个课题、1 个专题的简要报告，由中国工程院谢克昌院士牵头，分析了我国煤炭清洁、高效、可持续开发利用面临的形势，针对煤炭开发利用过程中的一系列重大问题进行了分析研究，给出了清洁、高效、可持续的量化指标，提出了符合我国国情的煤炭清洁、高效、可持续开发利用战略和政策措施建议。

第1卷《煤炭资源与水资源》，由中国矿业大学（北京）彭苏萍院士牵头，系统地研究了我国煤炭资源分布特点、开发现状、发展趋势，以及煤炭资源与水资源的关系，提出了煤炭资源可持续开发的战略思路、开发布局和政策建议。

第2卷《煤炭安全、高效、绿色开采技术与战略研究》，由四川大学谢和平院士牵头，分析了我国煤炭开采现状与存在的主要问题，创造性地提出了以安全、高效、绿色开采为目标的“科学产能”评价体系，提出了科学规划我国五大产煤区的发展战略与政策导向。

第3卷《煤炭提质技术与输配方案的战略研究》，由中国矿业大学刘炯天院士牵头，分析了煤炭提质技术与产业相关问题和煤炭输配现状，提出了“洁配度”评价体系，提出了煤炭整体提质和输配优化的战略思路与实施方案。

第4卷《煤利用中的污染控制和净化技术》，由清华大学郝吉明院士牵头，系统研究了我国重点领域煤炭利用污染物排放控制和碳减排技术，提出了推进重点区域煤炭消费总量控制和煤炭清洁化利用的战略思路和政策建议。

第5卷《先进清洁煤燃烧与气化技术》，由浙江大学岑可法院士牵头，系统分析了各种燃烧与气化技术，提出了先进、低碳、清洁、高效的煤燃烧与气化发展路线图和战略思路，重点提出发展煤分级转化综合利用技术的建议。

第6卷《先进燃煤发电技术》，由东北电网有限公司黄其励院士牵头，分析评估了我国燃煤发电技术及其存在的问题，提出了燃煤发电技术近期、中期和远期发展战略思路、技术路线图和电煤稳定供应策略。

第7卷《先进输电技术与煤炭清洁高效利用》，由中国南方电网公司李立浧院士牵头，分析了煤炭、电力流向和国内外各种电力传输技术，通过对输电和输煤进行比较研究，提出了电煤输运构想和电网发展模式。

第8卷《煤洁净高效转化》，由中国工程院谢克昌院士牵头，调研分析了主要煤基产品所对应的煤转化技术和产业状况，提出了我国煤转化产业布局、产品结构、产品规模、发展路线图和政策措施建议。

第9卷《煤基多联产技术》，由清华大学倪维斗院士牵头，分析了我国煤基多联产技术发展的现状和问题，提出了我国多联产系统发展的规模、布局、发展战略和路线图，对多联产技术发展的政策和保障体系建设提出了建议。

第 10 卷《煤炭利用过程中的节能技术》，由清华大学金涌院士牵头，调研分析了我国重点耗煤行业的技术状况和节能问题，提出了技术、结构和管理三方面的节能潜力与各行业的主要节能技术发展方向。

第 11 卷《中美煤炭清洁高效利用技术对比》，由中国工程院谢克昌院士牵头，对中美两国在煤炭清洁高效利用技术和发展路线方面的同异、优劣进行了深入的对比分析，为中国煤炭清洁、高效、可持续开发利用战略研究提供了支撑。

《中国煤炭清洁高效可持续开发利用战略研究》丛书是中国工程院和煤炭及相关行业专家集体智慧的结晶，体现了我国煤炭及相关行业对我国煤炭发展的最新认识和总体思路，对我国煤炭清洁、高效、可持续开发利用的战略方向选择和产业布局具有一定的借鉴作用，对广大的科技工作者、行业管理人员、企业管理人员都具有很好的参考价值。

受煤炭发展复杂性和编写人员水平的限制，书中难免存在疏漏、偏颇之处，请有关专家和读者批评、指正。

谢克昌

2013 年 11 月

前　言

我国能源需求的高速增长和以煤炭为主的一次能源结构对我国社会经济环境可持续发展造成了巨大的压力，急需采取措施节能减排、优化能源结构、控制能源消费总量。其中，煤炭的高效清洁利用是缓解我国能源供需矛盾和环境压力、保证能源利用可持续发展的关键措施之一。

本书是以中国工程院重大咨询项目“中国煤炭清洁高效可持续开发利用战略研究”的课题七——“先进输电技术及对煤炭清洁高效利用的影响”报告为基础编著而成的。课题七包括四个子课题，子课题一为“电煤在运输环节的现状、问题和发展要求的研究”，子课题二为“国内外先进输电技术调研与评估”，子课题三为“输煤输电比较研究”，子课题四为总报告。分别从不同方面进行了我国电煤输送的现状、问题分析，先进输电技术的比较，我国电网模式的分析，以及输煤输电综合比较分析，以此形成本书的第一篇、第二篇、第三篇。本书的综合篇以课题七总报告（即子课题四）为基础。

本书积极响应十一届人民代表大会五次会议政府工作报告中提出的“推动传统能源清洁高效利用”、“加强能源通道建设”的工作部署，立足于先进输电技术对煤炭清洁高效利用的影响，结合我国能源发展战略和区域发展规划，理清煤炭能源运输的主要矛盾，综合煤炭清洁高效利用、电力技术发展、我国区域发展等方面进行有前瞻性地输煤输电综合比较，提出电煤运输战略构想、电网发展方式建议，从煤炭能源输送与电力发展角度提出符合我国国情和区域发展的煤炭清洁高效利用建议。

参与编著的院士、专家和参与咨询研究、编著与执笔的院士、专家，虽然作出了极大努力，但由于种种原因，书中仍可能有疏漏或不妥之处，请社会各界批评指正。

作　者

2013 年 12 月

目　　录

综　合　篇

第一篇　电煤运输现状及发展要求

第二篇　国内外先进输电技术

第三篇 输煤输电比较

综　合　篇

第1章 煤炭、电力流向分析

随着我国各区域经济的高速增长，能源需求也急速增长，2010年我国能源消费总量达到32.5亿tce（本书各项统计数据均未包括香港特别行政区、澳门特别行政区和台湾地区）。由于我国东部、南部经济发达地区能源资源匮乏，西部、北部地区能源资源相对富足，能源流向总体表现为从西部、北部向东部、南部地区输送。由于各区域能源资源禀赋差距明显，未来相当长一段时间内我国的这种基本能源流向不会变化，但随着我国各区域产业结构调整，经济发展速度、清洁能源开发等因素的变化，在煤炭、电力流向规模方面可能有一定的调整。

本章对我国未来煤炭、电力流向给出了总体介绍，引用相关权威报告对我国经济发展、能源需求进行预测，对煤炭、电力流向规模进行研究，引用能源结构的现状和预测结果；指出煤炭在我国能源资源中的地位，重点分析远景电煤输送量和电力输送量的预测结果，并考虑经济增长方式转变和清洁能源发展等因素对煤炭、电力流向的影响。

1.1 经济发展及能源需求预测

1.1.1 经济发展预测

本书采用《中国能源中长期发展战略研究》的中长期经济社会发展模型预测分析结果，预测2020年我国GDP约为61.3万亿元（2005年价）①；2020年以后，随着劳动人口比例逐渐下降，经济增长速度将逐渐趋缓，2020~2030年GDP年均增速为5.9%，2030~2050年GDP年均增速为4%。预测结果如表1-1所示。

表1-1 我国2020~2050年GDP水平预测 （单位：万亿元）

项目	2005年（实际）	2010年（实际）	2020年（预测）	2030年（预测）	2050年（预测）
GDP	18.5	31.4	61.3	108.7	238.7

注：GDP已折算到2005年价水平。本书研究不涉及港澳台，数据统计不含上述地区。

1.1.2 能源需求总量及结构

1.1.2.1 能源消费总量

根据《中国统计年鉴2006~2010》（国家统计局，2010）及国家统计局公告，我国

①本书数据采用概略值，因取值和数据来源不同，简略计算或有差异。

2000~2010 年能源消费总量及单位 GDP 能耗水平见表 1-2。

表 1-2　我国 2000~2010 年能源消费总量及单位 GDP 能耗水平

项目	单位	2000 年	2005 年	2006 年	2007 年	2008 年	2009 年	2010 年
能源消费总量	万 tce	145 531	224 682	246 270	265 583	291 448	306 647	325 000
GDP	亿元	116 114	184 937	208 381	237 893	260 813	284 581	313 893
单位 GDP 能耗	tce/万元	1. 25	1. 21	1. 18	1. 12	1. 12	1. 08	1. 04

注：GDP 已折算到 2005 年价水平。

参考《2020 年全国电力流规划报告》和《中国能源中长期发展战略研究》，预测我国 2020~2050 年能源消费水平，见表 1-3。从表 1-3 可以发现，我国单位 GDP 能耗水平预计在 2030 年约降低一半，相当于美国 2010 年的水平，到 2050 年约为 2010 年的 1/4，相当于日本 2010 年的水平。根据发达国家已经提出的温室气体排放目标，发达国家 2030 年能源强度较当前将平均下降 33%，2050 年平均下降 55%，我国相应的能源强度下降速度还应该提高。

表 1-3　我国 2020~2050 年能源消费总量及单位 GDP 能耗水平预测

项目	单位	2010 年	2020 年	2030 年	2050 年
能源消费总量	万 tce	325 000	447 000	555 000	681 000
GDP	亿元	313 893	613 314	1 087 585	2 387 110
单位 GDP 能耗	tce/万元	1. 035	0. 729	0. 510	0. 285

注：GDP 已折算到 2005 年价水平、2030 年、2050 年能源消费总量按《中国能源中长期发展战略研究》中各类电源消耗一次能源 2 倍估计。

本书预测中国 2020~2050 年全社会用电量结果见表 1-4。由于我国电气化水平的提高，电能在终端能源消费中的比重在 2030 年之前将逐渐加大。

表 1-4　我国 2020~2050 年全社会用电量预测结果

项目	2010 年	2020 年	2030 年	2050 年
全社会用电量/（亿 kW・h）	41 903	807 80	116 650	145 815. 7
电能在终端能源消费中的比重/%	32	45	52	53

注：全国 2020 年全社会用电量的预测结果参考《2020 年全国电力流规划报告》；2030 年预测结果参考《电力工业“十二五”规划》，与《中国能源中长期发展战略研究》中我国各类电源消耗一次能源预测结果基本一致；2050 年预测结果参考《中国能源中长期发展战略研究》中我国各类电源消耗一次能源预测结果。

1. 1. 2. 2　能源消费结构

在能源消费结构方面，根据国家统计局统计数据，2010 年全年能源消费总量为 32. 5 亿 tce。其中，煤炭消费占 68. 0%，其次是原油，占 19. 0%，天然气占 4. 4%，核能、水电及可再生能源发电合计占 8. 6%。可见，煤炭为我国最主要的一次能源，煤炭在我国一次能源消费中占有相当重要的地位，这是我国能源消费结构的重要特点。

根据《科学发展的 2030 年国家能源战略》研究结果，2030 年以前煤炭需求量仍将大量增加，2007~2030 年消费量将增加 12 亿 t 原煤，2030 年后基本维持不变，未来相当长时间内，煤炭仍将是我国的基础能源。我国优先发展水电、大力开发风电及太阳能等其他可再生能源，大力发展核电，适度发展天然气发电。到 2050 年，清洁能源在一次能源中的比重逐步上升，由 2010 年的 12% 逐步增加到 40% 左右，而煤炭在一次能源的比重由 2010 年的 70% 下降到 45% 左右（图 1-1）。

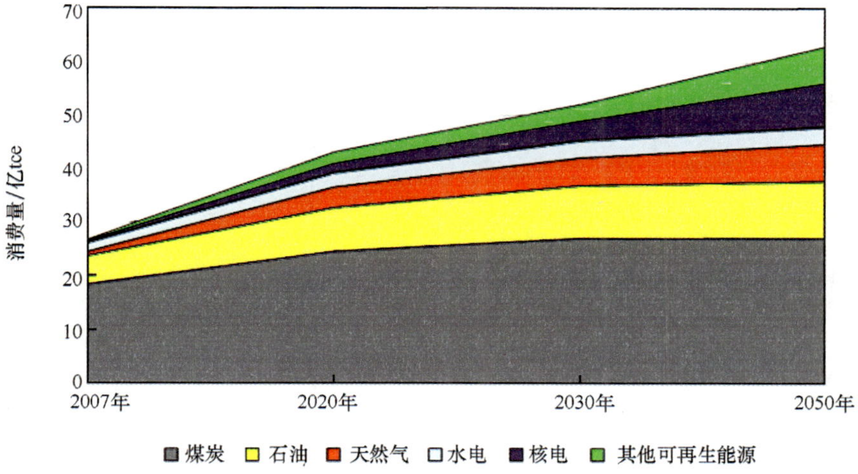

图 1-1 我国未来各类一次能源消费量

资料来源：《科学发展的 2030 年国家能源战略》

目前，在发电消耗一次能源的结构中，煤炭占有绝对优势，占比例约 80%；《中国能源中长期发展战略研究》中预计，2030 年，煤炭比例将下降到 67% 左右，2050 年将下降到 50% 左右。预计 2020 年、2030 年、2050 年全国各类电源消耗一次能源情况如表 1-5 所示。由表 1-5 可知，煤炭发电利用在 2030 年前后达到最大，但 2020 年和 2030 年相差有限，10 年仅新增 2.11 亿 tce。

表 1-5 我国 2020~2050 年各类电源消耗的一次能源情况 （单位：亿 tce）

年份	合计	水电	煤炭	天然气	核电	其他可再生能源
2020	22.24	2.74	16.27	1.30	1.13	0.8
2030	27.73	3.43	18.38	1.85	2.65	1.42
2050	33.06	3.30	17.84	2.26	7.09	2.57

注：因各项数据取值差异，加和可能与实际值不同，下同。

虽然煤炭在发电一次能源中的比例将逐步下降，利用煤炭发电仍是电力发展的主要方面，将煤炭转变为电力作为终端能源使用更便于提高煤炭利用效率和环境治理，我国目前煤炭转化为电力的比例约为 53%，如果能够提高到 70%~80%，对于节能减排是非常有利的。

1.1.3 电力需求分布

全国 2020 年分省份电力需求预测见表 1-6，可见，2020 年广东、长江三角洲（长三角）地区、山东、河南、河北为电力消费大省，能源资源丰富的省份新疆、内蒙古、云南等电力负荷增长相对较快，为满足我国电力需求，我国未来 10 年每年新开工火电机组需在6000万kW左右。参考《2020年全国电力流规划报告》，“十二五”期间已核准及同意开展前期工作的煤电装机24 584万kW。

表1-6 全国2020年分省（区、市）电力需求预测

省份		2010年		2015年		2020年	
		用电量/（亿kW·h）	负荷/万kW	用电量/（亿kW·h）	负荷/万kW	用电量/（亿kW·h）	负荷/万kW
1	全国	41 903	70 103	62 476	105 370	80 780	139 262
2	北京	800	1 660	1 133	2 383	1 331	2 802
3	天津	643	1 030	958	1 549	1 198	1 996
4	河北	2 692	4 100	3 810	5 886	4 785	7 596
5	山西	1 450	2 150	2 283	3 385	2 922	4 496
6	山东	3 300	5 300	4 694	7 609	5 896	9 826
7	内蒙古	1 530	2 125	2 431	3 376	3 417	5 025
8	黑龙江	740	1 242	1 007	1 785	1 253	2 237
9	吉林	572	982	880	1 511	1 116	1 958
10	辽宁	1 717	2 600	2 642	4 093	3 287	5 218
11	上海	1 290	2 600	1 715	3 562	2 024	4 218
12	浙江	2 825	4 652	3 907	6 525	4 769	8 083
13	江苏	3 856	6 450	5 283	8 879	6 480	11 172
14	安徽	1 076	2 000	1 671	3 077	2 169	4 018
15	福建	1 316	2 142	1 979	3 221	2 557	4 447
16	湖北	1 325	2 450	1 947	3 600	2 480	4 770
17	湖南	1 177	2 100	1 713	3 086	2 193	4 061
18	河南	2 355	3 850	3 541	5 789	4 533	7 682
19	江西	700	1 200	1 102	1 933	1 424	2 543
20	四川	1 550	2 600	2 385	4 000	3 155	5 487
21	重庆	626	1 210	962	1 862	1 257	2 488
22	陕西	853	1 510	1 344	2 432	1 729	3 231
23	甘肃	803	1 304	1 264	2 053	1 752	2 970
24	宁夏	547	880	922	1 517	1 308	2 180
25	青海	465	677	749	1 115	1 108	1 629
26	新疆	648	1 120	1 615	2 850	3 022	5 321
27	广东	4 060	7 118	5 641	10 000	6 919	12 418
28	广西	993	1 660	1 636	2 735	2 195	3 689
29	贵州	836	1 420	1 315	2 235	1 840	3 145
30	云南	1 000	1 741	1 686	2 934	2 273	3 959
31	海南	158	230	261	388	388	597

资料来源：《2020年全国电力流规划报告》

1.2 煤炭、电力流向分析

1.2.1 远景年能源流流向

“十一五”期间我国一次能源生产总量连续五年位居世界第一，2010 年达到 29.9 亿 tce，比 2005 年增长 38.4%；能源消费总量为 32.5 亿 tce，比 2005 年增长 37.7%。从一次能源资源分布上看，煤炭资源主要集中在北方的新、陕、晋和内蒙古四省区，占全国资源的 55% 以上，南方的云、贵两省也有一定的煤炭资源；水能资源主要分布在西南地区的川、滇、藏三省（区），占比达 68% 以上；风能资源则分布在北方的吉、新、甘、青、内蒙古和东南沿海的江苏等六省区，占比达 58%。

从能源分布和消费平衡来看，受资源禀赋制约，东部沿海发达地区能源资源均不能满足自身需求，需要大量调入能源。2009 年能源自给率低于 40% 的有 9 个省份，分别是京、冀、江、浙、沪、闽、粤、桂、琼。能源输出大省中煤炭调出主要集中在晋、陕、新、贵、内蒙古五省区，水电送出主要集中在鄂、川、滇三省。由我国能源资源和生产力布局逆向分布特点决定，在今后一段时间内，京津冀鲁、长三角（江浙沪）、两广和华中东部（豫鄂湘赣渝）地区仍是全国主要一次能源调入（包括送入电力）的主要地区；“三西”和新疆煤炭基地在水资源和生态、环保条件允许的情况下，具备建设一定规模外送煤电的条件；水能资源丰富且仍具开发潜力的川、滇、藏将成为主要水电外送地区；若采用集中大规模开发模式发展风电，则西北地区将成为风电资源的主要输出地。

由于煤炭发电利用在 2030 年前后达到最大，但 2020 年已和 2030 年基本接近，再考虑到西部、北部煤炭主要产区负荷的快速增长，因此，煤炭能源流初步估计在 2020~2030年达到最大，而且在 2020 年接近最大值。

1.2.2 远景年电煤输送量

我国能源消费以煤为主。我国 2010 年发电用煤为 12.9 亿 t（原煤量），2020 年发电用煤将达到 25.3 亿 t（已折算到原煤），2030 年将达 28.5 亿 t，2050 年将达 27.7 亿 t。2010~2020 年我国发电用煤将基本增长一倍，对煤炭运输能力提出了考验。2020 年以后电煤增长缓慢，全局上不会出现运煤能力紧张的问题。

目前，我国运煤资源调配手段主要包括运煤和输电两种，其中运煤仍占主导。2009 年全国煤炭产区输煤输电比为 7.6∶1（输电量中已扣除水电外送电量），其中，晋陕蒙宁煤炭主产区 2009 年输煤输电比为 11.2∶1；2010 年输煤输电比为 8.7∶1，晋陕蒙宁煤炭主产区输煤输电比为 10.3∶1。铁路运煤是最主要的运煤方式。发电用煤的大幅增加和我国的煤炭消费格局迫切要求加强铁路运输等途径以缓解运输瓶颈。

（1）2015 年电煤铁路运输分析

《2020 年全国电力流规划报告》预计，2015 年全国煤炭调出省份净调出量约为 15.1 亿 t，较 2010 年增加 2.9 亿 t（产量增加 5.1 亿 t）。其中，晋陕蒙宁甘地区为 14.26 亿 t，新疆调出 0.3 亿 t，云贵调出 0.56 亿 t。届时，煤炭调入省区净调入的 16.6 亿 t，较 2010

年增加3亿t。其中，华东、京津冀、中南和东北地区调入的16.26亿t，主要由陕晋蒙宁、云贵地区供应14.76亿t，净进口1.5亿t；川渝青地区调入0.36亿t，主要由新疆供应0.3亿t，其余由晋陕蒙宁甘地区补给。

为满足全国一次能源消费需求，“十二五”期间还需加大煤炭开发利用力度，除坑口转化利用部分外，40%需跨省调运到中、东部发达地区消费，未来五年铁路运力增长可实现新增3亿t煤炭的调运，基本满足煤炭外运和调入需求，可新增一定容量的东部负荷中心燃煤机组。

（2）2020年电煤运输分析

《中国能源中长期发展战略研究》估计，2020年我国晋陕蒙宁地区及新甘青藏地区煤炭净调出量为16亿~18亿t，比2015年最多增长运量3亿t左右。

根据铁路中长期规划（2008年3月底），我国铁路建设的原则以扩大西部结网规模为主，完成中东部路网结构，规划新建线路4.1万km，其中多条铁路为我国西北煤炭外运提供通道。输煤铁路主要规划有：①从国家大西部到华中修建一条运煤铁路，运力为2亿t，将承担鄂尔多斯、陕北、山西、河南的煤炭运到湖北、湖南、江西，线路预计2017年投产，基本解决湖北、湖南、江西煤运紧张的问题。②加大内蒙古铁路建设力度，增加煤炭外送能力2.15亿t，内蒙古煤炭外运能力将不是阻碍输煤发展的瓶颈。

根据《煤炭提质技术与输配方案的战略研究》中对电煤入洗的研究，我国目前电煤入洗率不足30%，计划提高动力煤入洗率和分选效率，2015年动力煤入选率达到50%，2020年入选率达到70%，可有效减少煤炭无效运输，根据煤炭发热量的不同，洗精煤可减少运煤量20%~50%。原估计2020年我国晋陕蒙宁地区及新甘青藏地区煤炭净调出量约18亿t，若2020年入选率达到70%，即使按洗精煤减少运煤量20%计算，可减少煤炭运输量2.52亿t。

另外，我国会坚持输煤输电并举，适当增加煤炭就地转化电力外送量，以提高综合能源高效利用效率、减轻煤炭外送压力、发展煤炭产地经济。《2020年全国电力流规划报告》预计2011~2020年全国合计新增火电外送容量7154万kW，相当于增加煤炭外运能力1.5亿t左右。

总之，“十三五”重点煤炭基地铁路外运通道的建设可基本解决我国煤炭运力紧张的问题。需要特别指出的是，随着煤炭开发重点西移，新疆成为我国第14个煤炭重点开发基地，需尽快开展新疆煤炭外运通道专题研究，包括兰新客运专线和临哈（哈密—临河）运煤专线，避免新疆煤炭外运不畅。

（3）2030~2050年电煤运输分析

根据《中国能源中长期发展战略研究》成果，考虑开发规模主要受到生态环境和水资源的严重制约等影响因素，预计2030年和2050年，全国煤炭可持续供应能力可达到37.2亿t和37.3亿t，与《煤炭工业发展“十二五”规划》预测的2015年的37.5亿t相当（表1-7）。

表 1-7　全国煤炭及电煤可持续供应能力　　　　（单位：亿 t）

地区	煤炭供应能力		电煤供应能力	
	2030 年	2050 年	2030 年	2050 年
全国合计	37.2	37.3	26	26.1
西部地区	24	25.35	16.8	17.7
中部地区	9.87	9.39	6.9	6.6
东部地区	3.33	2.56	2.3	1.8

若全国煤炭产量在 2015~2050 年稳定在 37.5 亿 t 左右，随着中部地区、东部地区电煤供应的逐渐下降，煤炭资源十分丰富的西部地区，尤其是新疆、内蒙古地区，电煤输送量将逐渐增加。但随着煤炭清洁高效利用和西北煤炭基地外运通道的发展，基本上可以认为，2030~2050 年电煤运输不存在全局性运力紧张问题，局部外运问题适当调整可以解决。

因此，铁路输送电煤能力最为紧迫的年份应在 2015 年左右。预计“十二五”后半期到 2020 年，我国电煤运输瓶颈将逐步消除，电煤供应局部紧张状况可以消除，但需做好新疆等地煤炭基地外运通道专题研究。

1.2.3　远景年电力输送量

据统计，截至 2010 年，全国跨省送电规模为 10 984 万 kW，其中，西电东送规模为 7800 万 kW，分别为：北通道 2892 万 kW、中通道 2470 万 kW、南通道 2438 万 kW；跨区送电规模 3343 万 kW。

对于 2020 年全国跨省电力流，本书主要参考《2020 年全国电力流规划报告》的方案一和方案二（方案二跨省电力流规模为方案一的 1.5 倍）。

根据《2020 年全国电力流规划报告》提出的电力流规模方案一，为满足中东部地区快速增长的电力需求，进一步推进西电东送是未来 10 年优化能源资源配置的重要措施，2011~2020 年全国新增跨省送电 19 058 万 kW，其中新增跨区送电 10 179 万 kW。将今后 10 年规划电力流及主要受电地区初步规划的燃煤、燃气电站计入电力平衡后，东、中部地区已基本实现电力供需平衡，主要受电地区受电规模见表 1-8。

表 1-8　2020 年主要受电地区电力平衡结果　　　　（单位：万 kW）

编号	主要受电地区	最大负荷	装机规模	受电规模
	合计	83 344	85 850	20 027
1	京津冀	12 394	11 743	4 221
2	山东	9 826	11 115	1 045
3	华中东四省	19 056	21 357	1 959
4	重庆	2 488	2 119	1 442
5	长三角	23 473	24 588	5 623
6	两广	16 107	14 928	5 737

2010~2020 年跨省电力流变化情况见表 1-9。由表可见，我国 2010 年跨省电力流主

要是以煤炭为燃料的火电，比例约为 64%。未来 10 年，我国为了在更大范围内优化配置资源，将大力发展水电、风电等可再生能源，可再生能源跨省送电大幅增长，2011~2020 年新增可再生能源跨省送电 11 904 万 kW，比重由 2010 年的 34% 提高到 53%，跨省送电的火电电力流虽然基本翻番，火电电力流比例仍将降低至 47%。

表 1-9　2010~2020 年跨省电力流变化情况　　（单位：万 kW）

省份	2010 年跨省电力流				2020 年跨省电力流				2010~2020 年跨省电力流变化情况（+输入规模增加，-输出规模减小）			
	合计	水电	火电	风电	合计	水电	火电	风电	合计	水电	火电	风电
全国	10 984	3 753	7 031	200	30 042	13 757	14 185	2 100	19 058	10 004	7 154	1 900
北京	1 422		1 342	80	2 512		2 232	280	1 090		890	200
天津	310		270	40	340		300	40	30		30	
河北	1 310		1 230	80	1 782		1 702	80	472		472	
山东	200		200		1 100		1 100		900		900	
辽宁	750		750		1 925		1 125	800	1 175		375	800
河南	311	200	111		1 361	200	861	300	1 050		750	300
湖北	275	75	200		1 050	750	300		775	675	100	
湖南	237	351	-114		1 379	1 226	153		1142	875	267	
江西	194	194			344	244	100		150	50	100	
四川	-250	-400	150		-3 840	-4 140	300		-3 590	-3 740	150	
重庆	346	250	96		1 506	850	656		1 160	600	560	
江苏	812	302	510		2 394	1 106	1 288		1 582	804	778	
浙江	108	-117	225		1 795	582	1 213		1 687	699	988	
上海	769	460	309		1 911	1 270	641		1 142	810	332	
安徽	-639	75	-714		-1 260	52	-1 312		-621	-23	-598	
广东	2 167	1 458	709		5 469	4 828	641		3 302	3 370	-68	
广西	-96	-126	30		764	674	90		860	800	60	
云南	-781	-781			-2 622	-2 622			-1 841	-1 841		
贵州	-1 344	-352	-992		-1 481	98	-1 579		-137	450	-587	
海南	55	55			70	70			15	15		
港澳	271		271		339		339		68		68	
陕西	-621		-621		-971		-1 171	200	-350		-550	200
宁夏	-200		-200		-750	200	-1150	200	-550	200	-950	200
青海					-60	-200	-60	200	-60	-200	-60	200
其中，国网	8 052				22 018				13 966			
南网	2 932				8 024				5 092			

资料来源：《2020 年全国电力流规划报告》

但不管发展如何，煤炭发电跨省输送在我国未来中长期电力流中仍将占半壁江山，煤电在电力流中的地位十分重要。

1.3　影响煤炭、电力流向的其他相关因素

1.3.1　区域经济和产业结构调整对能源流的影响

我国目前已经处于工业化阶段，经济和产业结构快速调整是工业化阶段的重要特征。在国家宏观政策的引导下，我国产业结构日趋优化和升级，第一产业比重将不断下降，第二产业比重先略微上升再在波动中趋于下降，第三产业比重将稳步上升，但我国不同区域经济发展差距大，各区域产业结构调整方向也有所不同。

为解决我国区域经济发展不平衡、区域差距大的问题，国家先后实施了西部大开发和振兴东北老工业基地等战略，并重新调整了各区域的发展定位。2009 年国家先后批复或发布了一系列区域经济规划，沿海地区将形成“蓝色经济区”，承担着领头、示范作用，进一步增强改革、扩大开放，传统产业进一步升级，限制高耗能产业的发展，大力发展第三产业，建设世界先进制造业和现代服务业基地，探索科学发展模式；华中、东北和西部地区均可承接国际国内产业转移，优化空间布局，推进工业化进程；西北地区承接产业转移，在发展高耗能行业的同时注重发展循环经济，部分煤炭基地发展煤化工等产业，就地利用部分煤炭。

可以预见，在“十二五”和“十三五”期间，区域经济发展将呈现布局改善、结构优化、协调性提高的良好态势，未来中西部地区的电力需求增长速度将快于东部地区，可以在一定程度上缓解能源流过重带来的输送问题，减少能源输送损耗。

1.3.2　中东部经济发达地区清洁能源发展对能源流的影响

加大中东部经济发达地区清洁能源产出是降低能源输送压力、提高能源利用效率的有效手段，受煤炭、水电资源地理分布的限制，中东部两种主要能源资源发展空间十分有限，但是中东部经济发达地区可以加大力度发展核电、气电、风电等清洁能源。《2020 年全国电力流规划报告》建议，在确保安全的基础上，在中东部经济发达地区大力发展核电，加快发展沿海风电基地，就近供应负荷中心；在环保空间有限、电价承受力强、热负荷需求大的特大型中心城市，优先发展大型燃气-蒸汽联合循环热电联产项目，积极推进天然气分布式能源站建设。采取以上措施，加快发展中东部经济发达地区清洁能源项目，适当控制受端受电规模，对于提高中东部经济发达地区能源供应安全、提升综合能源利用效率、节能减排具有重要意义。

1.4　小结

1）目前，在发电消耗一次能源结构中，煤炭占有绝对优势，在发电一次能源中的比例约为 80%，预计 2030 年下降到 67% 左右，2050 年将下降到 50% 左右。近期，为满足我国电力供应安全，我国未来 10 年每年新开工火电机组需在 6000 万 kW 左右。综上，煤炭是我国未来能源的主要资源，利用煤炭发电是电力发展的主要方面，煤电占主导的局面在未来难以改变，但是煤电占电力的比例会逐渐降低。

2）将煤炭转变为电力作为终端能源使用更便于提高煤炭利用效率和环境治理，应提高煤炭转化电力的比例。我国目前煤炭转化为电力的比例约为53%，如果能够提高到70%～80%，对于节能减排是非常有利的。

3）我国煤炭主要分布在西部和北部，而主要消费地在东部，能源的大规模远距离传输是长期的、必然的任务。根据本章的分析，煤炭能源流初步估计在2020～2030年达到最大，而且在2020年接近最大值，因此，输煤输电的核心比较年份应该在2020年左右，2030年可作敏感性分析。

4）通过电力流和能源流分析，我国煤炭能源资源的输送在我国能源流中占有相当重要的地位。我国未来将继续坚持输煤输电并举，一方面大力发展传统铁路运输能力，另一方面大力发展大容量远距离低损耗输电，主要煤炭基地输煤输电比例由2010年的约8.7∶1调整至2020年的5∶1～3∶1（即到2020年，主要煤炭基地输煤输电共18亿t，输电量折算到原煤为3亿～4.5亿t）。此外，其他形式的煤炭输送方式（煤液化、煤气化、煤浆输送等）也在积极发展中。

第 2 章　国内外先进输煤技术调研

本章对传统的铁路运输、水路运输、公路运输等主要输煤方式和现状进行研究，为后文进一步研究预测我国输煤方式的未来发展打下基础。

2.1　传统输煤方式

我国煤炭资源主要分布在北方，西北的晋陕豫宁蒙地区为主要产区，南方主要分布在贵州和云南，煤炭消费的重心在东部和南部，从而形成了“西煤东输、北煤南运”的运输格局。

煤炭运输有铁路运输、水路运输和公路运输三种方式，而水路运输又分为内河运输与海上运输，目前已经形成晋陕豫宁能源基地煤炭外运、北煤南运、出关和进出西南四个方向的大通道。东西横向的铁路、水路联结沿海几个运煤港口，主要是秦皇岛、京津港、黄骅港、日照港等，再通过沿海运输，主要供应华东及广东、广西的水陆航运大通道；南北径向为以铁路与长江干支流、京杭大运河区为主要供应沿江地区的水陆航运大通道。

2.1.1　铁路运输

铁路运输具有运力大、速度快、成本低、耗能小等优点，是我国煤炭运输的主要方式，2010 年铁路运煤突破 20 亿 t，达到 20.0043 亿 t，占煤炭运输总量的 60% 以上。表 2-1 列出了 2006~2010 年的铁路运输情况。

表 2-1　2006~2010 年铁路运输概况

项目	2006 年	2007 年	2008 年	2009 年	2010 年
铁路营运里程/万 km	7.7	7.8	8	8.6	9.1
铁路营运延长里程/万 km	15.46	15.7	—	—	—
机车/万台	1.78	1.83	1.84	1.89	1.94
货车/万台	56.67	56.85	59.18	60.31	62.23
货运总量/亿 t	28.83	31.42	32.9	33.2	36.29
货运周转量/（亿 t/km）	21 954	23 717	24 817	24 944	27 332
铁路运煤/亿 t	13.78	15.99	17.28	17.51	20
运煤占比/%	47.79	50.89	52.52	52.74	55.11
铁路运煤占煤煤炭运输总量之比/%	57.85	63.05	61.87	58.37	61.72

“十一五”期间铁路总运煤共计 84.56 亿 t，比“十五”期间同比增长 62.4%，而

同期冶炼物资增长速度为10.3%，化肥农药运输增长29.6%，集装箱运输增长33.5%，煤炭在所有货物运输中增长率是最高的，有力地支持了电力、冶金、建材、化工等产业的发展。

目前，我国煤炭铁路运输的大秦线、朔黄线、石太线、侯月线、陇海线、宁本线组成东西横向通道，京沪、京九、京广、焦柳等线组成南北纵向通道，从而构成“西煤东输、北煤南运”的铁路运输格局，各通道的情况如下。

（1）晋陕豫宁煤炭外运通道

晋陕蒙宁地区是我国能源基地，也是最主要的煤炭调出地区，约占全国煤炭调出量的90%，主要调往的方向是华东、中南、京津冀鲁、东北黑吉辽，以及少量出口。该地区主要依靠铁路运输，铁路运输量约占其总体运量的80%。2010年，该地区调出量约为10亿t。

晋陕豫宁地区的铁路外运通道分为北通道、中通道和南通道。北通道由大秦线、丰沙大线、京原线、集通线、朔黄线组成，其中大秦线、朔黄线是运煤专线，北通道的运力为6.3亿t。中通道由石太线、邯长线组成，运能约为7000万t。南通道由太焦线、侯月线、陇海线、西康线、宁西线组成、运输能力约为9000万t。

晋陕蒙连续四年外运的主要流向，京津冀约占56%，华东占23%，东北占12%，中南占7.5%。其中，中南地区主要是河南、湖北，华东地区主要是山东、江苏。

（2）晋陕蒙出关通道

东北是缺煤地区，特别是优质焦煤，需要由晋陕蒙地区来加以补充，主要通道由京沈、京通、锦承、集通四条铁路组成，输送煤炭总量约为5000万t/a。

（3）往华东地区的铁路运输通道

目前，进入华东的主要运煤通道有陇海、石德、津浦、新荷、浙赣、京九、武九、麻武等12条铁路，运力为约为1.672亿t。目前，华东各线运力比较紧张，调入苏浙沪的煤炭约为6000万t，调入山东的煤炭约为12 800万t。

2.1.2 水路运输

水路运煤的特点是通过能力大、节省燃料、运费低，单位距离成本为铁路的1/25~1/20,约为公路的1/100，而且，利用现有水道，不用占用土地走廊资源。水路运煤一般是中间运输环节，两端港口必须依赖于其他运输方式的衔接和配合，虽然运输速度较慢，但却是低能耗、低成本的运输方式，因此，煤炭有水路运输条件的一般优先用水路运输，特别是我国沿海省份相当部分运入的煤炭均通过水路运输。

水路运煤分为海上运输与内河航运输。

（1）沿海煤炭运输

海运是北煤南运的主要通道，运输量约占华东、中南地区煤炭调入量的55%，随着东部沿海地区需求总量的不断扩大，对煤炭的海运要求激增。2006年我国港口煤吞吐量为9.07亿t，到2010年增至16.46亿t，年均增长率达16%。

我国下水煤主要在秦皇岛、天津、黄骅、京唐、青岛、日照和连云港等。在北方七港中，秦皇岛、天津、黄骅占下水煤比重较大，2005~2009年秦皇岛港、天津港、黄骅港占全国总量的77%以上，2009年下水煤为4.13亿t，2010年达5.03亿t，北方各港下水煤达6.74亿t。预测到2015年，北方港口海运一次下水量将由4亿t达到7亿t。北煤南运经海路抵达南方各港，尤以宁波、上海、广州三港接卸量最大，煤炭主要流向是江苏、上海、浙江、福建、广东。各省（市）接煤量大体上占海运煤的88%，东部沿海各省靠海运调入的煤炭绝大多数来自“三西”地区（山西、内蒙古西部、陕西，下同）。

（2）内河航运

内河运煤是主要的运输方式，2010年内河航运的运量为18.81亿t，其中煤炭运量约3.4亿t，占总运量的18%，“十一五”期间煤炭运量年增长约8.9%。

全国内河煤炭运输涉及的航道有长江干支流、太湖水网、黑龙江松花江、珠江及西江主要支流，以及京杭大运河。①主要集中在长江干流和京杭大运河，主要的港口是浦口、裕溪口、武汉、枝城等，其运量约占内河煤类运量的2/3。长江港口可接纳铁路来煤，京杭大运河主要承担徐州鲁西煤炭南下，徐州还承担山西、陕西、河南、河北、安徽等地由陇海线转运的煤炭。②长江下水煤炭的主要流向是江苏、安徽、上海等地，少量流向湖南、湖北、江西等缺煤省份，而京杭大运河下水煤主要流向江苏、浙江、上海等地。③珠江水运煤炭运输主要为贵州煤外运，珠江三角洲水网则起到港口进煤的配送作用。④黑龙江松花江水系的煤炭运输主要承担黑龙江东部煤矿往哈尔滨方向的运输。

2.1.3　公路运输

公路煤炭运输作为铁路运输的补充，其特点是快速、灵活、便捷，尤其能在小批量短途煤炭运输中发挥其特有的优势，一般只适合区域内短距离的运输。在主要的煤炭生产基地和煤炭中转港腹地，有部分中、短距离的公路直达运输或公路集港运输。

我国公路煤炭运输目前主要集中在晋陕豫蒙地区，由于铁路运力不足，这一地区公路运煤占煤炭外运总量的20%，主要是中长距离远送至河北、山东、济南、北京等邻近省市，其中，山西煤炭公路运输量最大，内蒙古有后来居上之势。2009年“三西”地区煤炭公路外运2.3亿t。其中，山西近1.3亿t，内蒙古西部约6500万t，陕西3520万t，且每年以10%的速度递增；山西公路外运煤炭占“三西”地区的54%，占山西公路总外运量的24%。2010年内蒙古公路外送煤炭增至1亿t，近期运输矛盾进一步凸显。

煤炭公路运输能耗较高（是铁路运输的6倍以上，且消耗石油资源），产生的污染大，对道路设施损坏严重，运输成本较大、道路交通安全状况恶化，因此不适用于跨地区长距离输送，山西、内蒙古外运煤炭急需扩大铁路运输能力，替代公路运输。2015年山西煤炭产量达到8亿t，外运商品煤5.5亿t。建设晋中南到山东沿海港口的“西煤东运”新通道，邯长线运力也将从1500万t提升到6200万t，共新增调出能力1亿t，将有效缓解山西公路运煤的压力。

2.2 煤炭洗精后输送

目前，我国动力原煤入洗率低（不足30%），加工回收率低，原煤中含矸量平均为20%左右，造成大量无效运输，浪费运力。燃煤电力行业和工业锅炉应尽量燃用洗选后的低灰煤，以减少运输量。另外，燃用筛分、洗选煤可明显减少大气中的可吸入颗粒物、SO_2 和汞等污染物。硫、汞等大部分存在于矸石中，洗煤能去除1/4～1/3的硫、汞。燃用筛分、洗选煤是燃煤工业锅炉中减少 SO_2 和汞排放的低费用、最有效的办法。用筛分、洗选后的优质煤（煤的硫分<0.8%）替代原煤燃烧的经济性最佳，除了可以节约工业锅炉用煤15%之外，其减少 SO_2 排放的成本也最低，仅约400元/tSO_2 以下。

据调研，内蒙古地区煤炭典型发热量为3887kcal/kg[①]，经测算，1万t的原煤经过洗选后可产生5720t发热量为5900kcal/kg的洗精煤和4280t发热量为1200kcal/kg的煤矸石，仅运输洗精煤可减少运煤量43%左右；宁夏地区煤炭典型发热量为4905kcal/kg，经测算，1万t的原煤经过洗选后可产生7880t发热量为5900kcal/kg的洗精煤和2120t发热量为1200kcal/kg的煤矸石，仅运输洗精煤可减少运煤量21%左右。原煤洗选的电耗约为1kW·h/t，洗选1万t原煤需耗电10 000kW·h，仅增加等效供电煤耗约0.2gce/(kW·h)。

总之，进行商品动力煤的筛分、洗选可大幅减少燃煤带来的可吸入颗粒物、SO_2 及 NO_x 的排放及运输量，同时，将带来煤炭行业就业增加、煤矿终端产品附加值提高等社会效益和经济效益，是我国煤炭销售体系未来的发展趋势。《中国能源中长期（2030、2050）发展战略研究》（中国工程院，2011）建议我国2020年以前实现动力煤100%入选，第三分卷提出“2015年动力煤入选率达到50%，2020年入选率达到70%”的目标。煤炭入选率的不同，将直接影响到我国送端煤电基地建设和煤炭外运总量。

2.3 煤炭液化后输送

煤炭液化是把固体煤炭通过化学加工过程，使其转化为液体燃料、化工原料和产品的先进洁净煤技术。发展煤炭液化可以替代部分我国相对较缺的汽油、煤油等燃料油，有效缓解我国石油供应不足和供应安全问题；另外，煤炭的就地液化可以大大减少能源输送强度，可缓解我国目前存在的运煤紧张问题。在煤炭液化成本逐渐降低的情况下，煤炭液化与石油燃料相比亦会有更大的竞争力。因此，我国许多煤炭企业对煤炭液化项目的积极性很高，对我国煤炭液化产业进程起到了积极的推动作用。

2010年煤化工总耗煤量约6.7亿t原煤，占原煤产量的21%。根据本丛书《第8卷：煤洁净高效转化》，到“十二五”末，总耗煤量为9亿~9.5亿t原煤，占原煤产量的24%，“十二五”年均增长率为6%～7%。如果后续继续按此速度发展，将增大煤炭总体需求量，减少我国石油需求压力，但对电煤需求总量不会有大的影响。

---

①1cal=4.1868J。

2.4 小结

我国煤炭运输目前基本形成了“西煤东输、北煤南运”的运输格局。煤炭运输中铁路运输具有运力大、速度快、成本低、耗能小等优点，是目前最主要的煤炭运输方式。当前煤炭运输的矛盾很突出，铁路等运力不足是主要方面。因此，应加强煤炭运输的总体规划，尽快实现煤炭运输通道畅通，理顺能源输送方面的矛盾。

我国需加大商品动力煤的筛分、洗选比例，《中国能源中长期（2030、2050）发展战略研究》中建议我国 2020 年以前实现动力煤 100% 入选，第三分卷提出“2015 年动力煤入选率达到 50%，2020 年入选率达到 70%”的目标。煤炭入选率的不同，将直接影响到我国送端煤电基地建设和煤炭外运总量。

发展煤炭液化可以解决燃煤引起的环境污染问题，替代我国相对较缺的汽油、煤油等燃料油，有效解决我国石油供应不足和供应安全问题，另外，煤炭的就地液化可以大大减少能源输送强度，可缓解我国目前存在的运煤紧张问题，但对电煤需求不会有大的影响。

第3章 国内外先进输电技术调研

本章首先对国内外输电技术在远距离大容量电煤运输方面的应用情况进行分析，然后对特高压交流和直流技术等现有可行的各种输电技术和方式进行调研，分析各种先进输电技术的输送容量、经济输送距离、适用的范围；另外，对潜在的前瞻输电技术进行展望，对其可能的应用时间和应用范围进行预测。

3.1 国内外先进输电技术在远距离大容量电煤输送方面的应用

在世界范围内，面临电煤或煤电的远距离大容量输送问题的主要是美国和中国。其他国家要么区域面积小、燃煤电厂离负荷中心距离较近，不存在远距离输送问题，如德国；要么煤电装机比例低，基本不存在煤电的远距离大容量输送问题，如俄罗斯。

在早期，由于输电技术的落后，输电电压等级较低、输电距离近等原因，特别是没有发展远距离大容量的特高压直流输电技术，因此，美国的远距离电煤输送主要依靠铁路、水路直接输送至负荷中心发电，现在已经形成成熟的输送体系。

由于美国电网发展历史很长，情况较复杂，输电电压等级从110~765kV多达8级，其中交流输电最高电压为765kV，已经形成各级电压网络并联运行的复杂电网结构，但3个主要区域电网（东部电网、西部电网、德州电网）实现了通过直流背靠背进行互联。美国在未来电网发展的GRID2030计划中，采用具有高自愈性能的智能电网思路，其中一个重要部分就是发展完善国家主干网，扩大电力分配的范围，提供发电厂之间的竞争平台和需求侧管理服务；在输电技术方面，主要计划发展特低阻抗的超导电缆和变压器，形成区域间互联的高压直流输电，发展其他类型的先进导线。

美国在当时输电技术的限制和各个电力公司利益最大化的背景下，已发展形成了成套路的输煤输电体系；在现今输电技术下可能不是最经济高效的方案，但是大范围优化调整代价过大，不会进行较大的变革。美国的未来电网计划有相当一部分依赖于更新一代技术的进步，如特低阻抗的超导电缆和变压器，可以估计，若技术进步缓慢，则美国输煤输电体系仍不会发生大的变化。

我国目前输煤输电体系尚未成熟，正是利用最新的特高压直流输电等大容量先进输电技术、进行优化完善的最佳时机。在我国中长期输电主干网络建设中，大容量、远距离输电方式将以特高压直流输电技术为主，在特高压直流输电技术的基础上，同塔多回、大截面导线、耐热导线等将大大提升电网输送能力。此外，柔性输电技术不仅可以提升交流线路输电能力，而且它还是提升我国受端电网安全可靠运行能力的有效技术，其规模应用有利于提高我国电网输送能力和安全性。

我国目前正在发展具备高效、清洁、安全、可靠、交互的特征的智能电网，智能电网技术包括智能输电技术、智能配电技术、智能变电技术、智能通信技术等先进技术，特高压直流输电技术等大容量先进输电技术是智能电网技术的重要组成部分。总之，我国的智能电网计划可以为优化电煤输送方式、提高电煤在煤炭中的消费比例和煤炭高效清洁利用提供技术手段。

3.2 先进输电技术分析

3.2.1 特高压直流输电技术

在我国，特高压直流输电是指±800kV及以上的直流输电。我国电力工业迅速发展，采用特高压直流输电技术有利于加大输电规模，降低输电损耗，节约大量的输电走廊资源。2010年，我国±800kV云南—广东和±800kV向家坝—上海特高压直流输电工程已经成功投产。

特高压直流输电具有以下特点：

1）电压高、输送容量大、线路走廊窄，更适合大功率、远距离、低损耗输电，±800kV特高压直流输送容量可达640万kW，送电距离长，超过1500km，甚至超过2000km，输送相同容量的线路损耗相当于±500kV直流的64%（以相同导线比较）；±1100kV特高压直流输送容量可达750万kW，送电距离可达2700km，可用于新疆等偏远煤炭基地的电力送出。

2）系统中间无落点，可点对点、大功率、远距离直接将电力送往负荷中心。

3）可以减少或避免大量过网潮流，可按照送受两端运行方式变化而改变潮流。

4）在交直流并联输电的情况下，利用直流有功功率调制，可以有效抑制与其并列的交流线路的功率振荡，包括区域性低频振荡，明显提高交流系统的暂态、动态稳定性能。

发展±800kV特高压直流输电技术，符合科学发展的要求，符合我国的国情。2009年12月，世界首个±800kV特高压直流输电工程——云广特高压直流输电示范工程投产，输送容量为500万kW，送电距离约1400km，满载损耗仅约5.8%，充分发挥了特高压直流的远距离大容量低损耗输电优势，将西南能源基地的水电清洁能源送往电力消费大省广东。世界最大的特高压直流输电工程——向家坝—上海特高压直流输电工程也已建成投运，输送容量640万kW，送电距离近2000km。

3.2.2 特高压交流输电技术

在我国，特高压交流输电是指交流1000kV及以上电压等级输电技术。相对常规超高压交流输电技术而言，特高压交流输电技术具有输电容量大、输电距离远、输电损耗低、节约输电走廊的特点，具有一定的技术优势。

(1) 大容量送电能力

在评价输电线路的输电能力时，线路的自然功率是一项重要指标，线路输送自然功率时线路电感吸收的无功和线路电容发出的无功持平。对于长距离超、特高压输电线路，为解决无功平衡和过电压问题，往往要装设高压电抗器（高抗）甚至可控电抗器；为了提高线路输送能力还可能装设串联补偿装置（串补）。将线路、高抗及串补视为一个整体，根据无功自我平衡的原则，提出了广义自然功率的概念，其计算公式为

$$P = U^2 \sqrt{\frac{C(1 - Kp)}{L(1 - Ks)}} \tag{3-1}$$

式中，P 为广义自然功率；U 为线路电压；C 为单位长度线路电容；L 为单位长度线路电感；Kp 为线路的并联补偿度；Ks 为线路的串联补偿度（当 Kp 和 Ks 均为 0 时，P 即为线路的自然功率）。

不同类型输电线路的广义自然功率如图 3-1 所示。

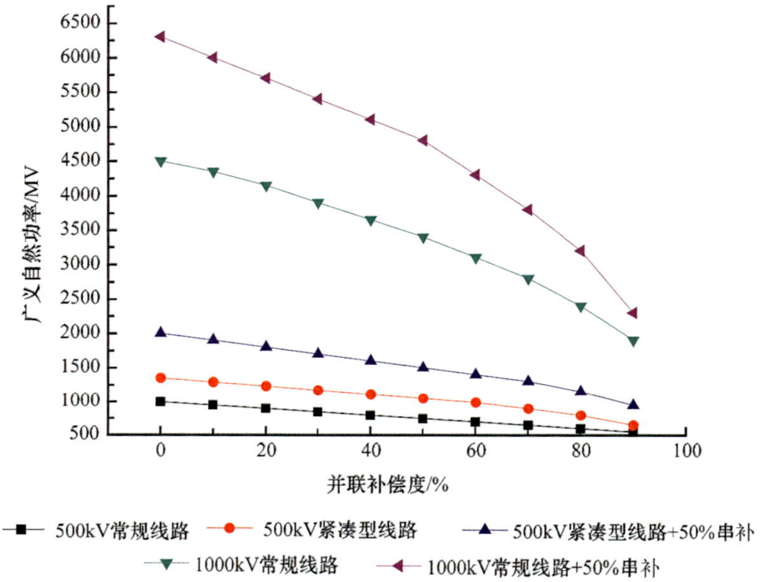

图 3-1　不同类型输电线路的广义自然功率

采取相同的并联补偿度时，1000kV 输电线路的广义自然功率是常规单回 500kV 线路的 4. 2 倍，是紧凑型单回 500kV 线路的 3. 1 倍。可见，就单回线路而言，1000kV 特高压输电线路具备大容量输电能力。

（2）长距离送电能力

单回 1000kV 特高压输电线路阻抗折算到 500kV，相当于同距离单回 500kV 线路阻抗的 1/4，输电线路的静稳极限就会增大，线路的输电能力自然提高。如线路输送能力按静稳极限的 85% 考虑，由此可以得到不同类型线路的输送能力与输电距离的近似关系，如图 3-2 所示。

由图 3-2 可见，对于相同的输电容量，采用 1000kV 特高压线路输送时，其输电距离要远大于 500kV 线路。例如，输送 2000MV 电力时，单回 1000kV 线路的输送距离可达到 1300km，单回 500kV 常规线路的输送距离为 400km，单回 500kV 紧凑型线路的输送距离为 550km。可见，特高压输电线路具备长距离的输电能力。

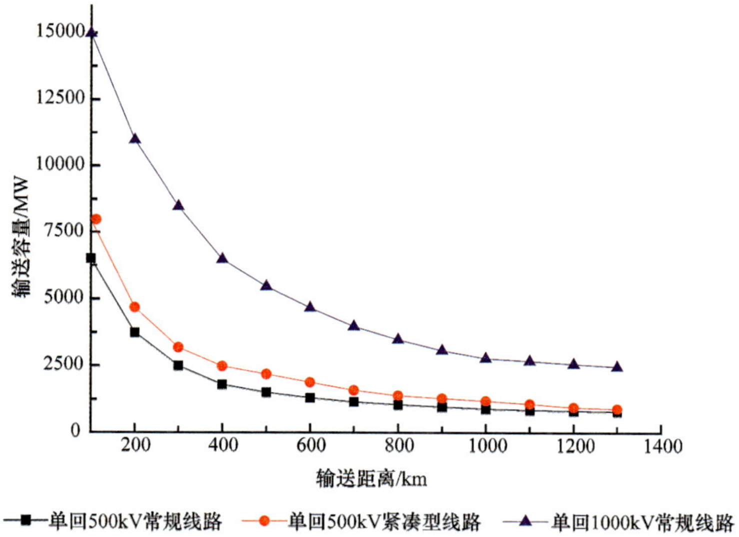

图 3-2 不同类型输电线路的输送能力与输电距离的关系

(3) 低损耗输电能力

降低线路损耗是提高输电效率、节约能源资源的一项重要措施，对于大容量、长距离输电意义更大。超、特高压输电线路的损耗主要包括两部分：①电阻性损耗，它是线路单位电阻、长度和线路电流的函数；②线路电晕损耗，它受气象条件、导线型式、运行电压等因素的影响。在输电线路损耗中，电晕损耗所占比重很小，主要由电阻性损耗构成。

采用典型的线路设计方案，1000kV 采用 8×630mm^2 导线，500kV 采用 4×400mm^2 导线，按自然功率输送相同输送容量，特高压输电线路综合损耗比 500kV 常规型线路方案约节省一半，导线用铝量节省 1/3。特高压输电的低损耗特性还是很明显的。

(4) 提高输电走廊的送电能力

如前所述，特高压输电具备大容量的输送能力，可有效发挥线路走廊的输电能力。采用 1000kV 特高压交流输电时其线路走廊宽度大为降低，约为同类型 500kV 输电走廊的 60%。在长距离输电工程中特高压输电节省土地的作用尤为显著。

各国的研究、试验表明，设备制造问题已不再是特高压输电发展的限制性因素。晋东南—南阳—荆门特高压交流试验示范工程已建成投运并于 2010 年通过国家验收。

但是，对于特高压交流输电的大规模应用目前还存在一些争议，主要有：①在远距离大容量输电方面，特高压交流输电与直流输电技术相比，其输电经济性相对较差；②在构筑受端电网主干网架方面，特高压交流输电技术具备在更大范围内构筑大规模受端网架的条件，但同步电网规模过大同时也可能带来系统潮流控制、安全稳控复杂化，易出现局部事故扩大化，系统运行风险增大等问题。

结合当前电力系统的发展需求来看，在解决我国西南、西北大型水火电源基地远距离外送问题方面，特高压直流输电技术经济优势较为显著；在受端电网构筑方面，是充分挖掘现有 500kV 电网输电能力分区域构筑负荷中心受端电网，还是应用特高压交流输电技术在更大范围内构筑跨区域的大型受端同步电网，需要结合电网安全稳定运行需要、投资效益优化等因素进行综合评估与研究。

3.2.3 柔性交流输电技术

交流输电线路输送的功率由线路两端的电压、线路阻抗和两端电压的相位差决定。要实现功率潮流的连续快速调节，就需要有连续快速调节电压、阻抗、相角这三个参数中一个以上的技术。柔性交流输电技术（FACTS）的核心就是利用电子器件可以按照控制系统的要求在任何指定的相位开通（或断开）的特性，应用现代换流技术和控制技术，实现电压、阻抗或相位大幅度柔性控制。其在输电系统中的主要作用如下。

1）可大幅度提高输电线路的功率极限至导线的热稳极限，减缓新建线路和提高现有线路的利用率。

2）有助于减少和消除环流或振荡，在电网中创造电力定向输送条件，提高现有输电网的稳定性、可靠性和供电质量，进一步减小网损和系统热备用容量，还有助于防止连锁性事故扩大、减少事故恢复时间及停电损失，方便、迅速地改变系统潮流分布。

3）对已有常规稳定或反事故控制的功能起到补充、扩大和改进的作用，有助于建设全网统一的实时控制中心，从而使全系统的安全性和经济性有一个较大的提高。

4）应用 FACTS 控制器的方案常常比新建一条线路或直流换流站的方案投资要少，FACTS 控制器组可改变交流输电的功能范围，甚至扩大到原属于 HVDC 专有的那部分应用范围。

显而易见，利用柔性交流输电技术的技术推广成本和投资效益，包括提高输电系统的可靠性、可控性和运行效率是极为重要和有效的，因而具有特别广阔的应用前景。FACTS 近年来发展十分迅速，目前已知的有 20 多种。随着电力电子器件的性能提高和造价降低，以它为核心部件的 FACTS 装置的造价会进一步降低，可能会在不远的将来比常规的输配电方案更具竞争力。

3.2.4 柔性直流输电技术

柔性直流输电与传统直流输电的基本不同点是：它采用具有关断能力的可关断器件（如 IGBT，绝缘栅双极型晶体管）组成的电压源换流器（VSC）进行换流。传统高压直流输电由于适合于远距离、大容量、低损耗输电，不会对交流系统的短路电流水平产生影响等优点得到了广泛的应用，而柔性直流主要在中小容量（可以低至几兆瓦）电力输送方面有较大优势，但单个模块最大输送能力也已达到百万兆瓦。由于柔性直流采用可关断器件组成的 VSC 进行换流，具有高度的可控性，因此柔性直流输电有以下优点：①可以给无源网络直接供电，可以给孤立负荷或弱交流电网供电。②柔性直流无最低输送有功功率限制。③可以瞬时独立地控制输出有功和无功，对交流电网有较强的提高系统动态稳定性能力，具有高度的可控性和灵活性。④柔性直流输电还有所需并联滤波装置的容量大大减小、特别适于多端直流连接、换流站占地面积小、设备模块化设计从而设计、生产、安装和调试周期大大缩短的工程经济特点。柔性直流在改善我国受端电网结构、提高受端电网消纳风电等可再生能源能力、提高我国受端电网接受外区电力具有良好的应用前景。未来，随着柔性直流的电压等级、输电能力的进一步上升，造价水平和损耗的进一步下降，它将成为潜在更优秀的新型直流输电技术，未来逐步替换传统直流，是改变大电网发展格局的战略选择。

柔性直流目前面临的主要问题是设备造价高、架空线应用少，目前世界范围内单个模块的最大输送容量在百万千瓦左右，而且国产柔性直流设备容量小、工程应用少。鉴于柔性直流的优良性能和潜在应用前景，当前积极开展示范应用，同时需进一步加强更大容量、低损、架空线耗柔性直流装置的应用研究。

3.2.5 同塔多回输电技术

同塔多回输电技术是指在一条输电线路上并架多回线，从而压缩线路走廊占地并提高其单位走廊输电能力的输电技术，包括同电压等级同塔多回、不同电压等级同塔多回、交直流同塔多回等。同塔并架多回输电在杆塔结构与导线布置、绝缘设计、保护方式、运行和检修、耐雷水平、电磁环境等方面都与常规单回输电有所不同，给应用带来一些问题。虽然同塔多回输电技术实施难度较大，但不存在难以逾越的技术障碍。国内外同塔多回输电技术的研究和运行实践表明，采用同塔多回输电是缓解线路走廊紧张矛盾、节省土地资源的有效手段，特别适宜于在经济发达、人口稠密地区的推广应用，具有明显的经济效益和社会效益。为适应我国经济的快速增长和500kV、750kV、1000kV输电线路建设发展的需要，鉴于线路走廊的选择越来越困难和日趋增长的拆迁费用，应尽可能地压缩输电线路走廊和增加输送容量，因而，同塔多回输电技术越来越得到我国电力行业的重视。同塔双多回输电技术应用在走廊限制较大的地区，能大大降低征地等方面的费用，是我国今后电网建设发展的必然趋势。

3.2.6 紧凑型输电技术

紧凑型输电线路指通过对导线的优化排列，将三相导线置于同一塔窗内，三相导线间无接地构件，达到提高自然输送功率、减少线路走廊宽度、提高单位走廊输电容量目的的架空输电线路。其特点是显著缩小相间距离、减少线路走廊、提高线路自然功率。

紧凑型输电线路具备以下几个优点：

1）线路输送功率比常规线路有很大提高。紧凑型输电技术的线路电容增大、电抗减小、波阻抗减小，自然功率提高。比如昌平—房山线路，其自然输送功率为1309.6MW，是常规线路的130%。紧凑型线路可以在给定的走廊宽度内大大增加自然功率，节省走廊资源。

2）线路走廊宽度大为减少。对于线路走廊紧张、输送功率大的地区因地制宜采用紧凑型输电，可为大型水电、火电站解决线路走廊问题。尤其是当线路经过森林、城镇、陡峭山坡及进出厂（站）时，紧凑型线路的优势更明显。

3）紧凑型线路的地面电场强度大大降低，高场区域宽度大大减小，改善了电磁环境。这主要是保证地面行人、牲畜、车辆的安全。

4）三相电荷平衡度较好（尤其是三角形排列），数百公里无须换位。

同时，紧凑型输电线路也存在一些的问题，如充电功率明显大于同电压等级的常规线路、线路有功损耗较大、功率变化时末端电压波动较大、需要解决无功补偿问题；相间电容及互感较常规线路大，潜供电流和恢复电压较大；在大挡距时，需加装相间间隔棒等。

随着复合绝缘子价格的下降，占地赔偿价格和线路走廊通道障碍物拆迁、林木植被的保护费用的提高，紧凑型输电线路综合造价还会进一步降低，采用紧凑型线路的社会、经济效益会更加显著，特别是在负荷中心的城市郊区及人口稠密区，其优点尤为显著。

3.2.7　直流安全稳定运行技术

随着受端电网馈入直流数量增多，交流系统对直流系统支撑能力一般会逐步下降，受端电网交直流相互影响引起的安全风险逐步增大，为提高电网安全稳定运行能力，需要加强多直流安全稳定运行技术研究，主要进行：优化直流控制策略研究；动态无功补偿研究；抽水蓄能发电机组调相运行；负荷中心机组无功输出研究。对于交直流并联运行的系统来说，交直流相互影响对电网输送能力和稳定性有较大影响，可研究送端换流站孤岛运行、受端异步运行，提高电网断面输电能力和稳定性。

3.3　先进输电技术经济技术比较

对比各种先进架空输电技术的技术推广成本和投资效益，包括技术成熟度、基本特点、环保成本、建设成本、运行长度、可靠性等指标，分析各种先进架空输电技术的经济技术特性，如表 3-1 所示。

表 3-1　各输电技术的技术推广成本和投资效益分析

技术名称	技术特点			经济性能	成熟程度
	远距离	大容量	节约走廊（1000 万 kW 走廊宽度）		
特高压交流输电	是 500kV 交流的 2~3 倍	受电网结构限制，可达 500 万 kW 以上	100m	投资相对较高，性价比一般	示范工程已投运 2 年，已通过国家验收
特高压直流输电	2000km 以上	500 万 kW 以上	160m	本体单位容量比 500kV 常规交流输电方案节约 30%。节省导线材料约一半，节省铁塔用材约 2/3。总体还与走廊价格有关	成熟
紧凑型输电	有一定程度提高	提高线路自然功率 30% 以上	节省 40%	本体单位容量比常规型线路节省投资约 10%，总体还与走廊价格有关	成熟
同塔多回输电	—	提高近一倍，与相序有关	非常明显	本体单位容量与常规型线路近似相等，总体还与走廊价格有关	成熟
柔性交流输电	有较大程度提高	提高线路输送能力 30%~50%	—	经济性较好	特高压应用技术待开发

根据我国能源背景和负荷分布情况，特别是西电东送电源点和目标落点的分析，可

以将我国各种具体情况下的输电能力需求概括为以下几类。

1）输电距离1000km以上，特大容量（普遍300万kW以上）由电源点外送，如西南水电（金沙江、大渡河、雅砻江等梯级水电站）外送华东、华南。

2）电能由远距离输电后的落点向负荷中心输送、区域电网内部的大电厂（群）向负荷中心输送，输电距离为100~200km，大、特大输送容量，代表性的有上海周边落点向上海送电、华东的沿江通道等。

3）电网间和大电网内区间电力输送，输电距离数百至上千公里，大容量输送。根据西部电源点开发的时序和容量可以看到，西北煤电和黄河上游水电单个电源点规模都在150万kW以上，大都为200万~400万kW，这些电力由西北网送到华北输电距离为600~1000km。同时，西南水电送往华东、华南的交流规划中也会在300~500km有落点分配部分电能，如湖南的益阳、广西的柳州；同时也可能有电源支持，如送往上海的电力在湖北当阳计划接入三峡地下电站的部分容量。

根据以上我国输电能力需求的分析可以看出：

①对于第一类1000km以上的单个或多个大电源点外送，高压、特高压直流输电是最优选择，既可以很好地满足电源点输送容量的需要，又在直流输电的最优适用距离之上。②对于第二类短距离的大容量输电，其限制条件主要是导线的热极限，因此需要根据不同的实际情况考虑选用大截面导线和耐热导线等，同时采用同塔多回的形式，由于输电距离短，倒塔的概率小，可靠性问题相对并不严重。③对于第三类1000km以下的远距离的大容量输电，常规的500~1000kV输电由于受到静态稳定和暂态稳定的限制，输送能力随距离的增加会迅速下降，常规的柔性交流输电技术可以解决一部分问题，但是线路的回路数和走廊占地会相对较多。

结合上面的分析可知，为选择满足我国电能传输需求的有效、现实途径，各种输电技术的适用场合、容量范围、距离范围如图3-3所示。

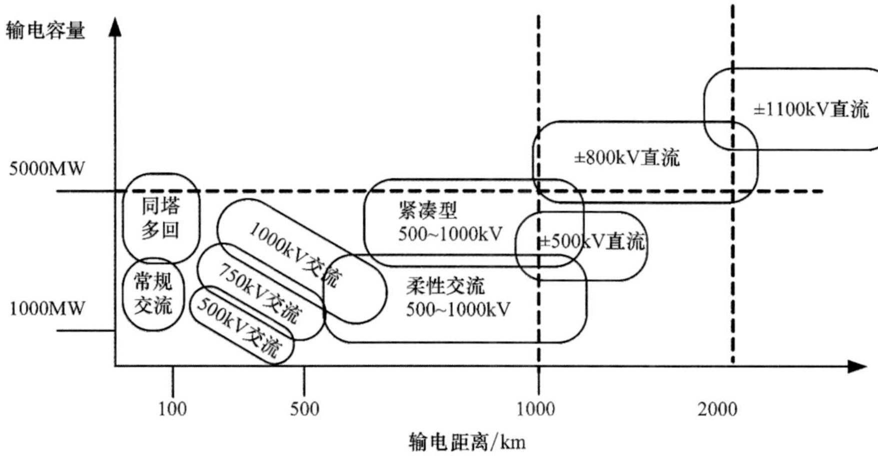

图3-3 输电能力需求及适用输电技术分析图

在我国到2030年的输电网络建设中，大容量、远距离输电方式将以特高压交直流输电技术为主。一方面，采用特高压直流输电方式实现我国西南水电基地与西北火电和新能源基地的大规模电能外送；另一方面，可采用500kV大容量输电技术、柔性输电技术、特高压交流输电等方式实现电网互联。

在特高压输电技术的基础上，同塔多回、大截面导线、耐热导线等将是未来超、特高压架空交流输电所采用的主要技术方式。目前，特高压交直流示范工程都已经运行。但是单一的输电技术并不能满足未来超高压输电的需要，根据需要采用某几种输电技术的综合运用将更能发挥其技术的优势。

预计到2030年，随着同塔多回、新型导线的普及，多回远距离大容量架空输电线路的单位走廊输送容量将比现在提高一倍以上；在城市附近架空输电线路的单位走廊输送容量将比现在提高2~3倍。

3.4 前瞻性输电技术展望

目前，主要的前瞻性输电技术领域有超导电缆输电、气体绝缘管道输电、半波长输电、多相输电、分频输电、微波输电、激光输电等，下面简要介绍这些前瞻性输电技术目前的发展和应用情况。

3.4.1 超导电缆输电

高温超导电缆具有体积小、重量轻、损耗低和传输容量大的优点，从20世纪90年代起，美国、日本和丹麦等国都相继开展了这方面的研究，并进行示范性实验。美国能源部提出了“美国电网2030计划”。在该计划中，超导电力技术是极其重要的组成部分，计划建造的骨干网络和区域互联电网将采用超导技术。2001年云南电力公司与北京英纳超导公司合资成立云电英纳超导电缆公司，从事高温超导电缆的研究开发，2004年完成长30m、35kV/2kA高温超导交流电缆的开发，安装在云南普吉变电站试验运行。

目前，国内外投产了部分试验线路，但是距离均在数百米之内，存在维持高温超导性能损耗大、造价高昂的应用限制，短期内不能作为成熟技术推广到远距离大容量输电当中去，但是未来技术突破后可能使大容量电力输送技术发生革命性改变。需进一步加强基础研究，解决维持高温超导性能损耗大、造价高昂等缺点，最终能够实现大规模商业化应用。

3.4.2 气体绝缘管道输电

气体绝缘线路（gas insulated line，GIL）技术的研发始于20世纪60年代，目的是实现与架空输电线路输电容量相当的地下输电线路。它是已十分成熟的气体绝缘开关技术的延伸，即将导体悬浮在管道绝缘气体之中。它可架空也可埋在地下，其充电功率较易控制，因而可将其视为在拥挤的城市中输送大功率电能的一种方法。

现阶段GIL输电技术应用中遇到的瓶颈主要有以下两个方面：一是，GIL输电技术造价过高，这是制约其广泛使用的最主要的因素；二是，GIL输电技术一般采用的SF_6气体是温室效应气体，大规模的使用会造成比较严重的环境问题。

3.4.3 半波长输电

半波长输电是指输电的电气距离接近一个工频半波，即3000km（50Hz）或2500km

(60Hz)的超远距离三相交流输电。交流输电的本质实际是波的传播过程,线路足够长时,在传输功率极限和沿线电压分布等方面会出现许多与短线显著不同的性质,半波长输电正是根据线路长度匹配半波长时,输送功率极限可达无限大这一特性而确定的输电方式。

半波长输电线路的过电压问题较难解决,在端部电压给定的情况下,线路中部的电压变化范围很大,与末端负荷成正比,我国还没有开展相关研究,短期内不能作为成熟技术推广到远距离大容量输电当中去。

3.4.4 多相输电

常规的多相输电采用三的倍数相输电,如六相、九相、十二相等,其中研究最多的是六相输电。1982年,美国能源部在纽约州的Malta建立了一条80kV的六相输电测试线路。湖南大学在已研制成功的三相变四相及四相变三相变压器的基础上提出了四相输电的方式。目前该项技术正在研发中,短期内不能作为成熟技术推广到特、超高压大容量输电当中去。

3.4.5 分频输电

分频输电指的是在不提高线路电压等级的前提下通过降低输电频率,达到减少输电回数和出线走廊的目的。分频输电适合于水电、风电等原动机转速较低的电力接入系统的应用,到负荷中心后再通过变频技术与电力系统相连,对于解决我国远距离、大容量水电及风电接入系统等提供了一种可能有竞争力的输电方案。

分频输电技术的经济、技术可行性需要进一步研究和论证,对于原动机转速较高的煤电远距离输送难以应用。

3.4.6 微波输电

微波输电属于无线输电方式的一种,其基本原理是:由电源送出的电力先通过微波转换器将工频交流电变换成微波,再通过发射站的微波发射天线送到空间,然后传输到地面微波接收站,接收到的微波通过转换器将微波变换成工频交流电,供用户使用。

微波输电存在的主要问题是,其传送的功率较为有限(目前仅实现数百瓦的输送),能量转换的效率较低,设备的制造难度较大,有待进一步深入研究,短期内不能作为成熟技术推广到特、超高压大容量输电当中去。

3.4.7 激光输电

激光输电是利用激光传输电能,属于无线输电的一种。激光是一种频率极高的高强度光束,基频为104G~106GHz。由于激光的方向性强,转换效率可达45%,利用激光可携带大量的能量,激光能量到电能的转换可通过光电池完成。

激光输电相对于传统电力传输方式的显著优点是对电气绝缘没有要求,传送准确,可远距离输送电能。但其主要缺点是电功率与光之间的相互转换效率较低,且伴随有较强的电磁辐射,不能作为成熟技术推广到特、超高压大容量输电当中去。

3.5 智能电网技术

电网是国家能源产业链的重要环节，是国家综合运输体系的重要组成部分，其发展状况对我国能源短缺、环境污染和气候变化问题有着直接的影响，与此同时，各行业对电力的依赖增强，对供电可靠性及电能质量的要求日益提高。因此，我国应对电网建设提出更高的要求，经过各国专家学者的不断交流，明确我国建设智能电网应该具备高效、清洁、安全、可靠、交互的特征，指明了电网进一步的发展方向。

根据各国对智能电网的研究与总结，电网应该具备以下几个方面的特性：

1）需要具有自愈能力。可以在故障发生后的短时间及时发现并自动隔离故障，防止电网大规模崩溃，这是智能电网最重要的特征。自愈电网不断对电网设备运行状态进行监控，及时发现运行中的异常信号并进行纠正和控制，以减少因设备故障导致供电中断的现象。当然，智能电网不能完全取代调度员的作用。

2）具有高可靠性。这是电网建设持之以恒追求的目标之一，这一方面需要提高电网内关键设备的制造水平和工艺，提高设备质量，延长使用寿命；另一方面，随着通信、计算机技术的发展，对设备的实时状态监测成为可能，便于及早发现事故隐患。

3）资产优化管理。电力系统是一个高科技、资产密集型的庞大系统，电网运行设备种类繁多，数量巨大。智能电网采用数字化处理手段达到对设备的信息化管理，从而延长设备正常运行时间，提高设备资源利用效率。

4）经济高效。智能电网是电力设备利用效率高的电网，使电网运行更加经济和高效。

5）与用户友好互动。智能电网中，用户借助于通信技术的发展，可以实时了解电价等信息，以合理安排电器使用；电力公司可以获取用户详细用电信息，以提供更多增值服务。

6）兼容大量分布式电源接入。储能设备、太阳能电池板等小型发电设备广泛分布于用户侧，智能电网必须具备双向测量和能量管理系统，以便于电能计量计费及可靠接入。

以上介绍的是智能电网需满足的特征要求，建设智能电网具体到技术层面内涵十分丰富，包括智能输电技术、智能配电技术、智能变电技术、智能通信技术等先进技术，前述各种先进输电技术都可以为建设智能电网服务。建设智能、高效、可靠、绿色的现代电网是我国电网的发展方向。

3.6 小结

随着我国特高压交直流输电技术等大容量先进输电技术的成熟，我国的输电技术已经处于世界水平，特高压输电技术处于世界领先地位，输电容量和经济距离已有较大提高，能够为远距离输电提供技术支撑，直流输电对于远距离输电有优势。

在我国中长期输电主干网络建设中，大容量、远距离输电方式将以特高压直流输电技术为主，在特高压输电技术的基础上，紧凑型、同塔多回、大截面导线、耐热导线等及柔性输交直流电技术将大大提升电网输送能力。

柔性输电技术不仅可以提升输电能力，而且是提升我国受端电网安全可靠运行能力的有效技术，其规模应用有利于提高我国电网输送能力和安全性，特别是柔性直流技术，是改变大电网发展格局的战略选择。

我国发展智能电网可以为优化电煤输送方式、提高电煤在煤炭中的消费比例和煤炭高效清洁利用提供技术手段，同时提高电网安全可靠运行的能力。

我国先进输电技术发展路线图如图 3-4 所示。

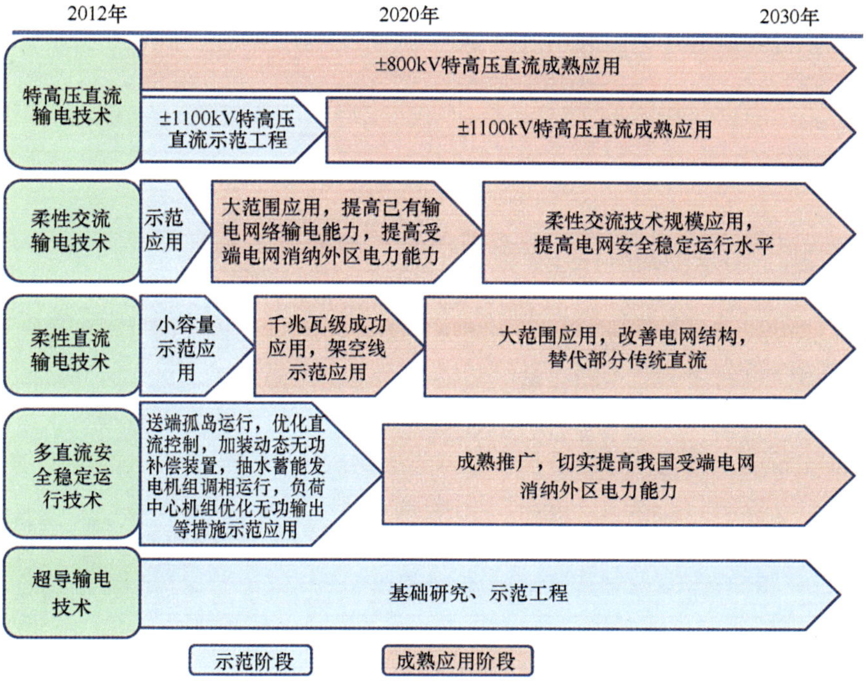

图 3-4　先进大容量输电技术发展途径

第 4 章 输煤输电综合比较

在不同时期已开展了较多关于输煤与输电的比较研究，早期的比较主要是经济比较。本章比较目的是通过能源利用效率、经济性、安全可靠性、区域社会经济协调可持续发展方面的差异，以及生态环境、土地和水资源等制约性因素进行输煤输电综合比较，对国家制定宏观能源战略、法规政策，以及电力、煤炭及运输通道规划，提供有价值的思路和参考。

4.1 常规输煤和输电综合比较

随着我国以特高压直流输电技术为代表的先进输电技术的发展，输煤输电平衡距离已经大大增加，根据煤质的不同，输电经济距离可达 1500km 以上，加上我国东部负荷中心新建煤电受环境容量的限制，我国远距离输送煤电的比重将进一步扩大。综合考虑能源输送系统效率、输电输煤经济性、铁路运力制约、东部发展煤电的环境约束、区域经济发展、水资源制约等因素，可以适当增加煤炭主产区的输电比例和规模。

以下通过典型煤炭基地外送案例，从能源输送损耗、经济指标、土地及水资源占用、环境影响、能源安全、区域经济协调发展、综合利用等方面对常规输煤输电进行综合评价比较。

4.1.1 能源利用效率比较

从长期来看，节能减排、提高能源利用效率、控制能源消费强度，是国家社会经济可持续发展的前提条件，能耗的降低将带来煤炭等能源需求的降低、碳排放和污染物排放的降低等全方位的好处，因此，提高能源利用效率、节能优先是能源战略的首选，也是输煤输电比较论证的核心主题之一。

本章的输煤输电能源利用效率分析统一原则，是指在送端地区相同热值煤炭的情况下，计算比较输煤输电不同方案的受端落地的上网电量。

(1) 输煤损耗分析

输煤方式的能源损耗包括：煤炭运输过程中的物理损失和动力牵引装卸能耗、煤炭在受端发电的热能损失。其中，煤炭运输过程中的能源损耗包括运输过程中的煤炭损失和能源消耗。运输过程中的煤炭损失包括送端集运站装卸和运输、输煤铁路干线运输、中转港口装卸、海运，受端港口装卸，以及受端电厂煤炭运输等环节的遗撒、风损、卸煤不净等；运输过程中的能源损耗包括机车牵引、船舶动力、集运站和中转港口装卸等环节消耗的电力和燃油。

输煤方式的能源利用效率与煤炭的发热量密切相关。近年来，铁路运输洗精煤等优质煤炭的比重逐渐增大。采用洗精煤等优质煤炭通过铁路送往受端发电，部分原煤和低发热量煤（褐煤、洗中煤、煤矸石等）就地发电后输送到受端的方式，可以提高低发热量煤的能源利用效率，缓解铁路运力的紧张，因此，输煤输电比较应包括煤炭输煤输电组合输送的方案，计算损耗时也相应包括煤炭洗选的能耗。

在铁路、公路、内河等多种煤炭运输方式中，铁海联运可以充分发挥技术和规模优势，煤炭运输损失低于公路、内河等其他方式。以铁海联运为例，列举典型煤炭运输损失和煤炭运输能耗参数如表 4-1 和表 4-2 所示。

表 4-1　煤炭运输损失　　（单位:%）

编号	各项损失	国家标准	资料数据
1	集运站装卸运输损失率	0.2	0.1
2	铁路干线运输损失率	1.2	0.5
3	中转港口装卸损失率	1	0.5
4	海运损失率	1.5	0.1
5	受端港口装卸损失率	1	0.5
6	受端煤炭运输损失率	0	0.3
7	合计	4.9	2

表 4-2　煤炭运输损耗

运输损耗	宁东—浙江	内蒙古—浙江
铁路干线里程/km	1 319	605
海运里程/km	1 265	1 265
集运站装卸运输能耗/（kgce/万 t）	4 950	4 950
铁路干线运输能耗/［kgce/（万 t · km）］	47.9	47.9
中转港口装卸能耗/（kgce/万 t）	5 112	5 112
海运能耗/［kgce/（万 t · km）］	45	45
受端港口装卸能耗/（kgce/万 t）	2 300	2 300
受端电厂运输能耗/（kgce/万 t）	2 010	2 010
煤炭运输能耗合计/（kgce/万 t）	134 477.1	100 276.5

（2）输电损耗分析

输电的损耗与输电方式密切相关，下面以输送损耗相对较低、煤炭基地点对网输电较为可行的特高压直流输电技术为例进行介绍。

输电线路的长度按照从送端到受端负荷中心的直线距离并考虑 1.2 倍的系数计算。直流输电损耗由换流站损耗和线路损耗两部分组成。以±800kV 特高压直流输电为例，当传输最大功率时，换流站损耗率约为 1.4%，每百万公里的线路损耗率取典型值 3.3%。据分析，输电损耗率随线路传输功率的减小而减小，因此线路平均输电损耗率低于线路最大传输功率的输电损耗率。在分析全年的电能损失时，应根据不同传输功率下的输电损耗及对应时间段进行积分计算。

下面分两种情况进行输煤输电能源利用效率比较，一是洗精后的高热值煤炭能源利用效率比较；二是实际热值煤炭不同输送方案能源利用效率比较。

（1）洗精后的高热值煤炭能源利用效率比较

以内蒙古、宁夏和新疆哈密输电案例分析计算，若洗精后煤炭热值都为5500kcal/kg，而且输煤输电路径相同，输煤方式能源利用效率一般明显高于输电方式。

再以三个典型案例为例，考虑实际煤质的不同，输电线路的长度按照从送端到受端负荷中心的直线距离并考虑1.2倍的系数计算。三种方案的能源利用效率比较（比较结果均折算到供电煤耗）见表4-3。输煤输电方案能源利用效率的差异包括两个方面：一是送端地区因缺水，普遍采用空冷机组导致供电煤耗的差异；二是输煤与输电过程中的能源损耗差异。对于5500kcal/kg的洗精后煤炭输送来说，考虑空冷机组供电煤耗较湿冷机组高20gce/（kW·h），是输煤输电效率差异的主要原因，占等效煤耗差的55%～63%；输送过程中的效率差异占37%～45%。也就是说，对于洗精后的高热值煤炭来说，远距离输送条件下输煤方式能源利用效率一般高于输电方式，等效煤耗输煤方式一般比输电方式低10%左右。

表4-3　输煤输电能源利用效率差值

线路	宁东—浙江		内蒙古—浙江		哈密—郑州	
	1860km		1830km		2200km	
	等效煤耗/［gce/（kW·h）］	净供电效率/%	等效煤耗/［gce/（kW·h）］	净供电效率/%	等效煤耗/［gce/（kW·h）］	净供电效率/%
输煤方案	306.9	40.0%	305.8	40.3	305.2	40.3
输电方案	338.8	36.3%	338.6	36.3	341.7	36.0
输煤—输电	-31.9	+3.7	-32.8	+4.0	-36.5	+4.3

注：供电净效率（%）=0.123/等效供电煤耗［kgce/（kW·h）］。

（2）实际热值煤炭不同输送方案能源利用效率比较

再以三个典型案例为例，考虑实际煤质不同，三种方案（方案一：输煤方式；方案二：输电方式；方案三：洗精煤输煤、洗中煤输电）的能源利用效率（比较结果均折算到供电煤耗）比较见表4-4。通过实际案例可以发现，远距离输送条件下，输煤方式能源利用效率一般高于输电方式，但是洗精煤输煤、洗中煤输电能源利用效率可能接近甚至超过输煤方式。

表4-4　方案等效供电煤耗对比　［单位：gce/（kW·h）］

方案编号	宁东—浙江	内蒙古—浙江	新疆准东—重庆
输电线路长度	1860km	1830km	2700km
方案一	306.9	305.8	308.0

续表

方案编号	宁东—浙江	内蒙古—浙江	新疆准东—重庆
方案二	338. 8	338. 6	329. 0
方案三	307. 1	309. 7	307. 5

注：①经调研，煤炭热值典型值宁东取 4905kcal/kg，内蒙古取 3887kcal/kg，新疆取 5000kcal/kg；②本书研究跨区域长距离输煤输电比较，输电距离均超过 1500km，因此采用技术比较成熟的±800kV 特高压直流输电作为主要技术方案。新疆准东—重庆输送距离超过 2400km，采用±1100kV 特高压直流输电，线路损耗进一步降低；③输电线路的长度按照从送端到受端负荷中心的直线距离并考虑 1. 2 倍的系数计算。

4. 1. 2　经济性比较

经济性比较以相同送端起始点和受端落地点，基于受端落地点的成本电价为目标值，目前主要有基于成本的经济比较方法（即各环节和各部分均计算成本，基于相同的投资基准收益率等基准，采用投资加运维成本的比较方法，进行项目效益分析）、输煤基于现行运价的比较方法（即输电整个环节、输煤受端电厂仍按投资和运维成本计算，但输煤价基于现行铁路运输价格）和市场煤价比较方法。远距离大容量输煤输电比较，几种比较方法得到的结论会有较大差异，一般基于成本的经济比较方法倾向于输煤，而采用基于现行铁路运输价格和实际到港、到厂煤价的比较方法倾向于输电。

（1）基于成本的经济比较

以新疆哈密到郑州洗精后的 5500kcal/kg 高热值煤的输煤输电经济比较为例。

输煤：送端年运煤量 2 亿 t，铁路输煤损失按 1% 计算，供电煤耗按 300gce/（kW · h）计算，年供电量为 5185. 7 亿 kW · h；厂用电率按 5% 计算，年利用小时按 5500h 计算，受端需配套建设 9925 万 kW 燃煤电厂。

输电：输电采用±800kV 特高压直流输电方式，送端额定输送 760 万 kW，受端年供电量 391. 5 亿 kW、送端配套建设 790. 9 万 kW 燃煤电厂。

当输煤输电送端煤价方面铁路车板价和输电电厂到厂煤价相同时，假设在输煤输电送端煤价方面铁路车板价和输电电厂到厂煤价均按 250 元/t 计算，且输煤输电路径距离相同，则成本电价与输电距离关系见图 4-1，哈密到郑州的计算汇总于表 4-5。

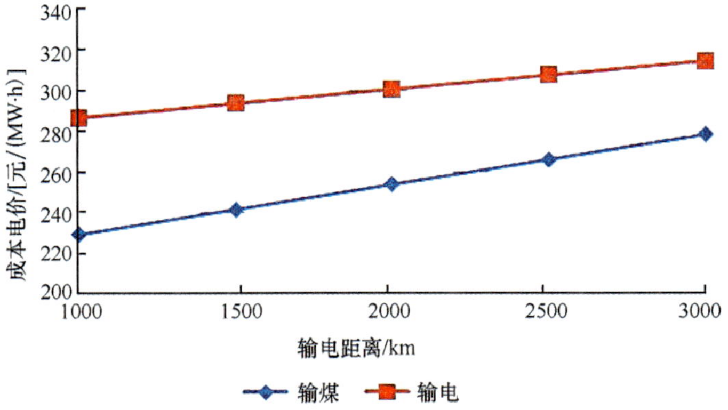

图 4-1　输煤和输电成本电价与输电距离关系图

表 4-5 哈密—郑州案例输煤和输电成本电价计算一览表

[单位：元/（MW·h）]

序号	项目	投资	运维	燃料	总成本
一	输煤成本				
1	燃料成本			95.45	95.45
2	铁路成本	34.74	19.27		54.01
3	燃煤电厂	77.97	30.62		108.59
	输煤小计	112.71	49.89	95.45	258.06
二	输电成本				
1	燃料成本			101.82	101.82
2	输电成本	65.04	12.02		77.06
3	燃煤电厂	84.62	33.23		117.85
	输电小计	149.66	45.25	101.82	296.74
三	输煤输电差	-36.95	+4.64	-6.37	-38.68
	占总成本的比例/%	95.52	-12.0	16.48	100

理想情况下，若铁路车板价和输电电厂到厂煤价相同，按基于成本的经济比较方法，在2000km左右的输电距离上，高热值煤输送输煤经济性优于输电。以新疆哈密到郑州为例，在2200km输电距离左右，输煤、输电全成本电价分别为258.06元/（MW·h）、296.74元/（MW·h），输煤比输电低38.68元/（MW·h），约13%。这里由于采用±800kV特高压直流作为远距离输电方式参与比较，直流输电换流站造价较高，因此输煤经济性优于输电。

当输煤输电送端煤价方面铁路车板价高于输电电厂到厂煤价时，上述比较没有考虑送端输煤和输电两种方式的送端煤价差，该部分价差在现实情况中是存在的。不同煤电基地情况相差比较大，涉及的边界条件不同，矿口价和车板价的差异还包含市场煤价的因素，比较复杂，具有不确定性。

首先，输煤送端煤价是按铁路车板价计算的。从煤矿矿口到编组车站，若仅考虑输运成本的因素，集运平均运距按50km、汽车运输［运价0.7元/（t·km）］和铁路运输［按固定基价10元/t+里程基价0.2元/（t·km）］各50%的比例计算，该部分运费估算为49元/t，一般会高于在送端建设矿口、路口电厂的集运费用。

另外，由于煤炭供应、铁路运输供需和体制原因，铁路运输存在着计划重点煤和非计划市场煤的“双轨制”导致的“价外价”现象，特别是在煤炭运输紧张时期，承担外运任务的煤炭装车费、换装费、车皮“点装费”等；此外还包括销售环节的费用、煤炭输出地区的环保基金等收费，合计可能达50~100元/t。

综上，送端煤价输煤一般比输电高（输煤原煤成本价高于输电100元/t可作为典型值），输煤输电经济结果可以发生逆转，煤炭价格不同的输煤输电成本价格如表4-6所示。可见，当输煤原煤成本价比输电高100元/t时，新疆哈密到郑州高热值煤输送输电经济性优于输煤。

表 4-6 送端煤炭价格成本电价差的影响

原煤价格/（元/t）	标煤价格/（元/t）	输煤成本电价/［元/（MW·h）］		输电成本电价/［元/（MW·h）］	
		燃料	总成本	燃料	总成本
250	318.2	95.5	258.1	101.8	296.7
300	381.8	114.6	277.2	122.2	317.1
350	445.5	133.6	296.2	142.6	337.5
400	509.1	152.7	315.3	162.9	357.8
450	572.7	171.8	334.4	183.3	378.2
500	636.4	190.9	353.5	203.6	398.6

注：原煤热值为 5500kcal/kg。

送端煤价差 100 元/t 时输煤和输电成本电价与输电距离关系如图 4-2 所示。可见，若输煤原煤成本价比输电高 100 元/t 时，输煤输电其实在 1500～2500km 的范围内输送成本基本相当。需要指出的是，这里采用输送容量达 760 万 kW 的±800kV 特高压直流输电技术，线路成本相对较低，因此，随着输电距离的增长，输电的成本增长反而较慢；在实际中，若直流输送容量小或电压等级低，如输送容量为 500 万 kW，输电的单位距离成本一般要比输煤要大。

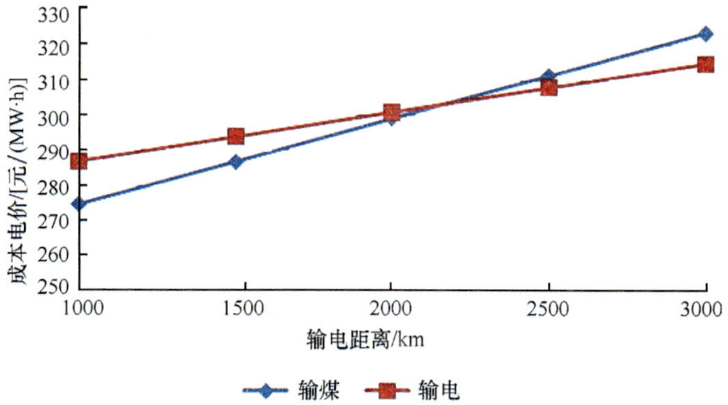

图 4-2 送端煤价差 100 元/t 时输煤和输电成本电价与输电距离关系图

（2）输煤基于现行运价的比较

再以新疆哈密到郑州洗精后的 5500kcal/kg 高热值煤的输煤输电经济比较为例，若输煤价基于现行铁路运输成本价格，如 0.08 元/（t·km）（送端输煤原煤成本价比输电高 100 元/t），则输煤和输电成本电价与输电距离关系如图 4-3 所示。由图可见，基于现行铁路运输成本价格，输电成本电价在 1800km 左右和输煤相近。由于特高压直流输电技术线路成本相对较低，再加上一般铁路运输距离要长于输电线路长度，以及铁路运力不足、中间环节多、建设周期长等因素，因此能源远距离输送中采用输电方式的比例呈快速扩大趋势。

在宁夏、内蒙古典型煤质案例中，相对于同样的 1t 原煤，三种输煤输电方案下落地电量成本测算结果如表 4-7 和表 4-8 所示，内蒙古地区输煤输电组合方案最为经济，

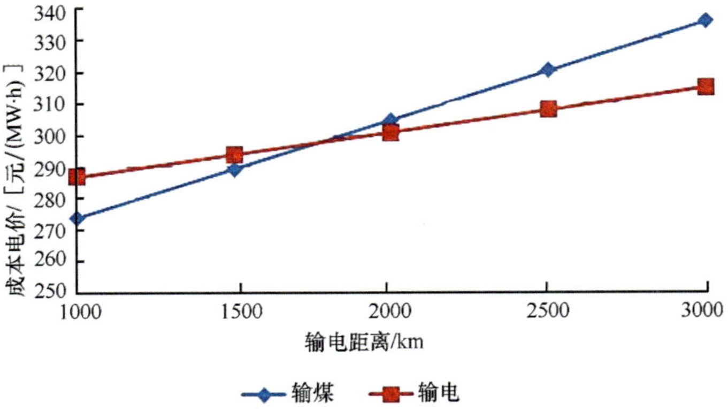

图 4-3　基于现行铁路运输成本价格的输煤和输电成本电价与输电距离关系图

即煤炭经洗选后，洗精煤送到浙江发电、煤矸石在内蒙古就地发电经济性好；宁夏地区输电方案最为经济。

表 4-7　内蒙古地区输煤输电经济性比较结果

项目	方案一	方案二	方案三		
	输煤	输电	输电部分	输煤部分	合计
总成本/元	544	510	460	60	520
总电量/（kW·h）	1899	1752	1700	204	1904
单位电量成本/［元/（kW·h）］	0.287	0.291	0.271		

表 4-8　宁夏地区输煤输电经济性比较结果

项目	方案一	方案二	方案三		
	输煤	输电	输电部分	输煤部分	合计
总成本/元	762	634	694	30	764
总电量/（kW·h）	2429	2210	2344	101	2445
单位电量成本/［元/（kW·h）］	0.314	0.287	0.296		

（3）市场煤价比较方法

若按较高的市场煤价计算，则比较的结论将进一步有利于输电。据调研，某发电集团统计其在河南地区电厂的 2012 年实际到厂煤价，其中发热量约 5500kcal/kg 的来自神东矿区的煤炭，折合成标准煤单价为 855 元/tce。按上述燃料计算上网成本电价：燃料成本电价=855×0.3=256.5 元/（MW·h），加上输煤受端电厂的投资、运维费用合计为 108.6 元/（MW·h），则上网电价为 365.1 元/（MW·h），高于输电 68.36 元/（MW·h）。若煤价偏低，则可能两者相当。

综上，跨区域远距离输煤输电输送的规模不同，受约束的条件也有差别。二者的经济性比较，在我国现有体制下受政策影响大，涉及因素多，不同的比较方法、边界条件、基础数据及不同因素的权重取舍，对结论影响较大；随着技术经济条件和其他条件的变化，结果可能会发生逆转。因此，输煤与输电项目的成本比较的结论，可以作为项目比较和决策的依据之一，而不宜作为能源战略决策的主要依据。

4.1.3 土地及水资源占用比较

不管是输煤和输电通道都需要占用大量的土地资源，新建大型燃煤电厂需要大量的水资源。虽然在经济评价中已经考虑到征用土地和占用水资源的代价，但是随着城市化进程的加快，土地资源和水资源是稀缺资源，在某些情况下是输煤输电方式选择的决定性因素，在国家建设“资源节约型、环境友好型”社会的导向下，输煤和输电比较评价时有必要单独重点考虑土地资源和水资源的占用情况。

（1）土地资源占用比较

不管是输煤还是输电方式，最终转换为电能都需要在能源受端或送端建设电厂，本书认为在两端建设电厂占地差不多，但两端土地资源的稀缺程度还是有较大区别的，具体情况需具体分析。本书重点分析输送通道占用土地资源的情况。

铁路双线正线路基面宽度一般为：路堤式 11.1m，路堑式 10.7m。按照双线、重载、电气化铁路设计，铁路线路本身宽度可按双线正线路基面宽度考虑，取 11.1m。沿线铁路车站、车辆段、机务段等征用土地面积与铁路全线征用土地面积基本相当。因此，铁路线路和车站征用土地，平均宽度应为 20~22m。

如果采用铁路运煤，输煤铁路直接占用走廊全部土地，按国铁一级线路计算的双线铁路煤炭年运输量约 1 亿 t，占地宽度按照 25m 考虑。该铁路运力对应装机容量约 4600 万 kW。

输电方式的占地分为直接占用土地和间接占地（使用性质有所限制的这部分土地）。塔基及变电站（包括换流站）直接占用土地较少，且不受地形限制，输电线下土地还可利用，但使用性质有所限制。若仅计算直接占用土地，输电方式直接占用土地一般来说要远小于铁路占地（考虑路径相同、典型情况下的输电方式直接占用的土地是铁路的 50% 左右）；但是若计算使用性质有所限制的这部分土地，则输电占用土地较多。与双线铁路相比，同样输送 4600 万 kW 火电电力，若采用 500kV 同塔双回交流输电，需建设 500kV 同塔双回路 12 条，输电走廊宽度约为 12×65m；若采用±800kV 单回直流输电，需建设±800kV 单回路 8 条，输电走廊宽度约为 8×80m。

据此测算，为完成年运送 1 亿 t 煤炭或相当电力的目标，一条铁路运煤通道与 8 条±800kV 单回线路的间接占地平均宽度之比为 1∶25。若比较直接占用土地，则输电方式更节省土地资源。但实际比较中，还应考虑路径选择、土地资源占用性质的不同。

综上，从节省土地资源的角度考虑，输煤方式与输电方式比较，需确定相同的起点和终点，再比较可行的路径方案。但总体来说，输煤相对输电更节省输送使用性质有所限制的这部分土地，但直接占用土地的面积要大。

（2）水资源占用比较

内蒙古、宁夏等西北地区属于缺水干旱地区，煤炭基地地区缺水现象尤其严重，发展煤电受到很大限制。东部地区水资源丰富，且沿海厂址资源较为优越，取排水便利。

从水资源占用的角度考虑，我国输煤方式一般要优于输电方式。

4.1.4 安全性比较

在运行安全性方面，输煤输电各有优缺点，总体上输煤运行风险相对较小。

(1) 输煤安全性分析

煤炭在长途运输中因长时间封闭高温容易引发自燃事故，进而造成火灾，严重的时候还可能引发车（船）内的燃料油发生爆炸，但是这些事故在采取安全措施后可以有效减少，而且产生的影响可以控制在一定范围内，而且单次煤炭运输容量有限，事故造成的煤炭损失相对较小，对能源供应安全总体不构成较大影响。但是，严重自然灾害，如台风、强降雨、洪水、雨雪冰冻等频发的时期可能导致交通中断，运煤受阻，电煤供应紧张。但输煤可以储藏应急，为保证电煤供应，国务院已经批准通过了国家煤炭应急储备方案，即国家委托煤企、电企等在煤炭重要集散地、关键运输枢纽等地储备煤炭，用于应对煤炭供应中断和严重不足等紧急状况。输煤的主要安全缺点是由于铁路运输能力的增长不够而导致的持续堵塞和中断，会使电煤供应紧张，从而能源供应安全性会受到影响。

随着输煤通道建设的加强和煤炭储运基地的建设，输煤方式是较为安全的能源输送方式。

(2) 输电安全性分析

电力系统面对的主要风险是多重故障下存在系统大面积停电的风险。一方面，多重故障的发生概率较低，随着电网应急措施和安稳预防措施的完善，发生大面积停电概率极低。另一方面，随着电网结构的合理优化，电网在紧急情况下可以解列分区运行，损失部分负荷，不至于发生全网的大面积停电事故。随着电力技术的不断创新和进步，输电网的安全稳定性得到大大提高，可以满足一般情况下 N-1 和重要元件 N-2 故障下的安全可靠供电，出现严重故障导致大面积停电事故的概率极低。总体来说，只要电网在规划和运行中严格执行《电力系统设计技术规程》和《电力系统安全稳定导则》等规程导则中的电网结构、设计和安全稳定标准要求，输电的运行安全性就是有保障的。

输电运行安全性风险基本可控，但是，在远距离大容量输电通道建设中，远距离输电的安全风险应该引起足够重视，特别要注意两个问题：①单个送电通道的输送容量不宜过大，应该综合经济、技术、安全等方面确定输电容量，特别是在单个特高压直流输送容量应该要考虑到受端电网承受能力。②需在东部负荷中心适当建设燃煤电厂，对于电力安全供应和电网的电压支撑是有利的。

4.1.5 东部环境资源和西部水资源制约性因素分析

(1) 综合分析

我国正处在经济快速增长、工业化、城市化快速发展时期。由于自然、历史、技术、体制等众多原因，我国的生态环境问题已经呈现十分严重的局面：土地资源逐渐沙化，水土流失严重；水资源短缺；大气污染严重，酸雨问题突出。未来我国燃煤电站建设，将受到环境空间和水资源供应能力等的制约。

解决好富煤地区的节水问题是西北煤炭开发的关键，需要进行综合治理，如优选厂址，利用非常规水源，适当外调水源，特别是在提高农业灌溉水的有效利用率方面还有巨大空间。

环境问题也是煤炭开发的重要制约因素，但是无论东部和西部都存在环境制约问题。环境问题对西部煤炭基地同样重要，应该实行同样的标准，不能因为经济不发达，就可以多排放。2011 年新的《火电厂污染物排放标准》限制标准已达到发达国家水平，电力生产总体上讲是洁净生产，应随着产业结构的调整，加大煤炭利用中电煤的比例，加强电煤之外另外 50% 燃煤排放的控制。东部发达地区灰渣、石膏等煤电的副产品综合利用程度高，西部地区相对较差，也是应该考虑的因素。山西大规模的煤炭无序开采造成的采空区塌陷、燃烧区、水资源破坏水土流失等生态和环境影响、负面社会影响是非常巨大的，应当吸取教训。

（2）环境影响因素分析

从布局上看，长期以来，我国煤电大量布局在东中部经济发达地区，导致东中部地区环境污染物排放超标、环境问题严重；而我国西部、北部能源资源富集地区经济发展落后，火电装机容量相对较小，地域辽阔，单位面积 SO_2 排放量较小。2007 年，东部地区单位国土面积的 SO_2 排放量是西部地区的 5.2 倍。

SO_2 是形成酸雨的主要原因。在 SO_2 排放及气候条件的综合作用下，我国华中、华东和南方地区酸雨问题严重，未来应该严格控制中东部地区的燃煤电厂建设规模。

就环境承载力而言，我国硫沉降的最大允许量总体呈东低西高的趋势；就环境经济损失而言，环境污染给中东部经济发达地区带来的经济损失远大于西部、北部地区。大气污染造成的环境损失主要包括健康损失、农业减产和材料破坏等几部分，其数量与所在地区的人口密度、人均 GDP 成正相关关系。研究表明，东中部地区环境污染造成的环境损失大于西部和北部地区，东中部地区的单位 SO_2 排放造成的经济损失是西部和北部地区的 4.5 倍。

在保证 95% 的生态系统不受损害的情况下，根据各省份污染物排放现状，西部和北部地区的多数省份还有较大的硫沉降空间，中东部地区大部分已经没有硫沉降空间，燃煤电厂应更多地向环境承载力较强的西部和北部煤炭富集地区布局。

（3）水资源供应情况

东部水资源整体上较好，在沿海建电厂，可以采用海水淡化技术方案解决某些地区淡水资源缺乏的问题；采用海水二次循环技术解决某些区域海水温排放的问题，基本上不存在水资源限制问题。

我国西部和北部的山西、陕西、内蒙古、宁夏、新疆、黑龙江等省份煤炭资源非常丰富。西部和北部煤炭产区虽然大多处于干旱缺水地区，但是在这些煤炭产区落实了城市中水、矿坑排水、水权转换、黄河引水工程、水库工程等供水措施后，应该可以解决燃煤电厂发电用水。

经分析计算，各规划水平年上述煤电基地水资源可支撑煤电装机规模2010年可达到约3.2亿kW，2015年可达到约5.4亿kW，2020年可达到8.1亿kW，2030年可达到10.7亿kW，详见表4-9。其中，2030年伊犁、准东地区通过水利工程建设、供水量较2020年有较大增长，其他煤电基地水资源供应能力增长情况还需要进一步研究，可支撑规模暂按2020年的水平考虑。

表4-9　各煤炭产区水资源可支撑煤电装机规模表　　（单位：万kW）

煤炭产区	2010年	2015年	2020年	2030年
山西	11 300	17 800	23 900	23 900
陕北	1 300	3 100	5 000	5 000
蒙西	6 100	7 900	15 800	15 800
锡盟	1 200	2 800	5 100	5 100
呼盟	2 400	3 400	4 200	4 200
宁东	3 700	5 400	5 700	5 700
哈密	300	1 100	2 100	2 100
准东	1 400	2 300	2 800	11 800
宝清	567	2 165	5 000	5 000
彬长	187	1 080	1 400	1 400
伊犁	3 300	6 760	10 000	27 000
合计	31 750	53 800	81 000	107 000

（4）输煤、输电工程建设和运营期对环境和生态的影响

输煤、输电建设和运营期间，对环境和生态的影响存在明显的差异，但均在国家环保法规允许和可控范围内，不构成主要制约性因素。在经济总量和输煤、输电规模持续增加的趋势下，铁路和电网的建设和运营部门，需要执行更严格的环境和水土保持措施。

4.1.6　区域经济协调发展效益比较

单纯输煤的产品附加值较低，对当地经济社会发展的带动作用较小，但是建设铁路可以取得较好的综合利用效益。铁路运输的功能可发挥多重作用，平时可供民用，战时可以军用；既能运货，又能运客，综合利用效果较好，而且能够带动沿线铁路站点地区的经济发展。

输电方式延长了能源输出地的煤炭开发利用产业链，产品附加值较高，对于拉动当地经济的发展和产业结构升级具有较强的作用。输电方式通过扩大联网，在统一调度、统一安排检修的情况下，可取得一定的联网效益，如减少备用容量、降低系统总装机规模，进一步优化发电调度、提高电网火电机组的整体发电效率，提高电网安全稳定水平，通过削峰填谷、“水火互济”的方式减少水电弃水电量等。

内蒙古、宁夏在推进煤电一体化、提高煤炭产业集中度和煤炭资源回采率的同时，积极发展煤化工产业，促进煤炭就地转化。与单纯外送火电相比，发展煤化工产业，既可以将大量煤炭就地转化，也能够促进将煤电电力就地消纳。内蒙古、宁夏地区未来还将大量接纳东部地区产业转移，因此电力负荷需求增长迅猛，经济发展良好，工业产品和煤炭外送需求增加，加快铁路运输建设，提高煤炭和煤化工产品的输送能力对地区经济发展较为有利。

4.1.7　铁路建设和输电通道建设难度比较

由于铁路建设涉及征地、拆迁和安置，因此工作量和难度要比输电线路大，铁路建设周期从开工到投入使用，一般需要 5 年时间，而输电工程建设周期一般在 2 年以内。修建铁路专用线或常规混用线，煤炭运力按每年 1 亿~2 亿 t，若其中 60% 用于燃煤发电，需要配套建设 3000 万~6000 万 kW 的“电站群”，从规划角度看，具有规模优势，但灵活性和渐进性较差。特高压直流输电的一个回路输电 500 万~750 万 kW，灵活性比输煤要好。

4.2　输煤、输电并举的必要性

《中国能源中长期（2030、2050）发展战略研究》预计，我国未来科学安全的煤炭产能约有 3/4 在晋陕蒙宁及新疆地区。然而，西北煤炭基地离负荷中心距离远，煤炭外运能力紧张，需通过输煤、输电等多种方式加强西北煤炭基地外送能力。

国家将从“十二五”期间开始大规模开发晋陕蒙宁新煤炭基地，产能逐渐西移，并实施就地以先进输电技术向东部大规模输运电力。鉴于西部水资源匮乏，发电技术普遍采用风冷发电技术，加大了煤耗和厂用电，远距离输电损耗加大，从而降低了资源利用的效率，因此在布局生产力时，特别要注意论证方案的优越性。由于远距离铁路输送条件下，输送煤炭不管是能力还是效率均高于输电方式，加上西北煤炭基地受水资源限制等原因，煤炭基地在满足本地负荷需要后，煤炭能源外送主要还是输煤方式。

但是在条件合适的煤炭基地，坚持输煤输电并举外运、近期加紧发展输电是十分必要的，主要原因如下。

1）环境容量限制。受环境容量和环境成本限制，在负荷中心新建煤电的难度越来越大，成本越来越高，因此，在送端合适区域建设一定容量的燃煤发电、远距离输电外送是必然的趋势。

2）经济优势。通过输煤输电比较，部分煤炭基地输电经济性更好。

3）输电通道建设周期短，实现较为容易。一般一条远距离、大容量特高压直流输电通道输送容量为 500 万~750 万 kW，两年左右就可建设完毕投入运行，输电通道建设周期短，灵活性较输煤要好，对解决煤炭外运紧张问题具有现实意义。

4）适应低热值煤炭和煤矸石就地发电、高热值煤炭外送趋势。进行商品动力煤的筛分、洗选可大幅减少燃煤带来的可吸入颗粒物、SO_2 及 NO_x 的排放，可大幅减少运输量，提高能源利用效率，同时，将带来增加煤炭行业的就业、提高煤矿终端产品附加值等社会效益和经济效益，是我国煤炭销售体系未来的发展趋势。据估计，我国 2020 年将实现动力煤 70%~100% 入选。约占 20% 比重的低热值煤种、洗中煤和煤矸石不适宜运输，需要建设煤电电源就地转化、就地消纳或远距离电力外送，这部分低热值煤炭和煤矸石要求我国必须发展输煤输电并举。

5）抑制煤炭价格波动带来的电煤供应紧张。我国由于煤炭远距离输送中间环节多、运输过程中的不稳定性，以及煤炭受石油等能源价格波动影响，导致电煤价格波动，从而由市场原因带来了电煤供应紧张。发展一定的远距离煤电直接送至负荷中心，减少受端对电煤供应的依赖，可以保证负荷中心电力供应，提高受端电力供应的安全程度。

6）大力发展西部经济的需要。输电方式延长了能源输出地的煤炭开发利用产业链，产品附加值较高，对于拉动当地经济的发展有一定作用。另外，在新建铁路和新建输电线路两种方式中，新建输电线路速度快、周期短，能够更快地将煤炭资源转化为经济优势，在前期，能更好、更快地促进西部经济发展的需要。

4.3 小结

提高能源利用效率、节能优先是能源战略的首选，也是输煤输电比较论证的核心主题之一。通过比较，对于洗精后的高热值煤炭来说，输煤方式在远距离输送中的能源利用效率一般高于输电方式，等效煤耗输煤方式一般比输电方式低 10% 左右；通过实际热值煤炭输送比较案例也可以发现，输煤方式在远距离输送中的能源利用效率一般高于输电方式，等效煤耗输煤方式比输电低 5% 左右，但是洗精煤输煤、洗中煤输电能源利用效率可能接近甚至超过完全的输煤方式。

理想情况下，若铁路车板价和输电电厂到厂煤价相同，按基于成本的经济比较方法，在 2000km 左右的输电距离上，高热值煤输送中输煤经济性优于输电；若输煤原煤成本价比输电用煤成本价高 100 元/t 时，输煤输电其实在 1500～2500km 的范围内输送成本基本相当。若基于现行铁路运输成本价格且输煤原煤成本价比输电用煤成本价高 100 元/t 时，输电成本电价在 1800km 左右和输煤相近。若按较高的煤价计算，输电经济效益一般要远好于输煤，若煤价低，两者效益较为接近。

输煤与输电项目的成本比较的结论，可以作为项目比较和决策的依据之一，而不宜作为能源战略决策的主要依据。在新的发展阶段，国家煤炭能源战略和规划应从保障能源供应安全、提高能源利用效率，促进区域经济协调可持续发展的角度出发，综合考虑生态、环境和水资源等制约性因素的影响，统筹考虑和安排。

输煤输电并举是长期的煤炭利用方针，对于不同地区应进行科学分析，合理安排输煤输电布局。在输煤通道不畅的情况下发展输电是必要的；合理科学的输煤方式实现后，煤炭远距离输送更有优势。

煤炭资源开发、输煤、输电规划应统筹协调、相互配套，避免资源过度开发，以总量控制为目标，增强规划的权威性和严肃性，避免无序超前开发。

重点煤电基地输煤输电比较和发展建议如下。

（1）新疆地区

哈密地区煤炭热值高，适宜大规模输煤；准东地区热值较高的煤炭适宜直接输煤，热值较低的煤炭宜洗选后输送洗精煤，煤矸石就地发电；库拜、伊犁等地区煤炭热值高，但距离较远，宜考虑预留至远期充分利用。新疆作为我国中远期煤炭供应主要基地，应统筹出线走廊资源、铁路发展规划、当地水资源开发和供应能力，采用输煤输电并举的策略。近期应适当加快到河南郑州等输电通道的前期规划工作。远期以铁路运煤输出煤炭为主，其主要方向应为中南、西南川渝地区。铁路的建设应与已经形成的“三西”地区煤炭运输北通道、规划中的到华中地区的新通道衔接。

（2）山西、内蒙古、宁夏地区

山西、内蒙古、宁夏煤炭输电在经济上有一定优势，实行洗精煤输煤、洗中煤输电的能源利用效率较高，因此，实行输煤输电并举是恰当的。内蒙古、宁夏地区应实行输煤输电并举，加强铁路输送能力，保障浙江等东部沿海地区的电煤供应，但煤矸石和低热值煤应就地发电，近期加紧输电通道建设，解决大规模煤炭公路跨区运输等问题。

第 5 章 电煤运输战略构想

本章分析我国煤炭运输现状及存在的问题，结合我国能源发展战略和区域发展规划，充分考虑煤炭清洁利用技术的发展，提出电煤运输战略构想，根据相关煤炭工业发展规划，对电煤运输的能力及需求进行评估，对全国电煤运输规划给出相关结论和建议。

5.1 对电煤运输发展的要求

我国电煤运输存在的主要问题是铁路运输能力相对不足，中间环节较多，导致电煤运输较为紧张，主要表现在以下方面。

（1）铁路运输季节性紧张

我国铁路运输需求具有季节性特征，主要表现在春运期间，以及暑期等，政府、铁道部（现国家铁路局，下同）等将运输重点放在旅客运输任务，采取“压货保客”等非常措施，致使货运能力紧张，这对煤炭运输产生较大影响。

（2）电煤运输中间环节较多

我国东部沿海地区和华中湘鄂赣三省电煤供给中间环节较多，抵御自然灾害能力不强。以“三西”煤电基地“铁海联运”输煤到华东负荷中心为例，需要经过集运站装卸和运输、铁路干线运输、中转港口装卸、海运、受端港口装卸、受端电厂煤炭运输等环节，“三西”煤电外运通道（主要是内蒙古煤炭外运问题）目前已经比较紧张，加上中间环节多，因此煤炭外运时段性不畅。

（3）部分区域电煤铁路运输能力紧张

铁路建设近年来在发展方向上存在的“重客轻货的现象”，导致“三西”地区煤炭外运通道能力紧张，这是煤价上升过快，东部、中部一些地区出现缺煤、缺电的主要原因之一。

从煤炭调出地区看，目前突出表现在晋陕豫蒙地区中长距离铁路运输能力不足。由于铁路运力不足，我国晋陕豫地区中长距离远送至河北、山东、济南、北京等邻近省市的公路运煤占煤炭外运总量的20%，导致运输损耗较高（是铁路运输的6倍以上，且消耗石油资源）、污染大和对道路设施损坏严重、运输成本大、道路交通安全状况恶化等负面状况。2010 年内蒙古公路外送煤炭增至 1 亿 t，增幅达 138%。

从煤炭调入地区看，华中地区（湘鄂赣）在运煤铁路建成之前电煤运输困难问题将长期存在。从地区分布来看，两广地区以铁路运输、沿海航运为主，海陆进口为辅，可完全满足煤电发电需求；长江三角洲（浙沪闽）接受安徽来电和西部水电，煤电增长并不多，所需煤炭由京沪铁路和沿海航运可达平衡；华中地区（湘鄂赣）在运煤铁路建成之前电煤运输困难问题将长期存在，虽然现阶段通过调度措施和加大外电入鄂、湘的举措基本可以达到电力平衡，但在某些时段仍会存在缺口。川渝地区因电力结构问题，煤电补缺比较突出，兰渝铁路投运后可以解决重庆的煤炭补缺，而四川在兰渝铁路建成后也可以解决部分煤炭缺口。

从我国中长期电煤增长趋势来看，我国需要大力发展输煤输电能力，分阶段如下：

1）根据《2020 年全国电力流规划报告》预计，2015 年全国煤炭调出省区净调出量约 15.1 亿 t，较 2010 年增加 2.9 亿 t（产量增加 5.1 亿 t）。2015 年铁路运力增长可实现相对 2010 年新增 3 亿 t 煤炭的调运，基本满足煤炭外运和调入需求。

2）2020 年我国发电用煤相对 2010 年将基本增长一倍，对煤炭运输能力提出了考验。《中国能源中长期发展战略研究》估计，2020 年我国晋陕蒙宁地区及新甘青藏地区煤炭净调出量为 16 亿~18 亿 t，比 2015 年最大增长 3 亿 t 左右。

3）2020~2030 年煤电增长不多，2030 年预计电煤需求为 28.45 亿 t，电煤仅增长 1.6 亿 t，在产地消纳大部分后，其余运输平衡应不构成问题。

截至 2011 年 8 月，铁路建设进度减缓，受资金、体制等影响，规划执行情况仍将受到考验。但 2012 年铁道部结合“十二五”规划编制对中长期规划目标作了优化，其中，2015 年铁路运煤能力达到 30 亿 t，若能够最终执行，从“十二五”到“十三五”我国电煤的供应和运输应能达到稳定平衡总势。

5.2 全国电煤运输规划

我国电煤运输的主要方式，即铁路运输、航运及公路运输分别约占全部煤炭运输的 60%、20%和 10%。今后这三种运输方式都将继续发展，但优先解决的仍是铁路运力。一方面铁路输送容量大、损耗低；另一方面，煤炭产量的增加主要集中于晋、陕、宁、新和内蒙古五省区，这五省区地处北方，主要依靠低损耗的铁路运煤。

5.2.1 加强铁路运煤

我国铁路已基本形成“八纵八横”的铁路线网格局。“八纵”为京哈、沿海、京沪、京九、京广、大湛、包柳和兰昆通道；“八横”为京兰、煤运北通道、煤运南通道、陆桥、宁西、沿江、沪昆（成）通道和西南出海通道。在南北向主通道中，京沪、京九、京广铁路等既有干线联系长三角、珠三角、京津冀等发达经济区域，客货运输需求量大，长期处于饱和状态。近年来，随着京沪等高速客运列车的投入运营，有望释放一定的运能。在东西向主通道中，煤运北通道、煤运南通道是“三西”煤炭铁海联运的主要通道。

我国将继续加强主要煤运通道的输送能力，并提出重点建设 10 个煤炭基地的煤运大通道。

（1）加强煤运北通道

煤运北通道包括大秦线、朔黄线、丰沙大线、京原线、集通线和蒙冀线。2010年运煤能力5.97亿t，2015年将达到10.5亿t。

大秦线全长653km，是晋煤外运第一大通道，原设计运力1亿t，经过扩能改造，2005年将达到2亿t，2010年运量突破4亿t。

朔黄铁路全长约600km，于2005年全面通过国家验收进入正式运营阶段，2007年运量为1.33亿t，2010年达1.63亿t。实施扩能改造，2015年将达2.5亿t，2020年将扩能到3.5亿t。

"十二五"期间，丰沙大线由1300万t，扩能到1亿t；集通线煤炭外运能力将达到8000万t，打通内蒙古东部到东北，秦皇岛、曹妃甸、锦州等下海通道。建设中的蒙冀线煤炭外运能力达到（4000万t）1.5亿t，并打通到曹妃甸的下海通道。

（2）加强煤运中通道

煤运中通道主要包括石太线和邯长线，2010年运力为8800万t；新建和邢线贡献运力3000万t，2015年运力将达1亿t。

（3）加强煤运南通道

建成投运的煤运南通道中，主要包括太焦线和侯月线。全长226km的侯月线，2010年外运能力7200万t，2015年将扩容到1.8亿t，成为第三条运煤大通道。

（4）建设"北煤南运"新通道

规划建设"三西"到"两江一湖"等中部地区的"北煤南运"新通道，预测运力达到1亿t。

（5）建设和加强新疆煤运通道

建设投运兰新第二双复线，规划建设兰渝新双复线，成兰铁路改造建设，建成新疆直达川渝地区的煤炭运输通道。新疆近期煤炭外运能力将达到5000万t，远期将达到2亿t。

（6）建设和加强10个煤炭基地的煤运通道

据铁路中长期规划（2008年3月底）的铁路建设的原则，扩大西部结网规模为主，完成中东部路网结构，至远景规划新建线路4.1万km。在上述规划中值得注意的是：提高煤炭运输能力建设，即10个煤炭基地的煤运大通道，这10个基地是大同、神讨（含晋南地区）、晋东南、陕西、贵州、河南、两淮、黑龙江东部等。铁道部表示运营除大秦线外再开行重载列车，采用大功率机车，改造线路基础设备，优化列车等措施提高煤运能力。

特别要指出的是，中国铁路发展规划重点针对华中煤运紧张问题、内蒙古煤炭外送、新疆煤炭外送提出以下规划：

1）从国家大西部到华中修建一条运煤铁路，线路自内蒙古的浩勒报吉经陕西榆林、延安，山西运城，河南三门峡，湖北襄阳，湖南岳阳到江西吉安，运力 2 亿 t，将承担鄂尔多斯、陕北、山西、河南的煤炭运到湖北、湖南、江西，线路预计 2017 年投产，基本解决湖北、湖南、江西煤运紧张的问题。

2）内蒙古煤炭外运能力将不是阻碍发展的瓶颈，规划加大内蒙古铁路建设力度，主要措施是集通线从 1500 万 t 扩能到 3500 万 t，建设林浩村—多偏二线扩能 1. 25 亿 t，建设白音华—锦州和正兰—张家口 3000 万 t 运能线路，建设鄂尔多斯—曹妃甸的云海大通道，运能 4000 万 t。

3）新疆已经成为我国第 14 个煤炭重点开发基地，新疆作为中远期全国煤炭供应的重要支撑，煤炭基地的开发已形成一定规模和态势。“十二五”期间煤炭产量达 2. 5 亿 t，投运着兰新双复线，建设兰渝新线，近期煤炭外运能力将达到 5000 万 t，远期将达到 2 亿 t。

随着晋陕蒙宁甘地区煤炭铁路外运能力由 2010 年的 8. 4 亿 t，提高到 2015 年的 18. 1 亿 t，将基本解决上述地区的煤炭外运问题。到 2015 年，铁路年运煤量由 20 亿 t 提高到 30 亿 t，“十二五”期间加大煤炭通道输送能力的建设，将会有效缓解因运输不畅导致的部分省份的“煤荒”和“电荒”。“十三五”期间电煤外运量增加 3 亿 t，随着我国加强“三西”、新疆等煤炭基地煤炭外运能力的建设，运力上应能基本满足煤炭外运需求。

5. 2. 2 加强港口运煤能力建设

煤炭主产区“三西”和内蒙古东部地区煤炭主要通过北方七港（包括秦皇岛、唐山、天津、黄骅、青岛、连云港、日照）下水。2010 年北方七港煤炭下水能力为 5 亿 t。随着未来已有港口的不断扩建、辽宁沿海新运煤港口的建设，内蒙古与宁夏新增煤炭下水需求将得以解决。

未来 5~10 年，我国煤炭装船港口将形成四大家齐头并进的局面，秦皇岛在 2 亿 t 煤炭大港的基础上将继续通过提高装卸效率和开展优质服务来巩固主枢纽港地位，满足国家经济社会发展需要；随着后期码头和铁路等项配套工程的建设，唐山港将很快实现 2 亿 t 煤炭吞吐目标，秦皇岛、唐山两港以山西北部、内蒙古西部为主要货源腹地，以大秦线、煤运第三通道为依托，成为动力煤的主要出海口。日照港也将成为 2 亿 t 煤炭下水港，以山西南部炼焦煤为主要货源腹地，以新线（吕梁到日照）为依托，成为炼焦煤的主要出海口。辽宁三港也能够成为 2 亿 t 煤炭输出港，以内蒙古东部煤田为主要货源腹地，成为蒙东煤炭的主要出海口。以上煤炭运输大通道的建设将有效缓解煤炭运输紧张压力，加快西煤东调、北煤南运步伐，保障沿海地区用煤需要。

5. 3 小结

我国电煤运输存在的主要问题是铁路运输能力相对不足，中间环节较多，导致电煤运输较为紧张。

从我国中长期电煤增长趋势来看，我国需要大力发展输煤输电能力。2015 年铁路运力增长可实现相对2010年新增3亿t煤炭的调运，基本满足煤炭外运和调入需求。2020年我国发电用煤将相对2010年基本增长一倍，对煤炭运输能力提出了考验，随着我国加强“三西”、新疆等煤炭基地煤炭外运能力的建设，运力上应能基本满足煤炭外运需求。2030年预计电煤在产地消纳大部分后，其余运输平衡应不构成问题。

抓紧研究建设新疆煤炭外运铁路专线，近期运量3亿t，远景目标5亿t。具体方案可考虑建设哈密—临河—大秦线通道和兰新客运专线，替换下来的兰新线改为货运线，和哈密—中卫—西安的铁路运煤专线一起承担一定的运煤任务，并视情况延伸至重庆、四川。

第 6 章 电网发展模式研究

本章首先分析清洁能源发展对煤电布局的影响，再综合先进输电技术发展，重点分析我国受端电网承接远距离煤电能力研究，分析就地发电厂对电网的作用和影响、就地发电厂发电方式对电网的影响，以及我国电网适应长距离煤电输送的网架结构分析，从电网结构安全、抗风险、低损耗等角度分析煤电利用的优化方式及对煤炭资源清洁利用的影响。

6.1 清洁能源发展对煤电布局的要求

能源可持续发展是我国社会经济可持续发展的基础，随着我国社会经济的快速发展，能源供需矛盾和环境压力日益突出，全球气候变化形成了实质性的碳排放约束，我国调整优化电源结构，大力发展水电、气电、核电、可再生能源等清洁低碳能源势在必行。

从 2010 年的数据来看，我国火电装机在全部电力装机中占 73. 43%，燃煤火电装机占 70. 7%。根据相关规划，我国优化电源结构的基本思路是：优先发展水电，大力开发风电及太阳能等其他可再生能源，大力发展核电，适度发展天然气发电，尽量减少新增燃煤装机。《2020 年全国电力流规划报告》预测，我国 2020 年燃煤火电装机比例将降至 56. 3%，到 2050 年将降至 43. 2%（图 6-1）。

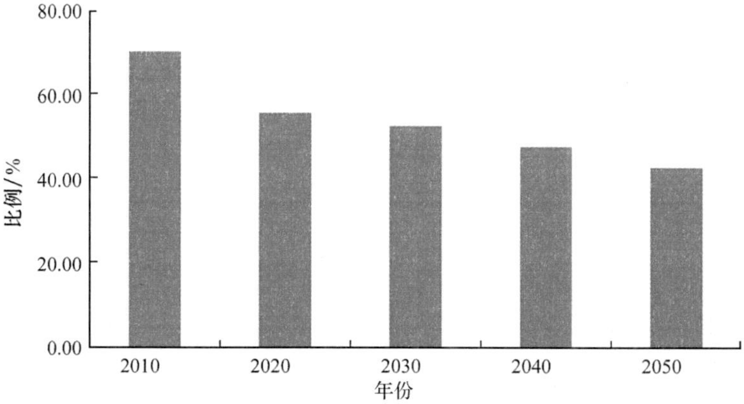

图 6-1 我国燃煤火电装机比例

燃煤火电是我国电网的主力电源，由于其具有较优秀的调峰调频能力、有竞争力的上网电价、可靠的功率输出能力、可提高电网稳定性的能力，因此，是比较受电网运行方欢迎的电源类型。我国大力发展清洁能源，但清洁电源的特性决定了其主要发挥电量效益和环境效益，需要发展一定的清洁高效煤电支撑清洁能源发展。

6.1.1 水电发展

水能作为我国资源储量较为丰富的可再生能源，在实现非化石能源发展目标中承担着举足轻重的作用。截至2010年年底，全国水电（含抽水蓄能发电）容量共计21 339万kW，规划到2020年，全国水电总容量将达到42 051万kW；未来10年水电开发重点主要集中在西南的川、滇、藏三省区，其中，四川9520万kW、云南7778万kW、西藏1010万kW。另外，我国还将引入境外（如缅甸）水电资源，点对网送入国内。

由于我国未来新增水电装机主要集中在西南部地区，远离中东部负荷中心，所以需要大规模地跨区远距离送电。《2020年全国电力流规划报告》提出，2011~2020年新增水电外送容量1亿kW，到2020年水电跨省送电总规模达13 757万kW，主要是以特高压或超高压直流方式输送。大容量水电直流跨区送入需要加强受端电网，加强受端电网需要有就地煤电等就地电源的支撑。

此外，水电的定位就是作为清洁能源发挥其容量效益和电量效益，另外可以替代部分煤电装机，但其电力电量受来水影响较大，做到丰水期不弃水，枯水期不缺电，必要时需对送入电力流结构和受端电网电源结构进行优化，如在送端和受端建设必要的煤电。水电可以替代部分煤电，但是适当地在送端或受端建设煤电可以更好地增加跨区送入水电比例。

6.1.2 风电等可再生资源的发展

风电等可再生能源作为我国能源的必要补充，将在调整能源结构、应对气候变化及全面建设小康社会、实现可持续发展中发挥重要作用。根据“十二五”风电规划，未来10年是风电等可再生能源发电发展的重要时期，一是要稳步推进华北、东北和西北大型风电基地建设；二是要加快开发沿海风电基地；三是要着力探索风能资源分散开发模式，逐步形成集中与分散并举的风电发展格局。截至2010年年底，全国风电装机容量3131万kW，“十二五”期间规划投产风电6771万kW，“十三五”期间再投产9470万kW，到2020年达到约2亿kW的规模。

风电和太阳能发电等可再生能源发电具有不确定性和间歇性特点，我国陆上年风力发电小时数一般在2000h以下，低于远距离输电的经济性要求，因此，风电原则上在本省和区域电网内消纳，尽量减少远距离输送。对于大型风电基地，《2020年全国电力流规划报告》提出，对确需跨区消纳的风电，主要考虑利用煤电基地外送通道能力进行打捆输送，也就是说，煤电基地的建设有利于发挥大规模风电外送效益。

综上，对于受端电网建设的风电，若风电比例较高，可能需在受端电网加强煤电、气电等调峰调频电源建设，减少风电等可再生能源对电网的影响，增强电网消纳大容量风电的能力。

6.1.3 核电

截至2010年年底，全国核电装机容量1081万kW。核电是未来满足负荷中心地区用电增长的重要清洁电源，在“十二五”期间全国新投产核电3097万kW的基础上，到 2020 年还考虑了 14 个核电项目，2020 年全国核电总装机达 8502 万 kW。

由于我国核电目前主要承担基荷，发挥电量效益，核电比例的增加将增加煤电的平均调峰深度，尤其是规划投产的核电规模大（以广东阳江核电为例，最终规模达到 6×1086MW），对当地电网调峰和电力输送构成了较大压力，亦需配套建设一些调峰电源，首选是抽水蓄能、燃气电站在负荷中心调峰，或者核电未来参与调峰，必要时需建设有深度调峰能力的大容量高参数燃煤电站参与削峰填谷。

6.1.4 气电

天然气是一种优质、高效、清洁的低碳能源。根据《天然气“十二五”发展规划》，“十二五”期间将加大天然气资源勘探力度，预计将新增天然气、煤层气和页岩气可采储量共计 3 万亿 m^3。同步加快天然气管网建设，“十二五”期间新增管线 4.4 万 km，增加管道输送能力 3000 亿 m^3/年，新增液化天然气（LNG）接受能力 5270 万 t/a。

从布局上看，新建的中亚天然气管道 C 线、包含中缅管道等的西南通道及西气东输二线、三线、四线的输气终点是西南、长三角和东南沿海地区；沿海 LNG 接收站建设的重点在沿海的辽、津、冀、鲁、苏、浙、闽、桂、琼 9 省（市、区），共规划 17 个 LNG 接收站，新增接收能力 4800 万 t/a，配套建设用气管线 4700km。

综上分析，随着节能减排和能源结构调整的深化，以及城市化率的提高，天然气在我国一次能源消费结构中的比重将不断上升，到 2020 年基本具备发展 8000 万 kW 燃气发电的资源条件。

根据“十二五”电力规划，燃气电站建设原则是：结合天然气资源落实情况，主要在经济发达地区或人口稠密地区，特别是华东、华北、广东，适度建设燃气-蒸汽联合循环调峰电站；在环保空间有限、电价承受能力强、热负荷需求大的特大型中心城市，优先发展大型燃气-蒸汽联合热电联产项目，积极推进天然气分布式能源站建设，支持利用煤层气发电的项目。

截至 2010 年年底，全国燃气电站装机容量共计 2607 万 kW，其中，中东部负荷中心地区气电装机容量为 2007 万 kW。按气电发展原则，未来 10 年在负荷中心地区又规划了 4611 万 kW 燃气电站。

气电不仅环境影响小，而且具有优秀的调峰调频能力，快速的启停能力，十分适合作为负荷中心的清洁支撑电源和分布式电源；受资源和价格限制，我国以前气电发展较慢，未来气电将加速发展，对煤炭在负荷中心清洁利用构成一定的竞争压力。但考虑到我国气电相对煤电来说具有较高的上网价格，负荷中心建设就地清洁高效煤电仍有较大发展前景。

6.1.5 小结

随着我国受端电网接受外区电力比例的升高和可再生能源的大规模发展，受端电网支撑电源要求也越来越高，迫切需要利用清洁煤电技术的最新发展，在受端负荷中心建设一定规模的具有较强调峰调频能力的清洁煤电。我国煤电布局及机组类型应主动适应清洁能源发展、电网安全稳定运行的需要。

6.2 煤炭资源的清洁利用对电网发展模式的影响

在煤炭资源转化为电能比例扩大及远距离外送规模扩大的趋势下，我国需进一步扩大西电东送规模，完善区域主干电网，发展特高压输电技术等大容量、高效率、远距离先进输电技术，发展智能高效可靠的绿色电网是大势所趋，以支持煤电基地、水电基地、核电基地的电力安全可靠送出和可再生能源的广泛接入，适应电力市场发展需要，为经济社会发展及人民生活提供稳定、可靠、高效、经济、清洁的电力，满足国民经济发展和社会进步对供电的要求，推动建立科学合理的现代能源资源利用体系。

6.2.1 我国受端电网承接远距离煤电原则与规划

从规划来看，煤电跨省输送主要遵循以下几个原则。

1. 合理确定电源基地外送能力

煤电基地开发要符合国家产业政策，建设规模和时机应结合水资源、生态环境和环保容量及外部电力市场等因素综合确定。煤电电源基地外送优先满足送端地区长远用电要求，避免电力外送大起大落。

2. 就近送电，避免交叉和迂回送电

输电损耗与输电距离和输电技术有关，对煤炭资源利用效率的提高有较大影响。随着特高压直流和交流技术工程应用的成功，电网输送容量和电力经济输送的距离大大提高。因此，煤电跨省输送优化选择适宜输电技术（±800kV 特高压直流、±660kV 直流、±500kV 直流、±400kV 直流、500kV 超高压交流、1000kV 特高压交流），避免交叉和迂回送电，以电力流综合送电距离短为优化目标，尽可能减少输电损耗。

3. 合理控制受电比重，确保电网运行安全

受端电网地区安全受电比重主要由本地电源结构、电源布局和电网结构等因素综合决定，为确保电网运行安全，要控制单一输送通道上受电容量。基于此，一方面要控制通道输电规模，另一方面要考虑加强受端电网结构，提高受端电网相互支援和支撑能力。此外，还可考虑利用直流控制、柔性输电等技术加强受端电网的稳定水平和接纳外区受入电能力。这里必须要指出的是，一般强调控制单一方向上受入电容量，但对于受端电网承受外区电力比例还没有一个统一的说法，受端电网承受外区电力比例和外区送电接入模式、受端电网电源结构、布局、网架、稳控措施等密切相关，需具体问题具体分析。

4. 优化受电结构，水火互济、风火打捆输电

我国水电跨区送电规模较大，要充分发挥水电的电量效益和容量效益，做到丰水期不弃水，枯水期不缺电，可考虑利用水电输送通道打捆输送具有较好调峰能力的煤电，提高通道利用率和经济性，减轻受端电网调峰压力。风电亦是如此。

根据以上原则，《2020年全国电力流规划报告》提出未来10年规划的火电跨省输送主要包括以下几个。

1）1000kV特高压交流输送：山西晋东南特高压示范工程送电华中（湖北）300万kW；锡盟送北京300万kW、送山东300万kW；华东皖电东送二期送上海和浙江共600万kW。

2）±800kV特高压直流：宁东送浙江750万kW；新疆送华中（哈密直流）750万kW；锡盟送江苏750万kW。

3）超高压直流：±660kV直流内蒙古上海庙送山东400万kW；±500kV蒙东呼辽直流300万kW；±500kV德宝直流单极150万kW；±400kV青藏直流60万kW等。

4）500kV超高压交流：山西盂县送北京200万kW；陕北扩建送河北200万kW；陕南送重庆200万kW；内蒙古上都扩建送河北132万kW；托克托通道完善增送京津唐120万kW；贵州送湖南167万kW、送重庆360万kW等。

2011~2020年全国合计新增火电跨省送电7154万kW，到2020年火电跨省送电总规模达到14 185万kW。

6.2.2 就地发电厂对电网的作用和影响

受环境约束、政策约束及土地资源约束等，我国负荷中心建设就地燃煤发电厂难度越来越大、标准越来越高、代价越来越大。

但是就地电厂对电力系统来说具有重要作用，主要体现在以下几个方面。

1. 电力系统安全稳定运行的需要

受端电网接受外区电力的比例越来越高，电源结构中清洁能源的比例越来越高，必须加强受端电网的支撑、消纳能力，受端电网内部本地电源支撑不足将逐渐成为影响受端电网受电比例的重要制约因素。由于受端电网受电比例大，外部电源距离较远无法对受端形成有效的电压支撑，尤其是受端局部负荷比较集中，若本地缺少足够的动态无功支持，当系统发生严重故障时，电压稳定性问题会比较突出，如直流密集馈入的受端电网（如广东电网）。为了提高受端电网受电能力和电压支撑能力，提高电网的稳定性，在受端电网的大负荷中心处建设就地发电厂变得尤为重要。

另外，随着电力系统发展日益复杂、规模越来越大，发生大规模停电带来的损失和影响也越来越大，电网建设分层分区，必须满足第三级标准，即“当系统不能保持稳定运行时，必须防止系统崩溃并尽量减少负荷损失”，电网在紧急情况下有解列运行的能力，这些都要求受端电网配置足够的就地电厂。

2. 电力系统综合效益的提升

从技术角度看，就地煤电、气电等电厂的并网运行能够给电力系统带来诸多效益，电源就地建设就地平衡，可以减少线路损耗和输电阻塞，延缓电网输配电设备（如变电站、线路等）投资新建，有良好调峰调频能力的电源还可以参与电网削峰填谷，减少电网调峰难度，避免或减少错峰限电，减少抽水蓄能运行损耗等，带来综合效益的提升。

3. 可靠电源结构的需求、调峰调频的需求

我国到2020年水电、核电、风电等清洁能源装机比例将由2010年的29%增大到38%~44%，在受端电网清洁能源装机比例还要更高。水电、风电、太阳能发电等可再生电源电量电力受外界资源影响非常大，在不同时空上具有随机性的特点，对局部电网来说属于不可靠电源；此外，太阳能发电、风电等可再生能源参与调峰调频能力差，水电在丰期若少弃水，调峰调频能力一般也非常有限，对电网调峰调频能力构成了较大的压力。负荷中心合理比例的清洁煤电可以和气电一起，减轻电网调峰调频压力，作为可靠电源为电网提供持续经济的电力供应。

综上分析，随着我国受端电网接受外区电力比例的升高和可再生能源的大规模发展，对受端电网支撑电源要求也越来越高，一方面大力发展气电、抽水蓄能发电等有较强调峰调频能力的支撑电源，另一方面也需要利用清洁煤电技术的最新发展，在受端负荷中心建设一定规模的具有较强调峰调频能力的清洁煤电，不仅包括大容量高参数超超临界机组，也要重视中小容量清洁煤电机组的建设，如IGCC、循环流化床、多联产技术等。《2020年全国电力流规划报告》中提出，“目前，全国已核准在建及同意开展前期工作的煤电装机容量为24 584万kW，其中，中东部地区为8960万kW；‘十三五’期间，初步在负荷中心地区又考虑了8750万kW燃煤电厂。”2011~2020年，规划中东部地区增加的煤电装机占全国新增煤电装机的56.5%。

6.2.3 我国适应长距离煤电输送的网架结构分析

近年来，伴随着电力发展步伐的不断加快，全国形成了东北电网、华北电网、华中电网、华东电网、西北电网和南方电网6个跨省的大型区域电网。其中，西北电网以330kV和750kV为主网架，而其他五大电网以500kV输电线路为主网架。以超高压输电为主网架的完整的区域电网系统已经成型。

随着我国西电东送规模的进一步加大，对于我国的发展模式有两种观点。两种观点的不同点主要在于如何应用特高压交流1000kV输电。

第一种观点认为特高压交流1000kV输电可以作为远距离大容量输电的可选方案之一，和直流输电和超高压输电方案进行技术经济比较。但不宜在500kV电网之上再构建一层特高压1000kV网络，更不宜将华北、华中、华东三大电网构筑成所谓的“三华”同步电网。我国还是应该保持六大区域电网的基本格局，区域电网之间进行边际互联，这是符合我国经济发展需求的较好的模式；应该充分发挥500kV网架的潜力，对其进行柔性输电改造，提高输电能力，提高接受大容量外来电力能力，提高抵御电网事故和自然灾害的能力。这样对我国电网发展既有前瞻性，也兼顾技术优势、经济高效和电网安全。

第二种观点认为特高压交流1000kV可以形成坚强的网络结构，理论上其规模覆盖面不受限制，其电力的传输、交换、疏散十分灵活，能够大容量远距离传输，更具有接受大容量输电的能力。建设结构合理、安全可靠、灵活高效、智能环保，以“三华”（华北、华中、华东）受端电网为核心，通过直流和东北、西北、南方电网互联，连接各煤炭基地、水电基地、核电基地、可再生能源基地和主要负荷中心，各级电网协调发展的坚强现

代化电网，适应电力市场发展需要。特高压 1000kV 电网联网后，预想电力安全问题更有保证。提高接受大容量外来电力能力，提高抵御电网事故和自然灾害的能力。

对于上述两种观点分别有两种发展模式。

模式一：以六大区域电网为核心，以 500kV 为主网架（西北电网以 330kV、750kV 为主网架），充分发挥 500kV 输电网的潜力、提高现有输电设备的利用率，同时通过对 500kV 电网进行柔性输电技术改造，大幅度提高输电能力、接受远距离输电安全落地能力和应对各类电网事故能力。六大区域电网之间在现有联网的基础上，逐步加强边际互联（图 6-2）。

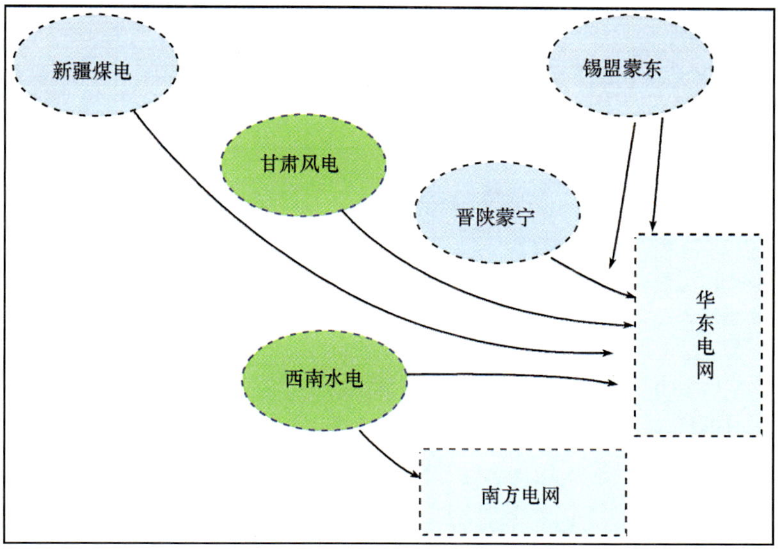

图 6-2　模式一：我国未来跨区域电力流向示意图

模式二：建设特高压交流输电，形成坚强的网架结构。形成“三华”同步电网，即华北、华中、华东三大区域电网强互联（图 6-3 和图 6-4）。

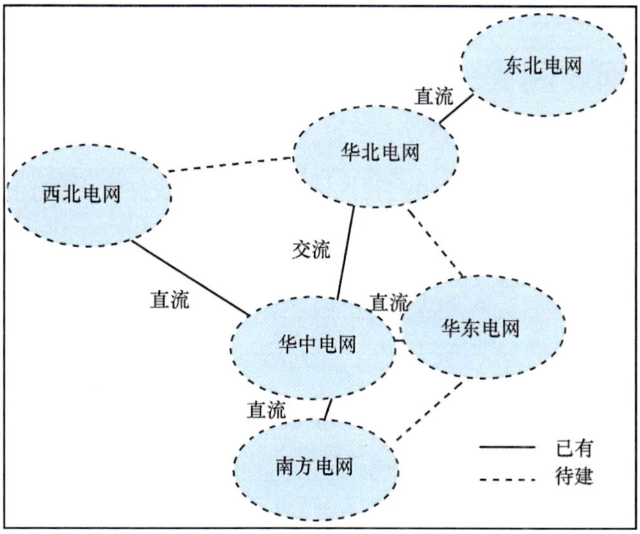

图 6-3　模式一：我国区域电网互联格局示意图

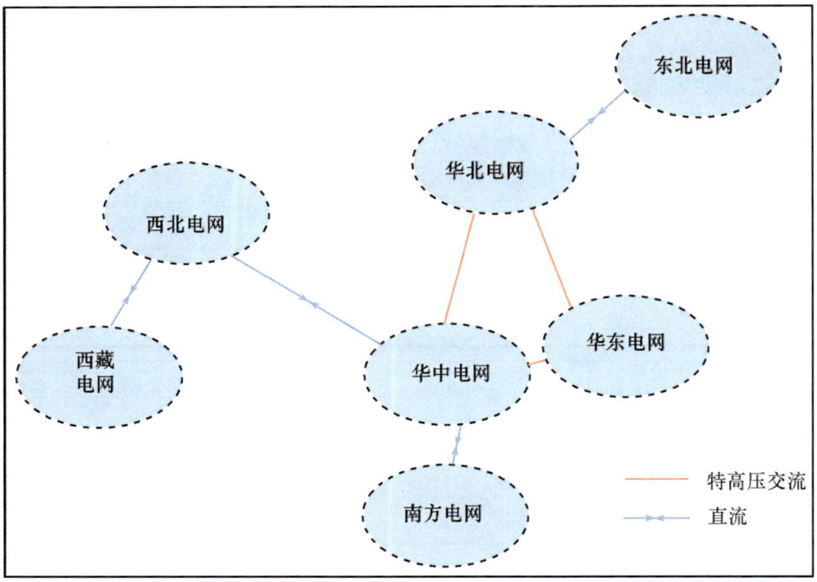

图 6-4　模式二：我国未来电网互联格局

加快与形成“三华”同步电网有关的特高压交流工程建设，实现“三华”特高压同步电网的形成，即形成华北—华中—华东特高压交流同步互联电网。

全国形成四个同步电网，即以“三华”同步电网为核心，通过直流和东北、西北、南方电网互联。晋陕蒙宁新煤电基地、西南水电基地、西北风电基地等能源基地通过特高压交直流混合系统向华北、华中、华东送电。

“三华”电网是规模庞大的同步大电网，覆盖全国 19 个省份（包括 4 个直辖市）、全国 65% 的供电人口（8.6 亿人）、70% 的国内生产总值、71% 的电力装机容量。

需要指出的是，不管是哪种电网发展模式，均考虑到了西北煤电基地电力的远距离大规模外送需求，均能较好地适应煤炭的高效清洁利用需要。具体到我国未来电网发展模式，需要进一步从技术、经济和安全等方面认真研究和决策。

6.2.4　电网发展模式对煤炭资源清洁利用方式的影响分析

根据相关规划电力流分析结果，由于我国能源资源分布严重不均，我国未来电网总体呈现出西电东送规模大幅增加和跨省电力流大幅增加的态势，2020 年我国跨省送电电力流达到 30 042 万 kW，是 2010 年的 2.74 倍。电网具体发展结构模式虽然仍有争议，但是西电（包括水电、煤电）的远距离大容量跨区输送已是必然的趋势，对送端和受端电网的煤电装机、布局、发展类型、接入模式等将有积极影响，对煤炭资源的清洁利用方式和技术发展将产生以下影响。

1. 电煤在煤炭消费中的比例进一步扩大，煤炭利用更为清洁

煤炭利用的最大问题是环境污染，燃煤发电可以规模集中高效处理污染，因此煤炭转化为电能再利用则为相对“清洁”的一种工艺选择。随着我国发展超超临界机组发电、循环流化床技术、IGCC 技术、多联产等高效清洁燃煤发电技术，以及配套的碳回

收技术，燃煤发电将成为最清洁、高效的煤炭利用方式，我国电煤比例仍有待提升。

随着我国特高压交直流输电技术等大容量先进输电技术的成熟，输电容量和经济距离已有较大提高，我国发展特高压交直流等大容量先进输电技术，电网有能力实现煤炭电力的大规模远距离低损耗外运。我国发展远距离大容量西电东送的电网结构，将有利于我国西北煤炭基地的发展煤电一体化，在煤炭产地新建大型低耗燃煤坑口电厂，提高煤炭产业集中度，提高煤炭资源的回采率，有利于将低热值煤炭或煤矸石就地发电，为我国煤炭高效清洁利用搭建了一个坚实的平台。

2. 发展大容量煤炭高效节水清洁发电技术

我国电网虽然有能力将远距离大容量西电送出，但西北煤炭基地发展大规模煤电主要受当地水资源和环境容量的限制，发展规模煤电一体化，必须发展大容量煤炭高效节水清洁发电技术，减少对当地的水资源平衡和脆弱生态系统的影响。

3. 发展具有良好调峰调频能力、适合作为受端电网支撑电源的清洁高效煤炭发电技术

如上所述，由于我国受端电网清洁能源装机比例将大幅增加、外区受入电比例的增大，为了电网运行的安全稳定，提升电力系统综合效益，建设坚强的受端电网，我国必须发展具有良好调峰调频能力、适合作为受端电网支撑电源的清洁高效煤炭发电技术。例如，IGCC 结合多联产综合技术，它能够生产甲醇等燃料或化工原料，发电和多联产的气化共用，便于电网峰谷调整负荷和提高可用率，降低发电成本。

6.2.5　小结

1）从规划来看，煤电跨省输送主要遵循以下几个原则：①合理确定电源基地外送能力；②就近送电，避免交叉和迂回送电；③合理控制受电比重及单一输送通道的容量，确保电网运行安全；④优化受电结构，水火互济、风火打捆输电。

2）就地电厂对电力系统来说具有重要作用，满足电力系统安全稳定运行的需要，可以带来电力系统综合效益的提升，可以满足可靠电源结构的需求、调峰调频的需求。

3）不管是特高压交流联网模式还是六大区域电网的基本格局模式，均考虑到了西北煤电基地电力的远距离大规模外送需求，均能较好地适应煤炭的高效清洁利用需要。具体到我国未来电网发展模式，需要进一步从经济、技术和安全等方面认真研究和决策。

4）我国西电（包括水电、煤电）的远距离大容量跨区输送的发展趋势，对煤炭资源的清洁利用将产生积极影响：①电煤在煤炭消费中的比例进一步扩大，煤炭利用更为清洁；②需发展大容量煤炭高效节水清洁发电技术；③需发展具有良好调峰调频能力、适合作为受端电网支撑电源的清洁高效煤炭发电技术。

第 7 章 主要结论及建议

7.1 主要结论

1）现在及今后较长一段时间内，煤炭都是我国最主要的能源资源，燃煤发电是煤炭高效清洁利用的基本途径，也是电力发展的主要方面。燃煤电厂在我国电源中占主导的局面在未来难以改变，但是其比例会逐渐降低。

2）将煤炭转变为电力作为终端能源使用更便于提高煤炭利用效率和环境治理，应提高煤炭转化电力的比例。我国目前煤炭转化为电力的比例约为 53%，如果能够提高到 70%～80%，对于节能减排是非常有利的。

3）我国煤炭主要分布在西部和北部，而主要消费地在东部，能源的大规模远距离传输是长期的、必然的任务。

4）当前煤炭运输的矛盾很突出，铁路等运力不足是主要方面。因此，应加强煤炭运输的总体规划，尽快实现煤炭运输通道畅通，理顺能源输送方面的矛盾。

5）我国的输电技术已经处于世界先进水平，特高压输电技术处于世界领先地位，能够为远距离输电提供技术支撑。对于远距离输电，特高压直流输电较特高压交流输电有优势。

6）在东部负荷中心适当建设燃煤电厂是必要的，对于电力安全供应是有利的，也更有条件促进运入煤的清洁高效利用。

7）在当前煤炭运力不足的情况下，着重发展远距离输电是非常重要的，应该做好输煤输电的科学比较，科学安排输煤输电格局。

8）输煤和输电方式在资源优化、能源利用效率、环境保护、水资源利用、地方经济发展等方面互有优势。

9）输煤输电的经济效益评价与比较方法、边界条件、基础数据、权重取舍等因素紧密相关，可以作为项目比较和决策的依据之一，不宜作为能源战略决策的主要依据。

10）综合经济技术比较研究，远距离输煤具有多方面优势，一般认为在输送距离 1800km 以上输煤综合优势明显，可以看成输煤输电的平衡点。因此，应结合我国能源流向和各区域实际情况，综合多种因素进行科学输煤输电比较，坚持输煤输电并举。

11）综合以上方面，距离东部负荷中心较近的山西、内蒙古西部、宁夏等地区输电有一定优势，实行输煤输电并举是恰当的；新疆离负荷中心较远，从长远角度看，应重点考虑输煤，但近期由于运力建设等方面的问题，着力发展输电也是必要的。

12）输煤输电并举是长期的煤炭利用方针，对于不同地区应进行科学分析，合理安排输煤输电布局。在输煤通道不畅的情况下发展输电是必要的；合理科学的输煤方式实现后，煤炭远距离输送更有优势。

7.2　建议

1）从保证电力供应满足人民生活需要、社会发展需要、经济增长需要的角度看，燃煤发电是我国长期的能源战略主体，必须像重视可再生能源一样得到重视。

2）煤的清洁利用重点放在污染物的治理，应该认真研究二氧化碳排放的约束方针。

3）输煤通道建设刻不容缓，应该提高到能源战略的高度来认识。

4）远距离输电的安全问题应该引起足够重视，为了规避风险，单个通道的输送容量不宜过大，应该综合经济、技术、安全等方面确定输电容量，并发展适合我国国情的大容量远距离电力输送技术，包括特高压直流输电技术、柔性输电技术等。

5）从电力安全和能源利用效率角度看，应重视负荷中心燃煤电厂建设，保证全国每年燃煤电厂一定的开工规模，如“十二五”期间每年保持 6000 万 kW 的开工规模，在发展超超临界大容量煤电机组的同时，也需要重视负荷中心的中小容量清洁煤电机组建设。

6）进行体制机制创新，在国家能源部门统一领导下制订符合经济发展趋势的能源流规划和能源传输规划，电煤基地规划、铁路规划、电源布局和电网规划需统筹考虑，与能源流相适应。

7）制定具体可行的煤炭、电力输送省（区）间经济贸易规则和政策措施，保障跨区域的各相关方面的权益，尤其是经济权益得到持续的保障。

8）在编制电力跨区发展规划时，需要将西电东送目标纳入，西电东送规模要参与接受省的电力电量平衡，同时送受双方政府签订政府间协议确保信守，两个电力部门签送受电协议（合同）明确各自的责任。

9）制定有利于符合能源流和综合效益优的大型煤炭基地通过电力外送的相关政策，可考虑在当地标杆电价的基础上，增加环境电价收益，使送端地区得到补偿；受端电网适当发展一定规模的具有良好调峰调频能力的清洁高效煤炭支撑电源；国家制定政策鼓励电网企业在节能经济发电调度上对清洁高效煤炭支撑电源进行支持。

10）国家出台专门的科技基金和科技应用政策，鼓励电网研究应用先进大容量的输电技术、节能技术和安全稳定技术。

第　一　篇

电煤运输现状及发展要求

第 8 章　本篇概述

8.1　电力是煤炭清洁高效利用的主要形式

在我国电力装机和发电量中，火电一直占压倒优势，2010 年全国电力装机 96 641 万 kW，其中，火电装机 70 967 万 kW，占总装机的 73.4%；全年发电量 42 278 亿 kW · h，其中，火电发电量 34 166 亿 kW · h，占总发电量的 80.8%。单机容量在 6000kW 以上的火电装机中，以燃烧煤和煤矸石发电的电力装机为 65 497 万 kW，占全部火电装机 70 391 万 kW 的 93%，而发电量所占比例更是高达 95.4%。在可以预见的将来，燃煤（及煤矸石等低热值煤炭燃料）火电仍将是中国电力装机和发电量的主力军，这源于其具有工艺成熟、建造快速、运行稳定、成本低廉的优点。近年来，大容量、高参数（温度压力）、超临界、大型空冷发电技术及循环流化床技术的不断创新，大大提高了燃煤发电的效率。同时，由于发电工艺中较易实施 SO_2、NO_x、粉尘颗粒物、废水的治污脱除，所以电力工业减排历来是环境治理的重点行业，也是实现治理目标的有力措施。

进入 21 世纪的第一个十年，全国电力装机年均增长 11.7%。“十一五”期间比“十五”期间增加了 3.2 个百分点，其中火电装机年均增长 11.6%，“十一五”期间比“十五”期间增加了 2.14 个百分点。而同一时期发电量年均增长 11.9%，“十一五”期间比“十五”期间减少了 1.68 个百分点，其中火电发电量年均增长 11.9%，“十一五”期间比“十五”期间减少了 2.2 个百分点，说明随着可再生能源及其他新能源的崛起，煤电受抑制的状况开始显现。

作为煤电技术经济指标之一的煤耗是表征电力转换煤炭效率的最重要的参数，近年来随着机组结构调整和技术进步，煤耗持续下降，2010 年发电煤耗 312g/（kW · h），供电煤耗 333g/（kW · h），达到世界先进水平。

8.2　电煤需求与供给的实证分析

2006~2010 年我国电力消耗的煤炭如表 8-1 所示。

表 8-1　2006~2010 年我国电力消耗的煤炭　　（单位：万 t）

项目	2006 年	2007 年	2008 年	2009 年	2010 年	合计
发电	118 241	128 811	131 903	139 669	158 971	677 595
供热	13 157	14 909	14 732	14 960	16 769	74 527
合计	131 398	143 720	146 635	154 629	175 740	752 122
占煤炭产量/%	55.13	56.67	52.50	51.54	54.24	53.91

注：本表数据根据中国电力企业联合会（中电联）电力工业统计资料计算。

2010年发电和供热共消费煤炭175 740万t，占当年煤炭产量的54.24%。

2006~2010年煤炭消费增量和电力消耗煤炭的增量见表8-2。

表8-2　2006~2010年煤炭消费增量和电力消耗煤炭的增量　（单位：万t）

项目	2006年	2007年	2008年	2009年	2010年	平均
全国煤炭消费增量	22 494	49 424	-14 641	28 000	24 000	21 855.4
电煤消费增量	18 745	12 323	2914	7995	20 910	12 617.2
（电煤消费增量/全国煤炭消费增量）/%	83.33	24.93	19.90	28.55	87.13	57.73

注：本表数据根据中电联电力工业统计资料计算。

我国煤炭生产增长很快，“十一五”期间，年均增长8%。2010年产量达到32.4亿t，基本上可以满足国内经济和社会发展的需要，也支撑了煤电的快速增长和稳定运行。在我国，由于资源禀赋特性和经济发展的不均衡，一些地区是煤炭资源调出地，而另一些地区资源紧缺，大量依靠调入。2009年调出的主要省区有内蒙古（调出35 896万t）、山西（调出29 504万t）、陕西（调出18 850万t）、贵州（调出1550万t）和新疆（调出1370万t）；调入的省份主要有山东（22 117万t）、江苏（17 091万t）、河北（15 998万t）、浙江（12 925万t）、广东（12 469万t）、湖北（8535万t）、辽宁（7723万t）和福建（4409万t）。

8.3 大规模的煤炭调运依靠铁路、水运、公路三种方式运输

在三种运输方式中铁路居首要地位，2010年铁路运输煤炭突破20万t，占总货运量的55.1%；占全国煤炭产量的61.7%。水运包括沿海航运和内河航运，运量分别达到6.74亿t和3.4亿t。公路运输是铁路和水运的补充，尤其能在小批量短途运输中发挥其优势，主要集中在晋陕蒙地区。2009年“三西”地区公路运煤数量约2.3亿t。

应当说电力输送也是煤炭资源配置的一种方式。我国从“十五”开始建设西电东送通道，历经10年建设，已经建成的跨省跨区送电能力达到1.1亿kW，跨省跨区送电的电量达到5780亿kW·h，其中，煤炭基地外送的规模达到3500万kW，相当于输送了4950万t的煤，这在煤炭运输中占的比重不大。

8.4 我国电煤运输存在的主要问题

我国煤炭产业集中在西北和华北。我国煤炭消费主要在东南沿海地区，客观上存在能源供需地区逆向分布的特点，这决定了必须要进行“西煤东输”和“北煤南运”，当前电煤运输存在的主要问题如下。

（1）总量满足需求但结构性短缺明显

A. 时段性短缺

我国的一些地区水电占比重较大，煤电生产与来水关系密切，枯水期大量需要煤炭支持煤电生产，而丰水期电煤需求下降，需求的波动性对运力提出严格要求，此外我国

传统节假日、长假及其他大宗物品抢运都会对煤炭的运输产生影响，造成一些地方某一时段的电煤短缺。

B. 地域性短缺

主要是运力不足而又处于运输末梢的湖北、湖南、江西、重庆、四川等省市，有的地方（如湖北）反复出现电煤荒导致的电荒，急需采取措施。

C. 运输瓶颈急需缓解

铁路向港口运煤及港口装卸能力、下水煤运输能力需要衔接，主要是港口装卸能力有待提高。部分煤炭基地外运运力不足，如内蒙古西部鄂尔多斯、准格尔和陕北、榆林、神木、府谷等地的煤炭外运运力不足。

（2）电煤供应及运输双轨制缺乏协调

1）电煤紧张和铁路运力不足与现行的电煤供应体制有着密切的关系，煤炭和运力的价格双轨制助长了电煤供需中的寻租行为，扭曲了市场价格体系，扰乱了市场秩序，加重电力企业负担。

2）由于煤炭流通领域乱象丛生。加价倒煤、推高煤价，煤炭业缺乏监管。目前，电煤物流环节繁多，管理方式粗放、效率低下、市场透明度低、计划内合同执行率低，大量合同转计划外，实行市场价，某些地方政府出台地方性法规，限制出省、出省加价及各种名目的收费推高电价。

3）煤电联动失效，成为煤价电价轮番涨价的动力。

（3）铁路运力不足，公路直运降低效率

铁路运力不足，大量外运煤炭涌向公路，京藏高速内蒙古段、青银高速山西段大堵车，增加了运输成本，降低了高速路效率，同时也消耗了大量优质油品能源。

（4）电煤质量下降，单位热值不断下降

（5）电煤储备能力不足，应急机制不强

8.5　未来10~20年我国煤电装机仍有一定的发展空间

据预测，2020年煤电装机11.47亿kW，比2010年净增4.67亿kW。2030年全国煤电装机13.07亿kW，比2020年净增1.6亿kW。总的趋势是继续了煤电增长走弱的趋势，而可再生能源、清洁能源的装机比重会有所增加。由此，预测电力和供热在未来10~20年的用煤量分别是：2020年发电供热耗标准煤17.30亿t，折原煤26.85亿t。2030年发电供热耗标准煤18.34亿t，折原煤28.46亿t。

8.6　中国在未来10~20年内要发挥先进输电技术优势，坚持输煤输电并举

2020年电煤比2010年增长52.8%，年均增长约4.3%，对煤炭生产和运输的

压力缓和。预计 2030 年电煤比 2020 年增加 6%，年均增长 0.6%，未来 10~20 年随着铁路建设的加强，运力将有较大提升。据原铁道部规划，到 2015 年我国铁路运输煤炭能力将达到 30 亿 t，比 2010 年提高 50%，年均增长 8.4%，超过电煤增长速度 5.8%。预计“十二五”末期到 2020 年我国电煤运输瓶颈逐步消除，电煤供应局部紧张可以消除。

与此同时，中国在未来 10~20 年将在晋陕蒙宁新建设一批煤电以先进输电技术输电到东部地区，总规模可达 7000 万~1.5 亿 kW，相当于输出煤炭 1.82 亿~3.3 亿 t。

第 9 章　电煤消费现状

电力以其一次能源的品质划分为水电、火电、核电，近几年以可再生能源为代表的新兴能源逐渐崛起也自成一体，主要包括风力发电、太阳能发电、生物质发电及地热能发电、海洋能发电等。目前占主流的依旧是前面所列的三大类。水电是将一定水位的水量所具有的势能通过下泄转化为动能，由之带动水轮发电机组发电；而火电则是将化石能源通过燃烧产生的热能转化为发电介质的压力差和温度差带动发电机组旋转发电；核电则是将原子能转化为热能，继而像火电一样发电。在中国由于自然资源赋存和技术开发水平的原因，火电一直居于中坚力量。

9.1　中国燃煤电站的现状

中国电力装机和发电量中，火电一直占压倒优势，表 9-1 显示了近 10 年来中国电力装机和发电量结构的变化情况。

表 9-1　近 10 年电力装机与发电量结构变化情况

项目	2000 年	2001 年	2002 年	2003 年	2004 年	2005 年	2006 年	2007 年	2008 年	2009 年	2010 年
总装机容量/万 kW	31 932	33 861	35 657	39 141	44 239	51 718	62 370	71 821	79 273	87 410	96 641
火电装机/万 kW	23 754	25 314	26 554	28 977	32 948	39 137	48 382	55 607	60 286	65 108	70 097
火电装机占比/%	74. 39	74. 76	74. 47	74. 03	74. 48	75. 67	77. 57	77. 42	76. 05	74. 49	72. 53
发电量/(亿 kW · h)	13 685	14 838	16 541	19 052	21 943	24 975	28 498	32 644	34 510	36 812	42 278
火电发电量/(亿 kW · h)	11 079	12 045	13 522	15 789	18 103	20 437	23 741	27 206	28 030	30 117	34 166
火电发电量占比/%	80. 96	81. 18	81. 75	82. 87	82. 50	81. 83	83. 30	83. 34	81. 22	81. 81	80. 81

注：本表数据来自中电联电力工业统计资料。

火电依其一次能源的种类不同还可细分为燃煤火电、天然气发电、燃油发电、煤矸石发电等。国家产业政策不鼓励燃油发电。当年曾经建设的一批油电，都已技术改造成燃煤电站，现在只在广东等地还保有少量燃油机组，以及因缺电而生的柴油发电机，早期的统计中没有进行火电的细分统计，近年来随着统计的细化，各种门类的火电如表 9-2所示。

表 9-2　我国火电结构

火电类型	2009 年	2010 年
火电装机/万 kW	64 522	70 391
其中：燃煤	59 215	64 660
煤矸石	674	837
燃油	823	878
燃气	2 403	2 642
生物质	109	170
垃圾	130	171
余热余压综合利用	1 168	1 007
火电发电量/（亿 kW · h）	30 048	34 086
其中：燃煤	28 348	32 162
煤矸石	318	361
燃油	170	162
燃气	565	776
生物质	52	74
垃圾	67	87
余热余压综合利用	528	456

注：本表数据来自中电联电力工业统计资料。

从 2010 年的数据来看，我国火电装机在全部电力装机中占 73.43%，与 2000 年相比火电装机的比重下降了 1 个百分点；火电发电量在全部发电量中所占的比重达到 80.8%，比 2000 年下降了 0.2 个百分点，而在火电装机中，煤电装机占全部火电装机的比重为 91.85%，占全部装机的比重为 67%；而发电量则占全部火电发电量的 94.35%，占全部发电量的 76.07%。在可以预见的将来，燃煤火电仍将是中国电力装机和发电量的主力军。这源于其工艺成熟、建造快速、运行稳定、成本低廉的优点。同时由于燃用较大数量的煤炭，产生了 CO_2、SO_2、NO_x 和烟尘的排放，也成为治理的重点。

2000~2010 年，电力装机年均增长 11.71%。其中，前五年（“十五”期间）年均增长 10.12%，后五年（“十一五”期间）年均增长 13.32%；同样，火电装机在 2000~2010 年年均增长 11.57%，前五年年均增长 10.5%，后五年年均增长 12.64%，均超过了同期 GDP 的增长，见表 9-3。

表 9-3　经济增长率与装机增长率　　（单位:%）

项目	“十五”期间（2000~2005 年）	“十一五”期间（2006~2010 年）	2000~2010 年
GDP 增长率	9.75	11.08	10.41
电力装机增长率	10.12	13.32	11.71
火电装机增长率	10.50	12.64	11.57

从表 9-3 中的数据我们可以看出，电力装机与国民经济发展有着密切的关系，大体

上略高于经济增长速度。发电量与 GDP 的关系见表 9-4。

表 9-4　经济增长与发电量增长　　（单位：%）

项目	“十五”期间（2001~2005 年）	“十一五”期间（2006~2010 年）	2001~2010 年
GDP 增长率	9. 75	11. 08	10. 41
发电量增长率	12. 78	11. 10	11. 94
火电发电量增长率	13. 02	10. 82	11. 92

可以看出，“十五”期间的电力弹性在 1. 31，到“十一五”期间回落为 1，而火电发电量在 2001~2010 年的增长率大体与全口径发电量增长率大致相同，“十一五”期间比“十五”期间有较明显降速，说明受产业政策影响，煤电受抑的状况明显。

燃煤火电厂的布局受诸多因素影响，主要包括煤炭资源分布、运输条件优劣、电力需求、厂址资源、水资源、环境资源等。但总体来看，燃煤电站呈分散布局，这一方面是城市化发展的结果，另一方面是电力系统结构的需要。

表 9-5 显示了我国各省份 2010 年火电装机及发电量，根据表 9-5 中的数据绘制的柱图如图 9-1 和图 9-2 所示。

表 9-5　各省份的装机容量

省份	全部装机/万 kW	火电装机/万 kW	火电占比/%
北京	631	514	81. 46
天津	1 094	1 091	99. 72
河北	4 215	3 664	86. 92
山西	4 429	4 210	95. 06
内蒙古	6 460	5 402	83. 62
辽宁	3 228	2 772	85. 87
吉林	2 035	1 387	68. 16
黑龙江	1 965	1 679	85. 45
上海	1 858	1 843	99. 19
江苏	6 470	5 998	92. 70
浙江	5 721	4 360	76. 21
安徽	2 933	2 763	94. 20
福建	3 473	2 307	66. 43
江西	1 706	1 294	75. 85
山东	6 248	6 002	96. 06
河南	5 057	4 687	92. 68
湖北	4 906	1 815	37. 00

续表

省份	全部装机/万 kW	火电装机/万 kW	火电占比/%
湖南	2 912	1 609	55.25
广东	7 113	5 287	74.33
广西	2 533	1 039	41.02
海南	392	297	75.77
重庆	1 167	674	57.75
四川	4 327	1 258	29.07
贵州	3 409	1 753	51.42
云南	3 605	1 133	31.43
西藏	78	31	39.74
陕西	2 358	2 137	90.63
甘肃	2 075	1 324	63.80
青海	1 262	193	15.29
宁夏	1 374	1 271	92.50
新疆	1 607	1 172	72.93
全国合计	96 641	70 966	73.43

注：本表数据来自中电联电力工业统计资料。

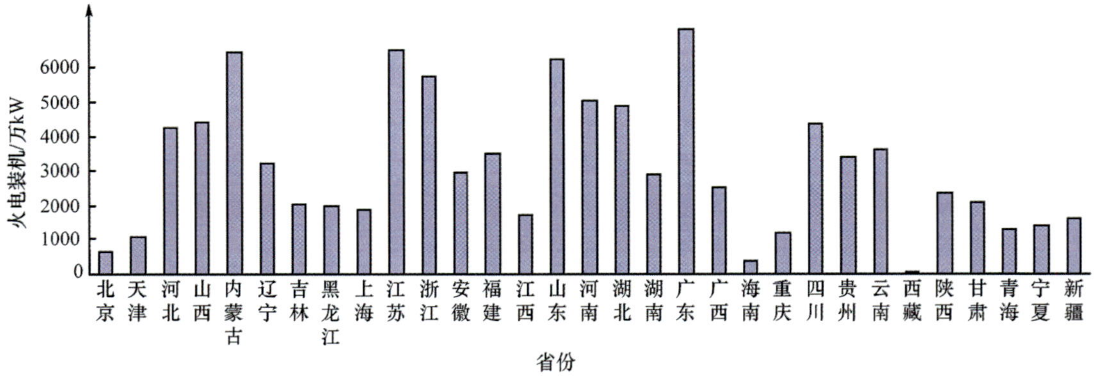

图 9-1　各省份火电装机容量示意图

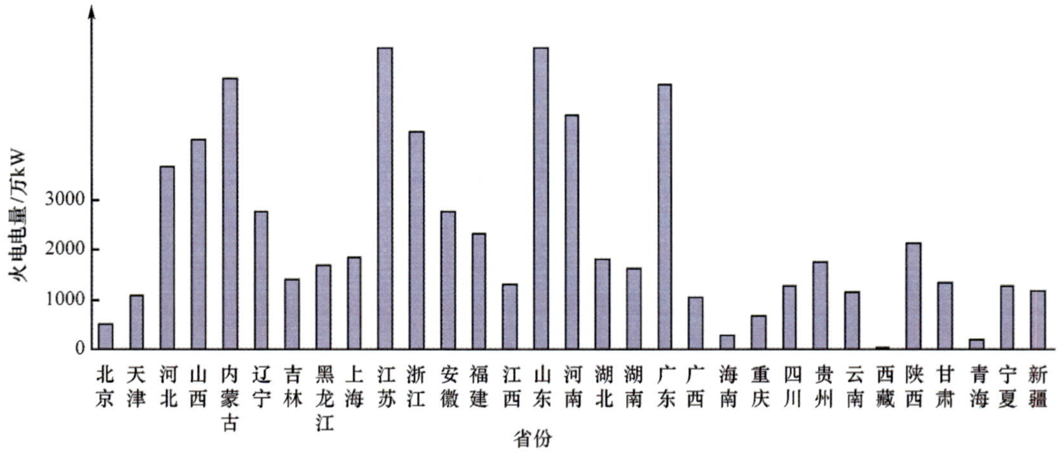

图 9-2　各省份火电电量分布图

9.2 火电厂燃煤消耗的统计分析

燃煤电站消耗煤炭作为其一次能源，为了便于比较采用了发电煤耗和供电煤耗两个指标，即将消耗的燃料按其热值，归算到标准煤（1kg 标准煤的发热量为 7000kcal，或其热值为 29.3MJ）。我国火电厂历年的发电煤耗和供电煤耗如表 9-6 所示。

表 9-6 历年发电煤耗与供电煤耗 ［单位：g/(kW·h)］

项目	2000 年	2001 年	2002 年	2003 年	2004 年	2005 年	2006 年	2007 年	2008 年	2009 年	2010 年
发电煤耗	363	357	356	355	349	343	342	332	322	320	312
供电煤耗	392	385	383	380	376	370	367	356	345	340	333

注：本表数据来自中电联电力工业统计资料。

由于各地电力工业发展水平的不同，技术装备的技术特能的不同及运行水平的差异，各地实际的单位煤耗水平是参差不齐的。

表 9-7 显示了 2010 年各省份火电组发电煤耗数值。

表 9-7 各省份火电机组发电煤耗 ［单位：g/(kW·h)］

地区	加权平均	省份火电机组发电煤耗					
华北	316.3	北京	天津	河北	山西	内蒙古西	山东
		264	303	317	318	317	320
东北	316.8	辽宁	吉林	黑龙江	内蒙古东		
		313	313	318	318		
华东	301.6	上海	江苏	浙江	安徽	福建	
		300	305	295	306	299	
华中	312.9	河南	湖北	湖南	江西	重庆	四川
		307	311	317	311	320	331
南方	309.2	广东	广西	贵州	云南	海南	
		305	308	317	319	299	
西北	326.3	陕西	甘肃	青海	宁夏	新疆	
		314	316	335	312	373	

注：本表数据来自中电联电力工业统计资料。

总体上看，华东、南方、华中的单位煤耗较低，而东北、华北和西北则高一些，这大体反映出各地区机组技术水平和企业管理水平的差异。有一个因素将会对未来单位煤耗的走势产生较大的影响。我国北方特别是晋陕蒙宁新地区水资源较为匮乏，因此在上述地区发展电力大量采用空冷机组，与水冷机组相比空冷机组的煤耗会更高一些，因此北方上述地区的加权平均发电煤耗的走势将高于全国平均。从资源配置的角度看，火电资源显然应当布局在单位消耗较低的地区，这需要从资源配置效率、污染物排放空间、电力资源运输的效率等各种因素比较中决策。

从实用角度看，电厂与煤矿交易的各种运输工具运输的其实都是原煤，以下我们将研究火电厂燃煤消耗的情况。

表 9-8 显示了 2000~2010 年全国火电厂用于发电和供热消耗的原煤。

表 9-8　历年电煤消耗　　（单位：万 t）

项目	2000 年	2001 年	2002 年	2003 年	2004 年	2005 年
发电	52 810	57 637	65 594	76 543	87 635	1 00 907
供热	6 382	6 924	7 689	8 550	9 400	11 746
合计	59 192	64 561	73 283	85 093	97 035	112 653
项目	2006 年	2007 年	2008 年	2009 年	2010 年	
发电	118 241	128 811	131 903	139 669	158 971	
供热	13 157	14 909	14 732	14 960	16 769	
合计	131 398	143 720	146 635	154 629	175 740	

注：本表数据来自中电联电力工业统计资料。

各年度电煤消耗占全国历年消费总量的比重见表 9-9。

表 9-9　电煤消耗占全国历年消费总量的比重　　（单位：%）

项目	2000 年	2001 年	2002 年	2003 年	2004 年	2005 年	2006 年	2007 年	2008 年	2009 年	2010 年
电煤比重	45. 54	46. 74	50. 21	49. 42	49. 95	53. 72	55. 37	56. 66	50. 81	49. 41	54. 24

煤炭在能源的品类中不属于清洁型，但将之用于发电是较“清洁”的一种工艺选择，一是运用大型现代化的锅炉燃煤技术使煤炭燃烧带来的能源转换效率的提高；二是采用了先进的脱硫脱硝技术和滤清技术使煤炭燃烧后形成的污染物、有害废弃物大大降低。因此发达国家都把煤炭转化为电力的比重作为一项反映文明程度、工业化技术水平的重要指标，美国煤炭的 80% 用于发电。根据我国的情况，在未来的 10~20 年应当进一步提高煤炭转达化为电力的比重，以期在 2020 年煤炭化电力的比重达到 57. 98%，2030 年达到 62. 35%。

我国由于各种建厂条件的约束，燃煤电厂的分布并不均衡，因而各省份对电煤的消耗也不尽相同。根据中国电力企业联合会发布的《电力工业统计资料汇编》及相应的电力企业提供的统计资料整理的全国六大区域及相应各省各代表性年份电煤消费的总量，见表 9-10。

表 9-10　各省份火电发电量与燃煤量

地区	2000 年		2005 年		2010 年	
	火电量 /（亿 kW · h）	燃煤量/万 t	火电量 /（亿 kW · h）	燃煤量/万 t	火电量 /（亿 kW · h）	燃煤量/万 t
华北	3 069	14 293	5 898	29 070	9 853	49 183
北京	832 *	3613	208	858	262	681
天津			372	1 682	555	2 486
河北	479 * *	2 304	1 329	6 788	1 996	9 608
山西	528	2 705	1 289	6 752	2 102	10 298

续表

地区	2000年		2005年		2010年	
	火电量/（亿kW·h）	燃煤量/万t	火电量/（亿kW·h）	燃煤量/万t	火电量/（亿kW·h）	燃煤量/万t
内蒙古西	232	1 156	794	3 930	1 879	12 308
山东	998	4 213	1 906	9 060	3 059	13 802
东北	1 425	8 658	2 029	12 970	3 016	17 089
辽宁	630	1 729	843	4 869	1 235	6 768
吉林	243	1 584	354	2 541	521	3 309
黑龙江	409	1 463	585	3 662	734	4 390
内蒙古东	143	1 486	247	1 898	526	2 622
华东	2 685	10 575	5 021	21 866	8 631	34 551
上海	558	2 082	726	2 486	941	3 171
江苏	972	4 512	2 094	9 245	3 296	13 643
浙江	586	2 382	1 080	4 761	2 029	7 971
安徽	361	1 598	635	2 991	1 425	6 646
福建	208	888	486	2 023	890	3 120
华中	1 572	8 411	3 036	17 050	5114	25 053
河南	680	3 475	1 308	5 400	2 228	10 652
湖北	278	1 303	476	2 253	769	3 361
湖南	161	836	400	2 164	723	3 491
江西	148	919	305	1 720	537	2 634
重庆	120	658	185	1 132	329	2 010
四川	185	1 219	362	2 689	560	3 120
南方	1 487	5 858	2 933	12 879	4 700	20 318
广东	1 049	3 396	1 761	6 176	2 532	9 804
广西	89	472	247	1 250	532	2 097
贵州	224	1 140	584	3 184	956	4 644
云南	98	738	270	2 051	541	3 330
海南	27	112	71	218	139	443
西北	538	2 679	1 377	5 400	2 228	10 652
陕西	227	1 178	429	2 263	957	4 554
甘肃	166	758	337	1 547	591	2 787
青海	25	139	55	298	108	520
宁夏	120	604	291	1 492	572	2 791
新疆	128	663	265	1 463	537	2 590

注：①本表数据根据中电联电力工业统计资料计算，未列入西藏数据；②本表将全国分为六个地区，对数据加总，系不完全统计，约占电煤消费总量的90%以上，分布规律不受影响。

＊京津唐电网数据，＊＊河北南网数据，这样的统计方法对全地区来讲不受影响。

由上述数据分析我们可以得出如下结论。

1）“十五”期间因缺电各地突击安装了一批中小型火电，还有部分违规火电，因此火电发电量增速超过全部发电量的增速，而电煤的增长则超过火电增长，正是因为一批违规建设的中小机组导致单位消耗加大才出现了这一结果；“十五”末期国家加强了宏观调控，强化了项目核准的监管，上述情况发生了逆转，火电发电量增长低于全部发电量的增速，而电煤的增速低于火电发电量的增速。预计这一规律将在“十二五”、“十三五”期间继续显现，这从一个侧面反映了技术进步的成果，也反映了结构调整的成果。但必须指出的是，从火电增速与全部电量增速的比较看，火电发电量增速回落的幅度尚不够大，也反映了结构调整乏力。

2）单位发电量耗费煤炭的指标大体上反映了经济发展水平，将全国按六大区域电网范围测算的 2010 年综合发电标准煤耗如下：华北区，316.3g/（kW·h）；东北区，316.8g/（kW·h）；华东区，301.6g/（kW·h）；华中区，312.9g/（kW·h）；南方区，309.2g/（kW·h）；西北区，326.3g/（kW·h）。单位消耗最低的是华东区和南方区，华北区和东北区居中，西北区最高。换句话说，在华东区、南方区火电的配置效率最高，而这都是经济发达地区，反之西北经济相对不发达，单位消耗指标也是落后的，这除了有机组结构的原因外，还与西北普遍缺水、采用空冷机组较为普遍有关，这也进一步影响了发电效率。

3）单位电量耗原煤也呈先升后降。2000 年单位电量耗原煤 534g/（kW·h），此后逐渐增高，2006 年达到峰值 553g/（kW·h）（含供热）。近年来稳定在 513g/（kW·h）上下，可以用于对近期电（热）煤需求预测之用。

4）煤的热值有所下降。电煤的热值是一个重要的质量指标，热值以单位重量的煤所具有的发热量表征，为了便于比较，我们称 1kg 具有 7000kcal 热量的煤为标准煤。单位重量的原煤所含的热值与 7000kcal 相比较可以得出单位重量原煤所折合的标准煤重量。2000 年、2005 年和 2010 年三个节点年份，每千克原煤所折合的标准煤重量如表 9-11所示。

表 9-11　每千克原煤所折含的标准煤重量　（单位：kg/kg）

项目	2000 年	2005 年	2010 年
单位原煤折标准煤	0.753	0.684	0.644

注：本表数据根据中电联电力工业统计资料计算。

从以上数据可以看出，单位原煤折含的标准煤重量呈下降趋势。

电煤增长与煤炭消耗量增长比较见表 9-12。

表 9-12　电煤增长与煤炭消耗量增长比较表　（单位：万 t）

项目	2001 年	2002 年	2003 年	2004 年	2005 年	2006 年	2007 年	2008 年	2009 年	2010 年	平均
全国煤炭消耗增量	-5 789	10 395	32 626	24 364	26 127	22 494	49 424	-14 641	28 000	24 000	21 855.4
电煤消费增长	5 369	8 722	11 810	13 847	13 713	18 745	12 323	2 914	7 995	20 910	12 617.2

注：本表数据来自中电联电力工业统计资料，均为概略值。

表9-12中的数据显示，2001~2010年全国煤炭消费年均净增长21855.4万t，其中，电煤消费年均净增12 617.2万t，电煤消费增长占全部煤炭消费增长的比例为57.73%，高于平均值，这一趋势符合规律，在未来20年皆保持此趋势。

9.3 燃煤发电是煤炭清洁高效利用的最重要的形式

煤炭在能源的品类中不属于清洁型，但将之用于发电则是较“清洁”的一种选择。

(1) 现代燃煤发电技术工艺比较成熟

以煤炭作为燃料，通过燃烧将工作介质——水变成高温高压的水蒸气以驱动汽轮发电机发电，已经成为世界各国普遍采用的发电技术。这是因为这一工艺流程历经百年发展，其原理简明、工艺成熟、技术门槛相对稳定，工艺原理没有根本性的变革，容易掌握。

(2) 燃煤发电技术进步迅速

燃煤发电技术进步迅速主要表现为大型化、高参数、热电联产或热电冷联产、综合利用、流化床锅炉、空冷技术等的应用。现在我国已进入以60万~100万kW机组为主力机型，开发超过100万kW的125万kW、140万kW的超大型机组的时代。机组大型化的显而易见的优点是单位造价的下降和经济效益的提高。进入“十二五”阶段，我国淘汰落后产能已指向单机20万kW以下的机组。我国在21世纪头一个十年中相继开发了“超临界”和“超超临界”技术，随着温度压力的提高，煤耗大幅下降。热电联产是提高热效率的有效手段，我国热电联产机组也进入了大型化阶段。同时为适应北方水资源匮乏地区发电之需，我国开发了各种系列的空冷发电技术；我国第一台空冷100万kW“超超临界”机组投产标志着这一技术成功用于工程实践，同时我国也在抓紧进行60万kW级循环流化床锅炉的工程示范，这类锅炉更适于脱硫，更利于环保。

(3) 发电机组热效率不断提高

现在“超超临界”机组的发电煤耗为262g/（kW·h)，供电煤耗为280g/（kW·h)，已达到世界先进水平，由于大容量高参数机组不断投运，近年来我国供电煤耗不断下降。2010年全国发电煤耗312g/（kW·h)，比2005年下降了31g/（kW·h)，厂用电率6.33%，比2005年下降0.18个百分点，2010年全国电厂热效率39.42%，能源转换总效率44%，分别比2005年提高3.51个和3.1个百分点。

(4) 在工艺流程中便于脱硫与脱硝

电力工业率先在火电厂创立烟气脱硫技术，通常湿法脱硫效率可以达到95%，同时在烟道中也便于设置烟气硫分含量检测装置，便于对烟气品质进行实时监测，通过运方传输装置还可以将检测的结果传至环保监管部门以监督电厂脱硫装置的运行情况。我国引进并开发的循环流化床锅炉还可以实施炉内脱硫，因此火电厂成为脱硫的主要技术措施，我国脱硫的20%以上的贡献率来自火电厂。从“十二五”阶段开始，我国将脱硝纳入火电厂环保目标，在火电厂实施脱硝。一方面，采用低炭燃烧器可以减少烟气中氮氧化物的生成；另一方面，还可以加装脱硝装置采用催化技术脱硝，可以预见，火电厂发电也将成为脱硝的主要措施。

（5）火电工艺革新可能成为减排二氧化碳的措施

正在试点的整体化煤气联合循环发电工艺是使煤气化生成碳氢化合物构成的燃气进入燃气轮机，发电尾气经过余热锅炉加热水蒸气带动汽轮发电机发电。这样的循环中的生成物为 CO_2 和水。在消耗同样的煤炭的情况下，CO_2 的产生量大为下降。目前试点工程正在建设过程中，这一工艺试点的成功将为我国电力工业减排 CO_2 开辟新的途径。

（6）产煤国家将煤转化为电力是各国共同的经验

煤炭转化为电力的比重反映了一国的经济发展水平，产煤大国大都把煤炭的大部分用于发电。表 9-13 给出 10 个煤电大国煤炭转化为电力的比重。

表 9-13　煤电大国煤炭转化为电力的比重

国家	煤炭利用/亿 tce	煤电生产/（亿 kW · h）	电煤消耗/亿 tce	电煤占比/%
美国	7. 49	9 945	7. 2	96
印度	3. 97	6 166	3. 21	81
日本	1. 77	2 886	0. 866	49
俄罗斯	1. 34	1 641	0. 546	41
南非	1. 27	2 322	0. 975	76. 8
德国	1. 09	2 705	0. 828	76
韩国	1. 09	2 108	0. 637	58. 4
波兰	0. 77	1 383	0. 498	64. 7
澳大利亚	0. 62	1 942	0. 62	100
中国	23. 04	29 131	11. 317	49

注：本表数据根据 IEA Energy Balances of OECD countries 2011 数据计算。

煤炭转化为电力的比重反映了一国经济发展水平，我国在过去 20 年里煤炭转化为电力的比重在缓慢地增加，如上面所列数据中 2000 年这一比例为 44. 84%，至 2005 年升至 51. 98%，到 2010 年则达到 53. 91%。“十一五”期间平均为 52. 60%。应当承认在我国煤炭转化为电力的比例 53. 91% 与美国等发达国家相比是比较低的。2000~2010 年的十年中煤炭转化为电力的比重以每年 1. 86% 的速度缓慢递增，其中前五年以大约 3% 的速度递增，而后五年以 0. 73% 的速度递增。2006~2010 年的数据较为真实地反映了我们的水平和能力。而在展望未来时电煤比重的影响因素更多，小机组关闭的空间越来越小，非化石能源具有挤出效应，以及大煤炭基地的开发电站大幅增加，电煤的比重的增速也会微小下探，可取年均增长 0. 5%。据此预测，2020 年电煤的比重可达到 56. 7%，2030 年则可达到 58. 98%。但若取 0. 73%，则 2020 年电煤的比重可达到 57. 98%，2030 年达到 62. 35%，即使这样与西方发达国家相比还有一点差距。

9.4 电煤供需的主要问题

(1) 电煤供应总量满足电力需求

“十一五”期间电力用煤增长了56%，年均增长9.3%，低于火电发电平均增长率10.82%。同期，煤炭产量平均增长8%，满足了火电发电量的增长，低于电煤的增长。这说明：第一，电力技术的提高降低了损耗；第二，国家重点采取的保发电的措施得力，取得了实际的成果。

(2) 局部电煤供应紧张是结构性问题

我国东部沿海地区和华中湘、鄂、赣三省份的电煤供给不足呈现出时段性特点，主要原因是运输能力不足、抵御自然灾害的能力不强，在政府强力干预、突出运煤后，一般问题能获得解决。

(3) 电煤供给的双轨制造成机制上的供给矛盾

我国电煤历来采取供给的双轨制，即中央计划煤和自主采购煤，纳入中央计划煤的价格由国家指导，运力由政府保证，而国家控制的价格水平比较低，往往导致计划内煤到货不足，电力企业被迫以高价进行购买，扭曲了企业的财务结构，这煤炭和电力生产供应的一个干扰因素。

(4) 运力不足催生价格扭曲和中间环节过多

这是电煤供给中的一大痼疾。由于运输环节特别是铁路运输和沿海港口下水煤实施计划管理，运输企业长期高度垄断使运力成为资源，催生了中间倒运这一环节，加大了煤炭成本，干扰了煤炭、运输和电力生产的正常秩序。

(5) 电煤的储运设施不足，应急能力低下

电煤的储运设施不足，应急处理能力低下，一旦运输环节或煤炭生产环节（如矿难）出现生产波动，就会有缺煤停机现象发生。

第 10 章　电煤的供给及运输

10.1　中国的煤炭资源

在中国的能源资源赋存中，煤炭是相对较多的资源，根据全国第三次煤炭资源预测资料，全国深度 2000m 以浅的煤炭资源总量为 5.6 万亿 t，主要分布在新疆、内蒙古、山西、陕西、宁夏、黑龙江，这六省区的资源量就占全国的 82.7%；全国深度在 1000m 以浅的煤炭资源量为 2.9 万亿 t，目前已累计查明资源储量为 1.1 万亿 t。其中，晋、陕、新、宁、黑、内蒙古六省区占全国煤炭保有量的 79.7%。在保有储量中已利用 4109 亿 t，尚未利用量为 6923 亿 t。

根据全国第三次煤炭资源普查结果，截至 2005 年年底，全国各省煤炭资源分布情况如表 10-1 所示。

表 10-1　各省份煤炭资源状况　　（单位：亿 t）

区域	保有储量	已利用储量	尚未利用储量				
			合计	精查	详查	普查	预查
京津冀	174.15	92.65	81.51	24.47	0.01	23.91	33.11
北京	23.25	11.07	12.18	1.59	0.01	6.47	4.11
天津	3.81	2.95	0.86	0.86	0.00	0.00	0.00
河北	147.09	78.63	68.46	22.02	0.00	17.44	29.00
晋陕蒙宁	6 960.61	2 456.76	4 503.86	590.17	767.14	967.76	2 178.8
山西	2 663.87	1 162.2	1 501.67	122.18	465.27	665.85	218.37
陕西	1 657.85	252.09	1 405.76	254.48	138.10	224.12	789.06
内蒙古	2 329.69	987.63	1 342.06	208.62	87.74	61.29	984.41
宁夏	309.20	54.84	254.36	4.88	46.03	16.50	186.94
东北	324.23	201.67	122.56	7.29	3.27	49.02	62.98
黑龙江	220.43	129.69	90.74	0.00	0.00	41.08	49.66
吉林	26.91	22.17	4.74	2.19	0.19	1.24	1.12
辽宁	76.89	49.81	27.08	5.10	3.08	6.7	12.2
华东	593.77	457.41	136.36	47.08	22.74	58.62	7.91
江苏	40.38	28.86	11.52	1.76	4.2	5.01	0.55
浙江	0.95	0.95	0.00	0.00	0.00	0.00	0.00
安徽	259.42	159.26	100.16	27.28	16.42	50.61	5.85
福建	10.56	8.69	1.87	0.00	0.58	1.29	0.00
江西	13.44	10.68	2.76	0.97	0.85	0.85	0.09
山东	269.02	248.97	20.05	17.08	0.69	0.68	1.42

续表

区域	保有储量	已利用储量	尚未利用储量				
			合计	精查	详查	普查	预查
中南	328.72	147.2	181.52	74.86	31.7	58.79	7.91
河南	260.00	109.01	150.99	66.22	19.38	5.01	0.55
湖北	7.23	4.6	2.63	0.12	1.42	0.00	0.00
湖南	30.61	16.64	13.97	4.52	0.55	50.61	5.85
广东	6.3	5.01	1.29	0.90	0.32	1.29	0.00
广西	22.91	10.31	12.6	3.10	1.02	0.85	0.09
海南	1.67	1.63	0.04	0.00	0.00	0.86	1.42
西南	902.39	258.23	664.16	228.50	110.22	210.7	94.74
重庆	29.09	24.55	4.54	2.92	0.21	0.18	1.23
四川	105.42	42.50	62.92	0.00	24.62	14.41	23.89
贵州	504.28	73.58	430.70	147.58	68.39	160.11	54.62
云南	263.60	117.60	146.00	78.00	17.00	36.00	15.00
新甘青藏	1 747.55	494.96	1 252.59	15.54	15.20	37.12	1 184.73
甘肃	88.96	49.98	38.98	1.49	11.49	3.66	22.34
青海	48.00	0.55	47.45	12.95	1.88	24.05	8.57
新疆	1 610.05	444.00	1 166.05	1.10	1.80	9.40	1 153.75
西藏	0.54	0.43	0.11	0.00	0.03	0.01	0.07
全国合计	11 031.42	4 108.89	6 922.53	987.9	950.28	1 405.93	3 578.42

全国探明储量前10位的省份分别是：①山西，2652亿t；②内蒙古，2247亿t；③陕西，1619亿t；④新疆，952亿t；⑤贵州，524亿t；⑥宁夏，309亿t；⑦安徽，245亿t；⑧云南，242亿t；⑨河南，225亿t；⑩黑龙江，218亿t。

全国尚未探明的资源是45 521亿t，主要分布在以下各省份：①新疆，18 037.3亿t；②内蒙古，12 250.4亿t；③山西，3899.8亿t；④陕西，2031.1亿t；⑤贵州，1896.9亿t；⑥宁夏，1721.11亿t；⑦甘肃，1428.87亿t；⑧河南，919.71亿t；⑨安徽，611.19亿t；⑩河北，601.39亿t；⑪云南，437.13亿t；⑫山东，405.13亿t；⑬青海，380.42亿t；⑭四川，303.79亿t；⑮黑龙江，176.13亿t。

其他各省份均不足100亿t，14个省份共420亿t，是煤炭资源极度缺乏的地区。

从“十一五”期间我国开始实施“开发西部、稳定中部、保持东部”的煤炭开发方针，确定了开发煤炭基地的战略，同时重点开发了13个煤炭基地，这13个煤炭基地是：神东、晋北、晋中、晋东、蒙东、云贵、河南、鲁西、两淮、黄陇、冀中、宁东、陕北。

“十二五”期间在13个基地的基础上增加了新疆基地，变为14个煤炭基地。而原本新疆基地是作为我国煤炭的战略后备基地，现在决定提前开发参加全国煤炭平衡，新疆基地也确定了内部由吐哈基地、准东基地、伊犁基地和库拜基地4个基地构成。

在“十二五”时期及以后，煤炭的供给向晋陕蒙宁新贵等地转移，西部将占据煤炭供给的80%以上。欲研究我国煤炭的清洁高效利用，必然要研究以上六省煤炭资源的清洁高效利用，这六省的煤炭资源特点是距离我国经济发达地区较远，北方水资源贫乏，因而煤炭资源的清洁高效利用面临着庞大规模的运输和开发利用条件严苛（缺水）的制约，这将成为我们研究的重点。

10.2 煤炭产量

“十二五”期间我国煤炭生产景气，增长速度较高，表10-2给出了“十一五”期间我国煤炭产量的增长速度。

表10-2 全国煤炭产量及增长率

项目	2005年	2006年	2007年	2008年	2009年	2010年
煤炭产量/亿t	22.05	23.92	25.36	27.93	29.73	32.4
增长速度/%		8.03	6.9	4.1	6.1	9

注：本表数据根据中国能源统计年鉴计算，各项均为概略值。

2005~2009年全国各省份煤炭产量如表10-3所示。

表10-3 各省份煤炭产量 （单位：万t）

省份	2005年	2006年	2007年	2008年	2009年
北京	898	651	649	578	641
天津					
河北	8 640	8 365	8 668	9 145	8 494
山西	55 426	58 142	63 021	64 501	59 354
内蒙古	25 608	29 759	35 438	50 223	60 058
辽宁	6 395	7 367	6 349	6 495	6 624
吉林	2 715	3 004	3 354	3 980	4 401
黑龙江	9 503	10 282	10 065	9 760	8 749
上海					
江苏	2 817	3 047	2 480	2 430	2 397
浙江	43	18	12	13	13
安徽	8 488	8 332	9 265	11 649	12 848
福建	1 823	1 932	2 050	2 350	2 466
江西	2 565	2 783	2 997	3 303	2 982
山东	14 030	14 069	14 518	13 742	14 377
河南	18 761	19 532	19 287	21 305	23 018
湖北	1 010	1 116	1 084	1 073	1 058
湖南	5 735	5 948	6 217	6 153	6 572
广东	383				
广西	700	680	721	451	519
海南					
重庆	3 619	3 990	4 293	4 666	4 290
四川	8 125	8 600	9 557	9 495	8 997

续表

省份	2005 年	2006 年	2007 年	2008 年	2009 年
贵州	10 795	111 816	10 564	11 319	13 690
云南	6 462	7 339	7 755	8 030	5 571
西藏	3. 35				
陕西	15 246	18 262	20 353	24 162	29 011
甘肃	3 521	3 950	3 949	4 022	3 875
青海	595	695	963	1 293	1 283
宁夏	2 608	323	3 772	4 325	5 509
新疆	3 855	4 317	4 915	6 735	7 646

资料来源：《中国能源统计年鉴》。

2009 年的产量与 2005 年的产量相比增长较高的省份依次是：内蒙古（34 450 万 t）、陕西（13 765 万 t）、安徽（4360 万 t）、河南（4257 万 t）、山西（3928 万 t）、新疆（3791 万 t）。

“十一五”时期以来已经有广东、海南、上海、西藏、天津五个省市区不产煤炭，依靠外部输入解决煤炭需求。其余大多数省份煤炭产量持平或略有下降，随着时间的推移，河南、安徽的煤炭资源增长潜力也不大。“十二五”期间的煤炭生产的增长部分主要落在晋、陕、宁、新、内蒙古五个省区，因此，从“十二五”时期开始国家加大北部这五个省区煤炭开发的力度，新疆原定为国家煤炭战略后盾基地，随着新疆开发增大力度，煤炭开发也提上议程，将在“十二五”后期参与全国煤炭平衡。

东部的苏浙沪闽、南方的粤桂琼、中部的湘鄂赣是缺煤地区，三个地区 2009 年的煤炭产量分别为 4876 万 t、519 万 t 和 10 612 万 t，自给程度分别为 10. 42%、2. 68% 和 39. 01%。湘鄂赣三省虽然自给程度高于苏浙沪闽和粤桂琼，但其获得外部资源的能力，特别是外部运输能力却大大低于后两者，故多少年来一直表现为湘鄂赣的电煤供给困难。

10. 3　煤炭消费及供需平衡

我国煤炭供给和消费的基本格局是自平衡，前些年有少量净出口，“十一五”期间发生逆转，我国变成煤炭净进口国，进口煤炭在我国南方沿海几个省起到补充供给的作用。2009 年我国进口煤炭 12 584 万 t，出口 2239 万 t，净进口 10 345 万 t。其中，广东、广西、江苏、浙江、福建、辽宁六省区进口煤炭 6276 万 t。

我国煤炭消费平稳增长，表 10-4 给出了 2005～2009 年我国煤炭消费总量及增长率。

表 10-4　全国煤炭消费量

项目	2005 年	2006 年	2007 年	2008 年	2009 年
煤炭消费量/万 t	231 851	255 065	272 746	281 096	295 833
增长率/%		10. 01	6. 93	3. 06	5. 24

资料来源：《中国能源统计年鉴》

“十一五”期间我国煤炭消费的平均增速为6.28%，年度间波动一是受经济运行特别是2008年金融危机影响，二是受库存年度间的变化影响。

各地区2005~2009年煤炭消费增长情况见表10-5。

表10-5　各省份煤炭消费

省份	煤炭消费量/万t					平均增长率/%
	2005年	2006年	2007年	2008年	2009年	
北京	3 069	3 056	2 985	2 748	2 665	-3.47
天津	3 801	3 809	3 927	3 973	4 120	2.03
河北	20 542	21 360	24 681	24 419	26 516	0.59
山西	25 872	28 605	29 645	28 373	27 762	1.78
内蒙古	13 954	22 242	18 607	22 242	24 047	14.58
辽宁	12 710	13 837	14 712	15 347	16 033	5.98
吉林	6 447	6 937	7 312	8 367	8 589	7.43
黑龙江	8 524	9 030	9 857	11 204	11 050	6.7
上海	5 306	5 142	5 223	54 64	5 305	0
江苏	17 159	18 692	20 237	20 737	21 003	5.18
浙江	9 681	11 334	13 024	13 041	13 276	8.21
安徽	8 323	8 793	9 766	11 377	12 666	11.07
福建	4 717	5 342	6 117	6 596	7 109	10.8
江西	4 243	4 592	5 171	5 267	5 356	6.0
山东	26 056	29 838	32 719	34 390	34 795	7.49
河南	18 468	20 999	23 180	23 868	24 445	7.26
湖北	8 873	9 910	10 792	10 196	11 100	5.76
湖南	8 739	9 401	10 277	10 169	10 751	5.32
广东	9 853	10 948	12 430	13 298	13 647	8.48
广西	3 619	3 980	4 671	4 676	5 199	9.48
海南	326	332	426	472	537	13.29
重庆	4 196	4 690	5 110	5 273	5 782	8.34
四川	8 513	9 160	10 191	10 727	12 147	9.29
贵州	7 921	8 995	9 573	9 732	10 912	8.34
云南	6 682	7 482	7 620	7 916	8 886	7.38
陕西	6 049	7 598	8 082	8 941	9 497	11.94
甘肃	3 751	3 959	4 469	4 683	4 479	4.53
青海	949	1 082	1 291	1 316	1 310	8.39
宁夏	3 277	3 519	4 089	4 287	4 781	9.9
新疆	3 854	4 436	4 944	5 709	7 418	17.79

资料来源：《中国能源统计年鉴》

“十一五”期间煤炭消费增长比较快的省区有新疆、内蒙古、海南、陕西、安徽，除海南外都是产煤省份；增长比较慢的有湖北、湖南、江苏、甘肃、天津、山西，北京是负增长，上海是零增长，增长较慢的大都是煤炭调入省份。

各省份煤炭消费对 GDP 的弹性系数如表 10-6 所示。

表 10-6 各省份煤炭消费弹性系数

北京	上海	天津	江苏	甘肃	湖北	辽宁	江西	吉林	河南
-0.297	0	0.128	0.377	0.41	0.421	0.429	0.463	0.49	0.559
山东	黑龙江	河北	重庆	云南	福建	贵州	青海	广东	广西
0.564	0.567	0.570	0.578	0.635	0.647	0.663	0.666	0.683	0.684
浙江	四川	宁夏	内蒙古	陕西	安徽	海南	新疆	山西	湖南
0.69	0.695	0.794	0.799	0.84	0.855	1.0444	1.684	0.168	0.384

资料来源：《中国能源统计年鉴》

2009 年各省份煤炭供需平衡如表 10-7 所示。

表 10-7 各省份煤炭供需平衡表 （单位：万 t）

省份	生产量	净调入量	消费总量	其中电煤	平衡差额
北京	641	1 686	2 452	1 224	-116
天津		3 510	3 633	2 676	-123
河北	8 493	15 998	24 050	8 656	
山西	61 535	-29 504	32 208	8 541	
内蒙古	60 058	-35 896	24 529	13 967	238
辽宁	6 624	7 723	14 468	7 524	
吉林	4 495	4 518	8 896	4 282	
黑龙江	9 736	1 200	12 926	5 125	-1 996
上海		4 175	4 188	3 162	
江苏	2 215	17 091	19 465	12 788	
浙江	12	12 925	13 077	9 692	
安徽	12 894	-277	13 029	6 021	-120
福建	2 466	4 409	6 898	3 701	
江西	3 414	1 266	4 821	2 293	
山东	14 378	22 517	36 741	15 944	
河南	23 038	-105	29 411	10 137	-6 679
湖北	1 083	8 535	9 818	3 220	
湖南	6 880	2 487	9 603	3 053	
广东		12 469	12 509	8 372	
广西	520	4 064	4 667	1 918	
海南		517	517	377	
重庆	4 729	1 995	6 294	1 515	
四川	9 505	2 537	12 129	3 096	
贵州	13 691	-1 551	12 295	5 067	-45

续表

省份	生产量	净调入量	消费总量	其中电煤	平衡差额
云南	8 721	-553	8 522	3 335	
陕西	29 611	-18 850	9 800	4 189	888
甘肃	3 976	-1	4 077	2 437	
青海	1 577	-108	1 468	479	
宁夏	5 669	1 303	6 359	2 535	-15
新疆	8 812	-1 370	7 306	3 375	93
合计	304 974	42 410	356 156	158 699	-7 721

资料来源：《中国能源统计年鉴》

北京自产煤炭 641 万 t，自给率 26. 1%，电煤消耗占总量的 49. 91%；天津不生产煤炭，电煤消耗占总量的 73. 66%；河北自产煤炭 8493 万 t，自给率 35. 3%；京津的煤炭供给靠山西、内蒙古调入和少部分进口（仅 21 万 t），两市一省靠近蒙晋两个大产煤区，煤炭供给条件较好。

东北辽、吉、黑三省产煤 20 855 万 t，消费 36 290 万 t，自给率为 57. 47%，不足部分主要靠内蒙古东部供给，部分进口（约 30 万 t）少量由关内通过铁路输入，电煤消耗占总量的 46. 65%。

华东苏、浙、沪、闽四省份是缺煤地区，四省市自产煤 4694 万 t，自给率只有 10. 8%，靠安徽输入部分煤，大部分靠海上和从北方各港、陆口岸运入，同时该地区进口 1442 万 t，补充缺口，这种态势将长久保持，四省市电煤消耗 29 343 万 t，占总量的 67. 2%。

山东是煤炭消耗大户，消费量为 36 741 万 t，自产 14 378 万 t，自给率为 39. 1%。山东焦煤调出，动力煤调入，出入量较大，输入资源主要是晋煤，少量来自内蒙古。

豫、鄂、湘、赣四省是缺煤地区，且处运输末梢，历来供煤较为紧张，2009 年四省产煤 34 415 万 t，消费 53 653 万 t，自给率为 64. 1%，尤以湘、鄂、赣三省为甚，自给率仅为 46. 9%，不足部分靠京津、焦作输煤及内河航运为之补充，常产生供给不足问题。河南在历史上曾是煤炭输出省，近年来随着自身的发展，煤炭自给率已降至 78. 3%，亦需要晋陕煤予以补充。电煤消耗占总量的 34. 8%。

两广是严重缺煤地区，“十一五”期间广东停止煤炭产业，全部依赖外部输入。

广西产煤 520 万 t，自给率仅为 3. 1%。广西依靠部分贵煤，广东需煤国内部分主要靠京广、京九铁路运输供给以及由北方港口海运运入。此外两广进口煤炭 4055 万 t，其中，广东 2917 万 t，广西 1138 万 t。两广电煤消耗占总量的 59. 9%。

川、渝也是缺煤地区，2009 年自产煤 14 234 万 t，自给率为 77. 2%，不足部分由陕西、贵州补充，川、云间亦有少量交易，川、渝煤炭输入仍是待解的问题，电煤消耗占总量的 25%。

西北五省区是煤炭输出区，本区域自产煤 49 645 万 t，消费 29 010t，调出 20 635 万 t，随着开发力度的增大，该地区调出量还有较大空间。

从全国范围看，调出省区为晋、陕、内蒙古、皖、云、贵，主要为晋、陕、内蒙古三省区，总调出量占全国的 80%，调入省为冀、鲁、苏、浙、粤，调入量均超过亿吨，其次为鄂、辽，这种格局迫切要求加强铁路运输缓解运输瓶颈。

10.4　煤炭运输

我国煤炭资源主要分布在北方，西北的晋陕蒙宁新为主要产区，南方则主要分布在贵州和云南，而煤炭消费的重心在东部和南部，从而形成了“西煤东输、北煤南运”的运输格局，煤炭运输有铁路运输、水运和公路运输三种方式，而水运又分为内河运输与海上运输。目前已经形成晋陕蒙宁能源基地煤炭外运、北煤南运、出关和进出西南四个方向的大通道，东西横向的铁路、水路联结沿海几个运煤港口，主要是秦皇岛、京唐港、黄骅港、日照港等。再通过沿海运输，主要供应华东及广东、广西的水陆航运大通道；南北纵向为铁路与长江干支流、京杭大运河相沟通，主要供应沿江地区的水陆联运大通道。

10.4.1　我国煤炭的铁路运输

铁路是我国主要的运煤方式，2010 年铁路运煤突破 20 亿 t，达到 200 043 万 t，占全国货运量的 55.12%。表 10-8 列出了 2006~2010 年的铁路运输情况。

表 10-8　铁路运输概况

项目	2006 年	2007 年	2008 年	2009 年	2010 年
铁路营运里程/万 km	7.7	7.8	8.0	8.6	9.1
铁路营运延长里程/km	15.46	15.7			
机车/万台	1.78	1.83	1.84	1.89	1.94
货车/万台	56.67	56.85	59.18	60.31	62.23
货运总量/亿 t	28.83	31.42	32.90	33.20	36.29
货运周转量/（亿 t/km）	21 954	23 717	24 817	24 944	27 332
铁路运煤/亿 t	13.78	15.99	17.28	17.51	20.00
运煤占比/%	47.79	50.89	52.52	52.74	55.11
铁路运煤占煤类产量之比/%	57.85	63.05	61.87	58.37	61.72

资料来源：铁道部铁路运输公报

“十一五”期间铁路总运煤炭共计 84.56 亿 t，比“十五”期间的增长高 62.4%，而同期冶炼物资增长为 48.1%，粮食运输增长 8.4%，石油燃气制品运输增长 10.3%，化肥农药运输增长 29.6%，集装箱运输增长 33.5%，煤炭在大量货物运输中增长率是最高的，有力地支持了电力、冶金、建材、化工等产业的发展。

铁路运输具有运力大、速度快、成本低、耗能小等优点，是我国煤炭运输的主要方式，大体上占煤炭产量的 60% 以上，也是影响煤炭市场的因素之一。目前，我国煤炭铁路运输的大秦线、朔黄线、石太线、侯月线、陇海线、宁西线组成东西横向通道；京沪线、京九线、京广线、焦柳线等组成南北纵向通道，从而构成西煤东输、北煤南运的铁路运输格局，各通道情况如下。

10.4.1.1 晋陕蒙宁煤炭外运通道

晋陕蒙宁地区煤炭外运以铁路运输为主，该地区是我国的能源基地，也是最主要的煤炭调出地区，约占全国煤炭调出量的90%，主要调往的方向是华东、中南、京津冀鲁、东北辽吉黑地区，以及少量出口。该地区主要依靠铁路运输，铁路运输量约占其总体运量的80%。2010年，该地区调出量约为10亿t。

晋陕蒙宁地区的铁路外运通道分为北通道、中通道和南通道。北通道由大秦线、丰沙大线、京原线、集通线、朔黄线组成。其中，大秦线、朔黄线是运煤专线，北通道的能力为6.3亿t。中通道由石太线、邯长线组成，运能大体为7000万t；南通道由太焦线、侯月线、陇原线、西康线、宁西线组成，运输能力约为9000万t。晋陕豫煤炭近年外运的主要流向为：京津冀约占56%，华东占23%，东北占12%，中南占7.5%，其中，中南地区主要是河南、湖北，华东地区主要是山东和江苏。

10.4.1.2 晋陕豫主要通道

东北是缺煤地区，特别是优质焦煤，需要由晋陕豫加以补充。主要通道由京沈、京通、锦承、集通四条铁路组成，出关的煤炭总量约5000万t/a。

10.4.1.3 往华东地区的铁路运输通道

目前，进入华东的主要运煤通道有陇海、石德、津浦、新荷、浙赣、京九、武九、麻武等12条铁路，运力约为1.672亿t，目前华东各线动力比较紧张，调入苏浙沪的煤炭约为6000万t，调入山东的约为8000万t。

10.4.2 我国煤炭的水路运输

水路运煤分为沿海运输与内河航运。水路运输的基本情况如表10-9所示。

表10-9 水路运输概况

项目	2006年	2007年	2008年	2009年	2010年
内河航道/万km	12.34	12.35	12.28		12.42
港码头泊位/个	35 453	35 947	31 050	31 429	31 634
其中煤炭占用/个	139	151	162	168	173
水运船舶/万艘	19.44	19.18	18.42	17.69	17.84
其中内区/万艘	19.29	18.02			16.57
水运货运号/亿t	24.87	28.12	29.45	31.90	37.89
其中内区/亿t	11.61	12.99		15.68	18.86
港口吞吐量/亿t	45.97	89.10	70.22	76.57	89.32
其中煤炭/亿t	9.07	10.63			16.46
油气/亿t	4.87	5.0			7.12

资料来源：交通运输部交通运输公报

10.4.2.1　内河航运

内河运航是重要的运输方式，2010 年内河航运的运量为 18.81 亿 t，其中，煤炭运量约 3.4 亿 t，占总运量的 18%，“十一五”期间煤炭运量年约增长 8.9%。

全国内河煤炭运输涉及的航道有长江干支流、下游水网，东北的黑龙江松花江，珠江及西江主要支流，以及京杭大运河，主要集中在长江干线和京杭大运河，主要的港口是浦口、裕溪口、武汉、枝城等。其运量又约占内河煤类运量的 2/3，长江港口承接的是铁路来煤，京杭大运河主要承担徐州鲁西煤炭南下，除此还承担山西、陕西、河南、河北、安徽等到地由陇海线转运的煤炭。长江下水煤炭的主要流向是江苏、安徽、上海等地，少量流向、湖南、湖北、江西等缺煤省份，而京杭大运河下水煤主要流向江苏、浙江、上海等地。

珠江水运煤炭运输主要为了贵州煤炭外运，珠江三角洲水网则起到港口进煤的配送作用。

黑龙江松花江水系的煤炭运输主要承担黑龙江东部煤矿往哈尔滨方向的运输。

10.4.2.2　沿海煤炭运输

海运是北煤南运的主要通道，运输量约占华东、中南地区煤炭调入量的 55%，随着东部沿海地区需求总量的不断扩大，对煤炭的海运要求激增。2006 年我国港口煤吞吐量为 9.07 亿 t，到 2010 年增至 16.46 亿 t，年均增长率达 16%。

北方的港口主要是秦皇岛、京唐港、天津港、黄骅港。2009 年下水煤 4.13 亿 t。2010 年能力可达 5.03 亿 t，北方各港下水煤达 6.74 亿 t。北煤南运经海路抵达南方各港，尤以宁波、上海、广州三港接卸量最大，煤炭主要流向是江苏、上海、浙江、福建、广东五省市，接煤量大体上占海运煤的 88%。东部沿海各省靠海运调入的煤炭绝大多数来自“三西”地区（山西、陕西、内蒙古西部）。

10.4.3　我国煤炭的公路运输

公路煤炭运输作为铁路运输的重要补充，其特点是短途、灵活、快捷，尤其是在小批量、短途煤炭运输中有其特有的优势。此外这也是将大量乡镇煤矿、规模小布点分散的小型煤矿的资源，集运到铁路车站的必要手段。

我国公路煤炭运输主要集中在晋陕豫蒙地区，由于铁路运力不足，这一地区公路运煤占煤炭外运总量的 20%，主要是中长距离运到河北、山东、济南、北京、天津等邻近省市，其中山西煤炭公路运输量最大，内蒙古也有后来居上之势。2009 年“三西”地区煤炭公路外运数量为 2.3 亿 t。其中，山西近 1.3 亿 t，内蒙古西部约 6500 万 t，陕西为 3500 为万 t，且每年以 10% 的速度递增，山西公路外运煤炭占“三西”地区的 54%，占山西公路总外运量的 24%。2010 年内蒙古公路外运煤炭增至 1 亿 t。

10.4.4　2010 年以来煤炭供需态势的分析

目前影响电煤供应的主要因素有以下四个。

1）国民经济增长幅度和经济结构调整的力度，2010 年全年经济增长达到 9.4%，依然处在较高的水平上，对电煤需求拉动明显，高耗能用电增长明显，这已引起宏观经济部门的关注。

2）煤炭生产及运输状况的改善。

3）2010年，水电来水减少，出现了自2005年以来首次丰水期负增长，到第三季度全国将下降14.7%，尤其是贵州下降了50%，广西下降了43%，水电减发迫使火电补足，对电煤的需求就吃紧了。

4）自然灾害的影响，严寒、高温、台风、雨雪、洪水等都是影响因素。

受西部省份煤炭产量快速增长的影响，运输环节对煤炭市场的制约进一步凸显，在铁路运输不能大量增长的条件下，更多的增量只能靠公路运输来解决，这不仅增加了运输过程中的成本，加剧了运输过程中的不稳定性，对煤价上涨也起到一定的促进作用。

在煤炭供需基本平衡的情况下，煤炭价格持续上扬是什么原因呢？分析认为有两个因素值得注意：一是国际油价持续高位运行，不论是煤炭还是石油都提供能源，而它们度量的基础是一样的，就是热值，煤炭和石油之间存在一定的比价关系，油品价格高位运行就让煤炭价格上扬有了空间；二是煤炭生产的成本增加，一些外部成本内部化，环境成本、资源成本、安全成本、人力成本都在增加成为价格的推动因素。

2010年以来，电煤供需最突出的就是华中地区煤炭供应呈阶段性紧张，尤其以湖北为甚，湖北煤炭自产率不足15%，大量依靠外省调入，由于资源和运输的影响，火电企业电煤不足，库存大幅下滑，电煤供给频繁告急，电煤价格不断上扬，所以在未来解决华中地区供煤是重中之重。

2011年铁路运力明显提高，但需要进一步关注以下几个问题：

第一，山西煤外运从数量到运力已经饱和，而陕西、内蒙古外运的煤到山西汇合后再进一步东运的能力受到限制，要在规划中破解各线段能力的均衡和衔接。

第二，重点合同量不足，新机用煤很难保证。目前，中央计划重点煤合同规模为9亿t，只是全部用煤的55%。2011年比2010年重点煤合同增加4700万t，不到新增需煤量的一半。而受价格、运力原因的制约，重点煤合同兑现率处于较低水平，进一步加大了重点供应的压力。

为了有效地抵御电煤供给的波动，应当加快建立储煤机制。这需要在规划和设计中加以体现。

10.5 当前电煤储运供销中的问题

我国煤电比重一直很高，电煤的充足供应成为电力发展支撑经济发展和社会生活的极其重要的因素，总体上看煤炭的供给和储运满足了电力发展的需要，但也暴露出许多不容忽视的问题。

1. 总量满足要求，结构性短缺突出

2006年以来，电煤需求和供给总量平衡，特别是2006~2007年煤电增长较快，电煤的供应量也大幅增加，表10-10列出了2006年以来各年份电煤需求与供应的数量。

表10-10　各年份电煤需求与供应数量　（单位：亿t）

项目	2006年	2007年	2008年	2009年	2010年
电煤需求	13.14	14.37	14.66	15.46	17.57
煤炭产量	23.92	25.36	27.93	30	32.4
电煤供给	13.14	14.37	14.66	15.46	17.57
电煤占比/%	55.13	56.67	52.50	51.54	54.23

注：本表数据根据中电联电力工业统计资料计算，均为概略值。

但是，电煤的结构性短缺问题也非常突出。

第一，煤电生产依照水电来水的不同变化较大，一些地方特别是水电比重比较大的电网，在枯水期或者重要节假日，特别是春节前后，往往发生电煤供给不及时，造成时段性短缺；有的时候，也会出现因运输线路抢修或突发自然灾害引起的时段性运力不足；我国大宗运输的货物除了煤炭之外还有铁矿石、粮食、石油、化肥等，不时发生突出抢运某宗货品的情况，以致电煤形成时段性运力不足。

第二，地域性运力不足。在我国，湖北、湖南、江西及重庆、四川等地，既是煤炭资源短缺，又是运力严重不足，处于运输末梢的地区。近年来经常发生电煤短缺、如湖南全年需要电煤3800万t，本省能解决的不超过40%，外省调入约超过2000万t，从北方港口秦皇岛海运至长江口，换上江轮溯江而上，到洞庭湖再改小江轮进入湘江到各电厂卸煤点，运输距离为4000km，运输成本大幅增加。再如湖北，也利用“海进江”的方法，从北方增进电煤。

第三，铁路运输尽管发展很快，但运输瓶颈犹存。目前从煤炭的产能和煤炭消费需求测算，供需整体平衡，而铁路运力仍存在不少瓶颈，故铁路运力决定有效供给。目前，北方西煤东运的三大通道运力基本饱和，其中大秦、朔黄铁路合计6亿t，处于饱和状态。2010年三大通道运煤量增加1.1亿t，2011年增加6000万t，此后运力基本饱和，正在建设的出海通道形成现实运力尚待时日，在建和计划中的另计，三条出海通道要待2014年方能形成生产能力，目前陕北榆林、内蒙古鄂尔多斯的煤炭外运严重受阻，这是当前西煤东运中的突出问题。

“北煤南运”主要由京广、京九、焦柳等线支撑，这些线路难以满足运输要求而造成中部地区频繁出现的“电煤荒”、“电荒”，“北煤南运”的另外一路是水路。我国煤炭消费集中在华东、华南，两区域的煤炭消费量约占全国煤炭消费量的42%，沿海水路成为电煤运输的主要通道，承担了华南运进煤的90%，华东进煤的60%。

第四，铁路与港口能力的配套。随着东部、中南部煤炭消费的增加，铁路、内河和海运的运煤强度都会有所增加。而随着西煤东运的通道建设，东输煤量将超过11亿t，北方港口的装卸能力必须与之相适应。

2005~2010年我国北方11个主要运煤港口，运煤的总量各年分别达到3.41亿t、3.75亿t、4.24亿t、4.68亿t、4.39亿t和5.28亿t。“十二五”期间，一些港口扩能，黄骅港、天津港、京唐港、曹妃甸港等扩能达1.45亿t，北方沿海港口有继续增大配套能力的需求。

2. 铁路运力的短缺导致公路运量大增，引发诸多问题

内蒙古西部鄂尔多斯、东胜、准格尔和陕北榆林、神木、府谷等地煤炭质量好、成本低，急需外运，但限于外运铁路运力不足，各方转而实施公路运煤，巨大的煤东流，使京藏高速路和青银高速山西段出现严重堵车，一方面，降低了高速公路的运输效率，另一方面，导致运输成本的上升，同时消耗了大量的优质油品资源，运输能力成为短缺资源，各种“三乱”随之发生。

3. 煤炭和铁路运力的价格双轨制助长了电煤储运供销过程中的寻租行为

2002 年国家逐步放开煤炭价格，2005 年以后全面放开，形成了以合同价为主进行煤炭交易并确定铁路运量的市场格局。电煤是煤炭消费的最大户，占消费总量的一半以上，国家为了保障电煤供给，特设了中央重点煤这个市场形式，重点煤的煤价由国家引导，运力纳入铁路部门计划，这部分煤的煤价一般比市场煤低 150~200 元/t，这实际上形成了电煤价格的双轨制，2010 年全年共消耗电（含热）煤 17 亿 t，其中，重点煤约 9 亿 t，另外的 8 亿 t 就由电力用户在市场上自主采购。同样道理纳入重点煤的运力，由铁路部门安排。一旦重点煤兑现率达不到 100%，缺口部分及没有纳入重点煤的运力，与重点煤运力也形成了运力的双轨制，虽然并未出现计划外运力的价格，但在运力十分紧缺的情况下，用户要取得运力必然要付出价外的支出。

这种电煤供给的双轨制困扰电力行业多年，所带来的恶果就是合同执行不严格、失去监管，合同内的兑现不了，顺理成章地转为计划外，实施另外的价格，扰乱了生产秩序。

4. 煤炭流通领域乱象丛生，加价倒煤推高煤价，煤炭业缺乏监管扭曲了煤炭供销市场秩序

我国煤炭资源主要分布在华北、西北地区。消费地集中在东南沿海发达地区，电煤从北方出发经公路、铁路集结到北方港口，再经水路运往东南沿海地区。电煤物流环节繁多，管理方式粗放，效率低下，市场透明度低，物流成本已达电煤消费价格的 30%~60%，这是多年存在的沉疴。据统计，计划内运煤合同执行率只有 70%~80%，计划内运煤执行国家煤炭的运输价格，计划外运煤则要向中间环节付出相当高的代价。某些铁路职工经营的“三产”、“多经”企业从中渔利，已成为行业的潜规则，再加上点装费、车板费等各种名目的收费扰乱了煤炭物流价格体系。加强煤炭物流的监管、降低物流成本势在必行。

某些地方政府为了获取资源收益，开征了各种名目的收费，也成了推动电煤价格上涨的因素。本来煤炭产地的煤外运是构成全国能源资源配置的重要因素，一些地方政府的各种名目的限制出省政策也成为推高煤价的因素。

5. 电煤质量下降

电煤质量表现为热值，近年来原煤热值呈下降趋势，这有结构上的原因，如内蒙古东部褐煤数量增加，但许多地方因私利掺入煤矸石等低热值煤炭，致使入炉煤质量下

降，不仅造成成本增加，运力浪费，而且发电设备磨损加重，事故频出。对煤炭质量的监管也迫切需要加强。

6. 煤电联动失效

煤炭业失去监管，煤炭价格虚高，电力产业从赢利逐渐沦为亏损，为了化解煤电矛盾，国家在 2004 年推出煤电联动办法，办法规定以不少于 6 个月为一个周期，周期内平均煤价比前一周期变化幅度超过 5% 时，相应地调整电价。其中，70% 顺价，30% 由电力企业消化。联动机制实行以来，曾联动了两次，但从执行结果看，在短时间内和一定程度上能够缓解发电企业的亏损压力，但无法从根本上解决煤电矛盾，是治标不治本的办法。尤其是这个办法刺激了煤炭价格上涨的动力，造成煤炭价格和电力价格轮番上涨的态势。

7. 储备能力不足，应急机制不强

对于地区性、时段性的电煤短缺，应对策略之一就是加大用煤单位或用煤地区的储备，用储备量调节供需，抚平缺口，这是国家多年来倡导的机制，但是实际上这个问题并没有很好地解决。建设大型储煤基地的动力不足，谁出钱来做这件事没有落实；储煤基地谁维护，谁运行管理，都没有定论。“十二五”国家已确定在东中部设置储煤场，但煤场是由煤炭方管理或电力管理，还是地方管理是必须解决的问题。

第 11 章 2020 年、2030 年电煤需求预测与配置

11.1 中长期电煤预测

煤电是指以煤作为一次能源的发电方式，其工艺最主要的是将煤放入燃烧室内燃烧，将水（作为工作介质）加热成过热蒸汽，以蒸汽带动汽轮发电机，尾气经冷却装置变成凝结水完成一个循环。未来还有许多革新的技术等待开发，如 IGCC（整体煤气化联合循环发电系统）。目前尚不能形成大规模生产能力，因此未来煤炭以燃料方式供给电力工业发电仍是常态。在新形势下利用煤炭发电有以下几个原则必须坚持。

1）煤炭转化为电力的比例应逐步提高。电力耗用煤炭占煤炭产量的比例是工业化的一个重要指标，美国的这一比例高达 80%。我国 2005~2010 年的比例见表 11-1。

表 11-1 电煤比例 （单位:%）

项目	2005 年	2006 年	2007 年	2008 年	2009 年	2010 年
电煤占煤炭总量的比例	53. 72	55. 37	56. 66	50. 81	49. 41	54. 24

注：2006~2010 年年均 53. 15%。

我国电力耗用煤炭占煤炭产量的比例低于美国，有能源结构上的原因。主要是美国天然气和石油的耗用比我们高得多，在美国，煤炭的最佳用途就是用来发电。目前，我国的平均水平为 53. 15%在个别年份达到 56. 66%，随着经济走稳这一比例还要走高，中长期预测不低于 56%或更高。

2）能源消费总量将进行合理控制。合理控制能源消费总量被写入“十二五”规划纲要，预计 2015 年能源消费总量的控制线在 41 亿 t，2020 年在 50 亿 t，鉴于煤炭占我国一次能源的比例在 70%，对能源消费总量实施控制首当其冲的是煤炭。

3）国家对 CO_2、SO_2，NO_x 等温室气体和污秽气体的排放将严加控制，不久前还颁布了火电与大气污染排放标准，新修订的标准普遍将排放限额压低了一半，更加剧了煤炭使用范围的严苛。

4）国家将从“十二五”阶段开始大规模开发晋陕蒙宁等煤炭基地，产能西移并实施就地转化以先进输电技术导向东部大规模输送电力。鉴于西部水资源匮乏，发电技术普遍采用空冷发电技术。加大了煤耗和厂用电，远距离输电损耗加大从而降低了资源配置的效率，因此在布局生产力时，特别要注意论证方案的优越性，要不断优化。

1. 我国 GDP 预测

我国从 2008 年开始，因受金融危机的影响，以及经济发展的固有规律，经济走向

进入下行空间，但回落不大，这一中高发展速度将成为“十二五”期间的主流形态，“十二五”期间，国民经济潜在增长率应为 8.5%，以此推算 2015 年，我国经济总量为 59.84 万亿元（2010 年价）。“十三五”期间增速将进一步下探达到 6.02%，2020 年的经济总量将为 80.87 万亿元（2010 年价）。

国网能源研究院的胡兆光等对 2030 年、2050 年的经济发展和能源需求前景做了研究。

2030 年预设了三个情景：情景一，2020 年城镇化率达 57.6%，2030 年达 64.6%，2020 年完成工业化进程，到 2030 年外贸进口基本平衡。情景二，城镇化比率比情景一加快 0.1%～0.2%/a。2020 年城镇比率达 59.8%。2030 年达到 67.8%。服务业有待大发展。情景三，考虑了可能发生对经济发展影响最大的不利因素，此时城镇化发展较慢，到 2020 年城镇化比率为 56%，2030 年为 62%。2020 年完成工业化进程，增速低于情景一。在经济发展模型中进行的预测，三个情景下 GDP 增速与期末 GDP 总量结果见表 11-2。

表 11-2 我国 GDP 预测值

项目	2010 年	2020 年	2030 年
GDP/万亿元（2005 年年底）	31.4	67.2	113.9
GDP 十年平均增速/%	10.46	7.9	5.4

这个预测是比较积极的。三个情景下的 GDP 和 GDP 增速如表 11-3 所示。

表 11-3 我国 GDP 长期预测

情景		2010 年	2020 年	2030 年	2010～2020 年增速/%	2020～2030 年增速/%
情景一	GDP/万亿元	31.4	67.2	113.9	7.9	5.4
	人均 GDP/万元	2.34	4.67	7.74	7.1	5.2
情景二	GDP/万亿元	31.4	68.4	118	8.1	5.6
	人均 GDP/万元	2.34	4.75	8.03	7.3	5.4
情景三	GDP/万亿元	31.4	64.7	104.4	7.5	4.9
	人均 GDP/万元	2.34	4.49	7.10	6.7	4.7

2. 2020 年、2030 年的能源、电力需求预测

我国 2010 年能源消费总量为 32.5 亿 tce，按照“十二五”规划纲要提出的合理控制能源消费总量，2020 年能源消费总量按 41 亿 tce 控制，国网能源研究院的研究结果提出的能源电力的需求如表 11-4 所示。

表 11-4　能源电力中长期预测

情景		2010 年	2020 年	2030 年	2010~2020 年平均增速/%	2020~2030 年平均增速/%
情景一	能源需求/亿 tce	32.5	50.71	58.65	4.55	1.47
	用电量/（万亿 kW·h）	4.192	7.622	9.808	6.16	2.544
	单位 GDP 能耗/（tce/万元）	1.035	0.755	0.516		
	能源弹性系数	0.799	0.576	0.271		
	单位 GDP 电耗/（kW·h/万元）	1335	1135	863		
	电力弹性系数	1.149	0.28	0.473		
情景二	能源需求/亿 tce	32.5	49.86	56.93	4.37	1.33
	用电量/（万亿 kW·h）	4.192	7.734	9.845	6.315	2.443
	单位 GDP 能耗/（tce/万元）	1.035	0.729	0.482		
	能源弹性系数	0.299	0.54	0.238		
	单位 GDP 电耗/（kW·h/万元）	1335	1130	834		
	电力弹性系数	1.149	0.78	0.436		
情景三	能源需求/亿 tce	32.5	48.37	55.75	4.06	1.43
	用电量/（万亿 kW·h）	4.192	7.047	9.484	5.856	2.503
	单位 GDP 能耗/（tce/万元）	1.035	0.747	0.534		
	能源弹性系数	0.799	0.541	0.292		
	单位 GDP 电耗/（kW·h/万元）	1335	1144	908		
	电力弹性系数	1.149	0.781	0.511		

中国电力发展促进会对 2030 年的预测比较乐观：预计 2010~2015 年 GDP 增速为 8.5%，电力弹性为 0.94。电力增速为 8.0%，“十二五”期末电量为 6.17 万亿 kW·h。2015~2020 年 GDP 增速为 6.02%，电力增速为 5.84%。2020 年的电量为 8.08 亿 kW·h。2030 年的预测值按 10 年增速 2.57%计，2030 年的用电量为 10.39 万亿 kW·h。

3. 2020 年、2030 年煤电装机的预测

2020 年全国电力装机预期见表 11-5。

表 11-5　2020 年全国电力装机　　（单位：亿 kW）

项目	容量
总装机	19.32
其中，常规水电	3.50
抽水蓄能	0.70
核电	0.85
气电	0.80
风电	1.90
生物质能	0.30
光伏	0.10
煤电	11.47

2010 年全国煤电装机 6.8 亿 kW，2010～2020 年净增煤电装机 4.67 亿 kW。其中“十二五”期间净增 2.8 亿 kW，“十三五”期间净增 1.87 亿 kW。

2030 年全国煤电装机 13.07 亿 kW，比 2020 年净增 1.6 亿 kW。2020 年比 2010 年煤耗下降 20g/（kW·h）。2020 年的供电煤耗 313g/（kW·h），发电煤耗 292g/（kW·h）。到 2030 年再降 10g，供电煤耗 303g/（kW·h），发电煤耗 282g/（kW·h），达到世界领先水平（表 11-6）。

表 11-6　2030 年全国电力装机　（单位：亿 kW）

项目	容量
总装机	27.67
水电	4.3
抽水蓄能	1
核电	2.8
气电	2
风电	2.9
生物质能	0.8
光伏	0.8
煤电	13.07

4. 电煤需求预测

2010 年、2020 年、2030 年电煤需求量预测见表 11-7。

表 11-7　电煤中长期预测

项目	2010 年	2020 年	2030 年
煤电发电量/（万亿 kW·h）	3.24	5.27	5.57
供热量/亿 GJ	28.07	38	46
发电供热耗煤（标煤）/亿 t	11.32	17.30	18.34
发电供热耗煤（原煤）/亿 t	17.57	26.85	28.46

注：每千克原煤所折合的标准煤重量按 2010 年水平计算。

2020 年各省份煤电装机和电煤需求预测见表 11-8。

表 11-8　2020 年各省份电煤需求预测

省份	状况（2010 年）/万 kW	核准及路条、退役/万 kW	2011～2020 年规划新增容量/万 kW	2020 年装机规模/万 kW	新增装机/万 kW	新增电煤/万 t
北京	319	-60	0	259	-60	
天津	994	300	0	1 294	300	683
河北	3 664	681	0	4 345	681	1 551
山西	4 210	1 734	2 267	8 211	4 001	9 114
内蒙古	5 251	1 732	6 075	13 057	7 807	17 784
山东	6 002	777	0	6 779	777	1 770

续表

省份	状况（2010年）/万 kW	核准及路条、退役/万 kW	2011~2020年规划新增容量/万 kW	2020年装机规模/万 kW	新增装机/万 kW	新增电煤/万 t
黑龙江	1 663	580	380	2 623	960	2 187
吉林	1 374	486	0	1 860	486	1 107
辽宁	2 769	511	0	3 280	511	1 164
上海	1 586	71	0	1 657	71	162
江苏	5 632	906	0	6 538	906	2 064
浙江	3 961	769	0	4 730	769	1 752
安徽	2 764	580	676	4 020	1 256	2 861
福建	1 858	174	176	2 208	350	797
河南	4 531	1 296	0	5 827	1 296	2 952
湖北	1 779	588	0	2 367	588	1 339
湖南	1 676	202	0	1 878	202	460
江西	1 220	632	0	1 852	632	1 439
重庆	678	128	0	806	128	291
四川	1 232	329	309	1 870	638	1 453
广东	4 703	974	0	5 677	974	2 219
广西	1 025	380	323	1 728	703	1 601
海南	222	70	0	292	70	160
贵州	1 753	600	944	3 297	1 544	3 517
云南	1 128	292	0	1 420	292	665
陕西	2 137	444	4 371	6 952	4 815	10 968
甘肃	1 320	400	1 216	2 936	1 616	3 681
青海	164	87	0	251	87	198
宁夏	1 163	534	1 568	3 265	2 102	4 788
新疆	1 172	2 054	4 740	7 966	6 794	15 477
西藏	19	0	0	19	0	0
全国	67 968	18 251	23 045	109 264	41 296	94 204

需要说明的是，国家规划从内蒙古西部到华中修建一条运煤铁路，线路自内蒙古浩勒报吉起经陕西榆林、延安，山西运城，河南三门峡，湖北襄阳、湖南岳阳到江西吉安，全程1859km，运力2亿t，将承担鄂尔多斯、陕北、山西、河南的煤炭运至湖北、湖南、江西，线路预计2017年投运，“十三五”期间鄂湘赣三省可以安排一部分煤电作为规划的调整部分，到时可增加煤电2000万kW，需增加电煤4550万t。

2020~2030年新增煤电1.87亿kW，电煤可增加1.61亿t，不会给运输增加压力。

11.2　2020年、2030年电煤配置

在能源消费总量合理控制的条件下，对未来10~20年的能源需求预测时，首先要考虑2020年水电、核电、风电等可再生能源消费占比达到15%，天然气的消费在现有

基础上增长 150%。油品的消费包括替代油品依然缓慢增加，预计 2015 年、2020 年、2030 年各能源消费的比重如表 11-9 所示。

表 11-9　能源消费比重预测　（单位:%）

项目	2010 年	2015 年	2020 年	2030 年
煤炭	70.9	67.4	64	56
石油	16.5	15	14	14
天然气	4.3	6	7	10
水电核电风电等可再生能源	8.3	11.6	15	20

2011~2020 年 GDP 总量增加按平均 6.8% 计，其中“十二五”期间年均增 8.5%，2015 年 GDP 为 59.84 万亿元（2010 年价），“十三五”期间年均增约 6%，2020 年 GDP 为 80.08 万亿元。2030 年 GDP 为 118.5 万亿元（年均增 4%），2010 年能耗为 32.5 亿 tce，2015 年能耗为 0.686tce/万元，2015 年能源消费总量可控制在 41.04 亿 tce，2020 年能源消费总量可控制在 51.64 亿 tce，2030 年单位能耗再降 12%，2030 年能耗为 0.562tce/万元，2030 年能源消费总量可控制在 66.6 亿 tce。相应的煤炭消费总量控制线记入表 11-10。

表 11-10　煤炭消费控制线　（单位：亿 t）

项目	2010 年（实际）	2015 年	2020 年	2030 年
煤炭消费控制线（标煤）	23.04	27.66	33.05	37.29
折合原煤	32.26	38.73	46.27	52.2

2020 年、2030 年电煤占煤炭总量的比例分别为 58% 和 54.5%。

11.3　未来 10~20 年的电煤平衡

2020 年我国电煤需求为 26.85 万 t，比 2010 年增长 9.28 亿 t，由上节知煤电增长主要分布在煤炭产区，东部沿海、辽京津冀鲁苏浙沪闽粤十省市仅增加 5279 万 kW，电煤增加 12 162 万 t，而增长较多的是晋陕蒙宁新五省区且增加煤电装机 25 519 万 kW，所需煤炭 58 131 万 t，均就地解决，其余各省所需煤炭约 23 777 万 t。如果加上黑龙江、河南、安徽等煤炭产区的电煤消耗（大约为 11 517 万 t），真正需要通过各种运输通道外运的煤量只有 17 539 万 t。

2020 年全国煤炭产量预计达到 47.44 亿 t，电煤供给平衡有余。从地区分布来看，两广地区以铁路运输、沿海航运为主，海陆进口为辅，可完全满足煤电发电需求；长江三角洲苏浙沪闽地区，接受安徽来电和西部水电，煤电增长不多，所需煤炭由京沪铁路运输和沿海航运可达到平衡。华中地区的湘鄂赣在运煤铁路建成之前电煤不足将长期存在，通过调度措施和加大外电入鄂入湘的举措可以达到电力平衡，某些时段会出现短缺。川渝地区因电力结构问题煤电短缺比较突出，正在修建的兰渝铁路投运后可以解决重庆的煤炭短缺问题，而四川待兰渝铁路建成后途经南充可以解决部分煤炭缺口。

预计 2020~2030 年煤电增长不多，电煤增加 1.6 亿 t，在平衡上不构成问题。

铁路中长期规划（2008 年调整）中有兰铁路建设的原则方案是，以扩大西部路网规模为主，形成西部铁路网架，规划新建线路 4. 1 万 km，主要是：①中俄、中吉、中越、中老、中缅通道建设出境国际通道；②新建太原—中卫、临河—哈岳，开成西北—华北新通道；③新建乌鲁木齐—哈岳—兰州、库尔勒—格尔木、区岗—敦煌—格尔木、喀什—和田、日喀则—拉萨，形成新疆对外的便捷通道；④新建兰州—重庆、哈达铺—成都，研究建设张掖—西宁—成都，格尔木—成都、形成西北到西南的新通道；⑤新建拉萨—林芝、大理—香格里拉，研究建设成都—林芝、香格里拉—陂密，形成四川云南与西藏的新通道；⑥新建太原—侯马—西安—汉中—绵阳，研究建设郑州—重庆—昆明，形成华北中原到西南的新通道；⑦新建重庆—贵阳、乐山—贵阳—广州、南宁—广州，形成西南到华南通道；⑧新建向塘—莆田，合肥—福州、阜阳—六安—景德镇—瑞金—汕头，形成内陆腹地到东南沿海地区新通道；⑨新建北京—张家口—果宁—呼和浩特—包头，形成北京到呼和浩特通道；⑩新建内蒙古中西部、山西中南部的运煤专线；⑪新建乌鲁木齐—富蕴—北屯、二连浩特—朴浩特—乌兰浩特、正兰桥—虎代哈、昭通—攀枝花—丽江、昆明—百色、柯州—肇庆、南宁—河池铁路；⑫新建哈尔滨—佳木斯、青岛—连云港—盐城、南通—且德—宁波、广州—湛江—海口—三亚、上海—江阴—南京—铜陵—安庆、怀化—衡阳—赣州、九江—景德镇—衡州、溥城—建宁—龙岩、福州—厦门等铁路。

此外对既有线路规划进行技术改造，提高通道能力，增改线实施电气化改造。

在上述规划中值得提到的是，为了提高煤炭运输能力专门建设 10 个煤炭基地的煤运大通道，这 10 个基地是大同、神府、太原（含晋南地区）、晋东南、陕西、贵州、河南、兖州、两淮、黑龙江东部等。铁道部表示还将探索除大秦线外再开行重载列车，采用大功率机车，改造线路基础设备，优化列车编组等措施提高煤运能力。

鉴于内蒙古煤炭发展很快，外运能力不足是阻碍其发展的瓶颈，最近加大内蒙古铁路建设力度，主要措施是集通线扩容由 1500 万 t 扩能到 3500 万 t，建设锡林浩特多伦二线扩能 1. 25 亿 t，建设白音华—锦州和正兰—张家口线路，运能 3000 万 t，建设鄂尔多斯—曹妃甸的出海大通道，运能 4000 万 t。

2011 年 8 月，铁路建设的进度减缓，受资金、体制等影响，是否对规划修正，近期铁道部结合“十二五”规划编制对中长期规划目标作了优化。其中，到 2015 年铁路运煤能力达到 30 亿 t 的目标维持不变，由此可以肯定“十二五”末到“十三五”期间，我国电煤的供应和运输将达到稳定平衡态势。

第 12 章 输煤与输电

从能量运输的观点看，输煤与输电都是能量运输的形式，输煤与输电方式的选择则取决于技术上的可能性与经济上的合理性，包括地区经济发展水平与自然环境条件。

12.1 输煤与输电的适应范围

电力规划的一个重要原则是电源分散布局，负荷中心要布局适量的电源，原因是就地就近供电可以节省必要的输送变换投资，减少输送过程中的损失，避免大规模地升入高一级电网再降回低一级电网间用户配送的迂回，降低电力输送配给的成本。同时，电源靠近负荷中心在非正常情况下，发电机组可以瞬时提供大量的无功电力以维持受端电压，避免因为电压下降而甩掉负荷，所以是安全生产的必备条件。但是，可供发电的一次能源不可能分散分布，反而是大量集中分布在河流、煤炭资源盆地等，因而往往需要将一次能源资源经过合适的运输条件运抵受端负荷中心，在负荷中心的合适位置建设电厂。这类一次能源大抵是石油或其制品、天然气（或液化燃气）和煤炭。这几种一次能源的运输形式历经每年的发展，大体上定型为管道运输和铁路运输，管道运输的是石油及制品、天然气，而煤炭则主要是铁路运输。我国曾研究过将煤变成水煤浆，然后以泵和管道运输。这项研究历经几十年终未形成成果。我国电力工业自产生起就有铁路运煤伴生，其实铁路运煤不止是电力工业的需要，就冶金、建材、化工各行业及民用也都需要进行大范围调动，铁路运输成为首选。

输电是将一次能源转化为电力以输电线路输送到受电方。这通常是在下述条件下形成的：

1）大规模的水电开发，水电处于河流的中上游，生产力要素及交通运输配置较困难，因而电站所在地用电量需求极小，必须将转化的电力输往可以消纳这些电力电量的地方。我国早期的水电开发如东北丰满电厂、西北刘家峡电厂及华东新安江电厂都伴生了这些地区 220kV、330kV 输电技术的出现。著名的长江三峡及葛洲坝水电开发则催生了我国直流输电技术的诞生和完善。澜沧江、金沙江下游水电开发促成了我国±800kV 直流的出现。

2）煤电的规模开发及输送所形成的价格梯度效应超过了建造成本和运维成本，使得远距离运输电力有利可图。

3）现有技术足以克服远距离输送煤电过程中有可能发生的风险，且代价可控可接受。

一条输煤火车专线的输送能力可以由单列列车的运量及年开行列车对数计算得出。一条输电线路的输电能力则与输电电压、线路参数、输送距离、系统运行方式有关。经典的能源技术经济学给出了输电线路输送容量距离的相关参数，见表 12-1。

表 12-1　输电线路输送容量距离的相关参数

电压等级/kV	输送容量范围/万 kW	输送距离/km
110	1.0~5.0	150~50
220	10.0~30.0	300~100
330	25	500~1000
	50	200~500
500	50	500~1500
	100	250~850
	150	150~650
750	100	900~1700
	150	700~1400
	200	500~1000

对于输煤和输电在经济上的比较，通行的办法是计算单位费用。对于输煤方案来讲，要参与比较的是煤炭开采的费用、煤炭运输的费用和受端电厂的费用三项。同理，对于输电方案来讲，要参与比较的是煤炭开采的费用、送端电厂的费用和输变电设施的费用三项。

我国在 20 世纪末由大量计算曾获得的有关输煤输电比较的结论，当煤炭热值在 5000kcal/kg 时，对于 500kV 的交流输电线路而言，当输送距离超过 600km 时，输煤优于输电，当输送距离小于 600km 时，输电优于输煤。

应当指出的是，现在参与比较的因素已经不止是单一的费用指标，新的因素包括水资源取得的代价、环境治理的支出、综合利用价值体现、线路走廊获得的可能性和代价、煤炭和电力市场化的过程等这些因素如何量化，要因地制宜，进行大量的调查研究和计算。在此情况下，在煤炭基地开发煤电，通过输电线路向负荷中心输电这种模式，从 20 世纪 90 年代逐渐兴起。例如，山西阳城开发火电，向江苏送电；在西部大开发中，形成了贵州火电向广东、广西送电的实例。中远距离的送电则为内蒙古、山西送京津唐受端，安徽电力向上海周边、浙江送电；远距离的则有宁夏宁东至山东青岛的输电工程。因此，可以说输煤和输电在我国能源运输中都已显示了它们的作用，都是我国可以选用的技术路线，具体的方式要通过技术、经济、环境、国土条件的综合分析比较选用最合适的。

12.2　中国输煤输电的现状

在中国通过输煤输电的方式将煤炭配送到全国各省以支持各省火电的生产运行，这是目前中国电力工业诞生以来一直传承下来的生产方式，之所以如此是由我国国情决定的。

在国内，铁路运煤仍然是煤炭运输的主要方式。表 12-2 为铁路运煤状况。部分煤炭经北方港口下水运到南方诸港，成为浙江、福建、广东、广西等省区煤炭的主要供应方式。表 12-3 显示出北方七港下水煤的状况。

表 12-2　中国铁路运煤状况

年份	煤炭运量/亿 t	占货运比重/%	煤炭周转量/（亿 t/km）	占货运周转量比重/%
2000	6.86	41.4	3806	28.5
2005	10.71	46.4	6374	32.9
2006	11.20	45.8	6728	33.1
2007	12.21	46.7	7416	34.1
2008	13.43	49	8360	35.8
2009	13.27	48	8478	36.3

表 12-3　北方七港煤炭吞吐状况　（单位：万 t）

港口	2005 年	2006 年	2007 年	2008 年	2009 年	2010 年
秦皇岛	14 486	17 660	21 446	21 831	20 086	21 973
京唐港	1 358	1 403	1 560	3 967	3 975	9 100
天津	7 948	7 163	8 997	9 768	5 383	6 304
黄骅	6 725	8 034	8 174	7 181	7 846	8 840
青岛	818	940	1 256	1 507	1 144	1 059
日照	1 950	1 657	1 544	1 805	1 389	1 146
连云港	1 390	1 560	1 376	1 464	769	624
合计	34 675	38 417	44 353	47 523	40 592	49 046

在煤炭产地将煤转化力电力，通过电力线路向负荷中心送电。载体是线路，输送的是煤炭、能源，因此广义地讲，输电网应归入现代能源运输体系，当然它的功能不止于运输，还兼有配送的任务。我国的输电技术是从水电基地大规模外送推动发展的，20 世纪 90 年代以来，随着山西、内蒙古西部地区的煤炭基地建设，晋电送京津，蒙电送华北兴起，进入 21 世纪以来，贵州也进入西电东送行列，到 2010 年年底，我国煤炭基地电力外送的规模达到 3500 万 kW，主要的送电通道如表 12-4 所示。

表 12-4　煤电输电现状　（单位：万 kW）

输电通道	送电规模
山西阳城—江苏徐州	210
宁夏宁东—山东青岛	400
贵州—广东	600
内蒙古东部—京津站	600
山西北部—京津站	200
山西王曲—山东聊城	240
内蒙古伊般—辽宁沈阳	300
安徽—苏浙	300
陕西宝鸡—四川德阳	200
山西长治—湖北荆门	220

根据送电电量推算，西电东送相当于向受电地区输送了 4950 万 t 煤。西煤东输和西电东送的送电实际大体上呈 16∶1 的比例关系。

12.3 中国未来输煤输电的选择

应当指出，近年来，不论是输煤还是输电，随着新技术的不断涌现，运输效率不断提高，单位运输消耗呈下降趋势，为选取更为合理的输送方式提供了各种可能性。

在输煤方面最为成功的是重载输煤专线，它的形成极大地提高了运能。以大秦线为例，最初的设计能力仅为 1 亿 t，经过技术改造达到 2.5 亿 t，改为重载技术后运能已稳步达到 4 亿 t，最终可实现运能 4.5 亿 t。我国在“十二五”、“十三五”期间开始建设更高速度开行的客运专线，使原来的客货混线专司货运，运能也可适当幅度地提高。

在输电方面，得以大幅提高单位运输产能的技术如下：

1）高压/特高压直流输电技术不断发展，目前电压已从 ±500kV 提高到 ±660kV、±800kV，输送规模从目前的 300 万 kW 提高到 400 万 kW 和 600 万 kW。

2）既有 500kV 交流输电系统注入柔性输电技术，以及进行环节改造，使输送能力有适当幅度的增加。

3）1000kV 交流输电技术的试验成功使得输电技术增加了一个新的选项。

因此，在未来 10~20 年内，我国能源运输体系中应当贯彻输煤输电并举的方针，通过科学论证，选择并优化输送方式，使综合运输体系筹各种方式协调发挥作用。

贯彻输煤输电并举就要加大基地外运规模。在制订“十二五”电力发展规划时，要贯彻国家已经确定的方针和政策措施。

2010 年 5 月 11 日，环保部等九部委局联合下发推进大气联防联控工作改善区域空气质量的指导意见，意见指出，联防联控的重点地区是京津冀、长三角和珠三角；辽宁中部、山东半岛、武汉及周边、长株潭、成渝、台湾海峡西岸等区域，重点污染物是 SO_2、NO_x、颗粒物、挥发性有机物，重点行业是火电、钢铁有色、石化水泥、化工等。指导意见明确：严格控制重点区域新建、扩建除“上大压小”和热电联产以外的火电厂，在地级市市区禁止建设除热电联产以外的火电厂。加强重点 NO_x 减排，重点区域内的火电厂“十二五”期间要全部安装脱硝装置。重点区域火电厂要采用布袋式除尘技术。

2011 年全国人大通过的“十二五”规划纲要对环境提出明确要求：非化石能源消费占一次能源消费的比重达到 11.4%，单位国内生产总值能源消耗降低 16%，单位国内生产总值 CO_2 排放降低 17%，SO_2、NO_x 排放分别减少 8% 和 10%，规划还确定提高能源就地加工水平，减少一次能源大规模长距离输送压力。适应大规模跨区输电和新能源发电并网的要求，加快现代电网体系建设。进一步扩大西电东送规模，完善区域主干电网，发展特大容量、高效率、运距离先进输电技术。

根据上述原则，在“十二五”期间及 2020 年乃至 2030 年，对于辽、京、津、冀、鲁、苏、沪、浙、闽、粤、琼等省市，除已核准和准予开展可行性研究的项目之外不再开煤电口子，如果电力平衡有缺口，一律由西部煤电基地或西南部水电基地送入电力补充，按此原则到 2020 年前需进一步加大西电东送的规模。

据测算，2011~2020 年的 10 年间，新增跨省送电的火电规模最高可达 15 584 万 kW，到 2020 年跨省送火电规模达到 22 615 万 kW。表 12-5 为 2010 年和 2020 年全国跨省电力流的研究结果。

表 12-5　2010 年和 2020 年全国跨省电力流　　（单位：万 kW）

项目	2010 年（实际）	十年新增	2020 年（预计）
水电	3 753	9 664	13 417
火电	7 031	15 584	22 615
其中，陕西	360	2 850	3 210
山西	1 632	1 400	3 032
内蒙古	1 930	6 142	8 072
宁夏	200	950	1 150
新疆		3 050	3 050
安徽	720	−20	700
基地	2 189	1 212	3 401
风电	200	7 220	7 420
全国	10 984	32 468	43 452

其中，从晋、陕、内蒙古、宁、皖五省区煤电基地送出的电力 10 年新增 14 392 万 kW，需要以先进的输电技术将之输往东部，相当于向东部运输 30 396 万 t 煤炭。

12.4　输煤与输电的风险

总体上讲，输煤与输电都是传统产业，技术成熟。近年来铁路运输的技术进步表现为重载线路、大功率机车及智能化运输技术使单位线路的输送能力有所提高；电力输电技术的进步则表现为运行电压的提高（等级）、可控硅阀出现带动的直流输电技术、柔性输电技术、智能电网。近几年输电技术发展很快，这 10 年中已经出现交流 1000kV 的试验示范工程，直流±660kV、±800kV 输电工程，这些技术出现时长尚有限，还没有到评估新技术的时候，但从其一般情况看，技术成熟度还是令人满意的，这使得输电能力大幅度提高。

不论输煤还是输电，都是有风险的，设备损坏或人为错误的操作都可能导致输煤输电系统的中断，要一个运输系统绝对零事故是不现实的，当然也是不经济的，因为对应于每一个可靠性水平，都要有一定的设防水平与之适应，因而投入的代价亦不相同。我们要将设防水平满足设计规程的要求，再在此基础上核算其可靠性。

一般地讲，交流输电系统因为有一个稳定问题，因此输电方案研究时一定要进行电气计算以验证其稳定性，对于长距离大容量输电，考虑的是各个输电环节的事故概率，并且在发生事故而导致输电突然中断时，电网要有足够的应急措施。输电方式选择要经过论证。

能源运输有三种类型的工作要做。第一，同一种能源要有不同运输方式，如煤炭、石油、天然气，可以有铁路、公路、水运、管线等运输方式。要通过比较选取合理的运输方式。就输电而言，可以是交流输电，也可以是直流输电。第二，不同能源的不同运输方式的比较，如输煤还是输电，这在前面已经论述。第三，输送设备参数的选择和优化。

纵观电力工业发展的历史，电最初发明的时候是直流电，但很快就被交流电取代；继三相电力出现后，就开始了大规模的输电。直流输电是在发明了整流逆变技术之后才兴起的，一直到硅整流取代汞弧整流之前，直流输电技术一直是交流输电技术的陪衬。但是硅整流技术发明之后，改变了输电技术发展的轨迹。此前交流输电技术发展的途径主要是输电电压的选择。一般地讲，输送容量与输电电压的平方成正比，提高输电电压时交流输电是优先采用的技术手段。但是随着电压的提高，设备的造价也逐步上升，所以交流输电电压提高出现了逐渐饱和之势。目前，全球正常运行的最高电压，欧、美、俄均为750~765kV。一些国家曾经试验尝试高一级电压，包括日本、意大利、美国、俄罗斯。其中，俄罗斯曾建造了1150kV的输电工程，运行了七八年时间。全世界何以暂停了这一等级的输电技术值得研究。

在我国于2009年试验成功1000kV交流输电工程，在设备研制、设计研究、工程建设、运行管理、规章制度等各方面进行了示范，取得了经验，这为输电技术的进一步发展提供了一种选择。

同时，我国引进了直流输电技术，在三峡输变电工程和南方电网的西电东送直流输电工程中进行了实践，并在此基础上开发应用了±660kV、±800kV的直流输电技术，走在了世界输电技术的前列。我国拥有了交、直流输电的全套技术和实践经验。

今后，我国如何运用已掌握的输电技术来建成我国的电网，是下一个关键性的课题，如何来解决这一课题，还是要回到技术经济的比较中。目前从交、直流技术的发展情况看，都能满足电网的需要。如何选取要看其经济性如何。此外，两项技术的进一步发展又会增添新的比较因素，在这种情况下，多端直流输电技术有可能决定着电网结构的新走向。

第 13 章　主要结论与建议

13.1　主要结论

1）我国在 2001~2010 年实现了电力的大幅度增长，10 年年均增长 11.94%，超过同期经济增长率（10.7%），其原因一是需求的强劲拉动，二是生产关系变革解放了生产力，投资迅速增加。

改革使电力出现了多个发电主体，放宽了发电市场准入，电力投资增长迅速，2010 年完成投资 7417 亿元，在考虑了价格因素影响以后，比 2005 年增长 34.37%，“十一五”期间电力装机增加 4.5 亿 kW，其中火电 3.2 亿 kW；是历史上投产机组最多的时期。同期，煤炭发展速度也较快，“十一五”期间煤炭产量年均增长 8%，依靠煤炭的增长及电力技术进步，单位消耗降低，使 10 年来电煤的供给总体上均衡，满足了火电建设和运行的需要，是保障经济快速健康发展的有力保证。

2）多种运输方式提供了电煤的输送，最主要的输送方式是铁路运输，大约占全部煤炭运输总量的 70%；航运是重要的电煤输送方式，约占 20%；公路运输是必要的补充，大约占 10%。2001~2010 年的电煤运输，特别是电煤的铁路运输，一直是电煤供给的瓶颈，一些地区数次出现电煤紧张，导致缺煤停机现象。今后 10~20 年煤炭产量的增加部分主要在晋、陕、内蒙古、宁、新五省区，这五省区地处北方，距离经济发达地区较远，主要依靠铁路运煤，未来 10 年加快铁路运煤通道建设成为当务之急。

3）在能源消费总量合理控制的约束下，2020 年我国煤电仍有发展空间，研究表明，2010~2020 年的 10 年间煤电新建机组 4.67 亿 kW；而 2020~2030 年煤电增长受抑，仅有 1.60 亿 kW。2010~2020 年电煤需求依然较为强劲，大约需要新增 11.28 亿 t；而 2020~2030 年电煤新增 1.61 亿 t，电煤需求增长将趋缓。

4）要保障电力发展，一是要使煤炭运输满足总量及布局上的要求，二是贯彻输煤输电并举的方针，加大西电东运的规模。未来 10 年煤电西电东送的总规模若达到 1.5 亿 kW，就相当于运输煤炭 3 亿多吨。

5）不论输煤还是输电，都有一定的风险，提高设防水平就会降低风险，但会使成本上升，合理的选择是恰当的风险收益组合。

13.2　建议

1）燃煤发电是煤炭清洁高效利用最重要的形式，也是世界上产煤大国在煤炭清洁高效利用共同走过的道路。我国目前燃煤发电耗用的煤炭约占煤炭产量的一半，这个比例低于产煤大国的水平，特别是低于美国、澳大利亚、南非、德国等国，也低于印度。因此，在未来的10~20年内将煤炭的大部分转化为电力仍应成为我国煤炭清洁高效利用的技术路线之一，提高电煤占煤炭产量的比重仍应成为我国产业技术政策的目标。根据我国工业化进程和产业布局的实际情况，2020年我国电煤比重达到56.7%，2030年达到62.35%是合适的。

2）在我国煤炭作为主要的能源品种将是长期的，为了确保煤电生产的连续稳定和安全可靠，必须保障电煤的供应，而首要的任务就是缓解和消除铁路运输的瓶颈制约。随着煤炭开发重心的西移，西煤东输的规模必将大幅上升，有效地保障西煤东输的手段主要是建设铁路运煤专线或增加既有线路的运能。为了保障湖北、湖南、江西、重庆、四川等煤炭调入省份的电煤供应，也必须尽快建设从煤炭基地向华中诸省运煤铁路，据悉该项工程项目建议书已经国家发改委批准。为此建议：抓紧研究建设新疆煤炭外运铁路专线，近期运量3亿t，远景目标5亿t。具体方案可考虑建设哈密—临河—大秦线通道、建设兰新客运专线，替换下来的兰新线改为货运线，承担一定的运煤任务；建设哈密—中卫—西安的铁路运煤专线，并视情况延伸至重庆、四川。

3）2020年前扩大西电东送规模，新建以先进输电技术支撑的输电通道，大规模的电力输送需要建设多回通道。为此要根据国土资源、走廊资源合理布局，保护预留输电通道的可行性，纳入中长期国土资源开发规划，电力部门要及早作出输电规划，以便于与其他相关部门衔接。

4）在我国电力体制市场化改革进程加快的情况下，发展电力，以先进的输电技术支撑煤炭清洁高效利用要与市场配置资源的功能相协调。在我国能源资源赋存与经济发展客观上逆向分布，大规模输送能源是不可避免的，如何统筹国内国外资源和资源间相互替代，保证可再生能源的持续利用，优化各种用能方式和能源运输方式，都需要通过技术经济论证，寻求最佳最优选择。当前，我国通道占地还没有市场化的作价方法，环境资源的市场化交易也还刚刚起步，先前进行的输煤输电比较所使用的价格比较法和单位耗用法都是不完整的，为此必须进行相关研究，完善技术经济论证法则。

第　二　篇

国内外先进输电技术

第 14 章　本篇概述

我国能源空间分布与负荷分布极不相称，煤炭、水能、风能资源多分布于西北和西南地区，而负荷中心集中在京津唐、长三角、珠三角等经济发达地区，随着我国未来经济的可持续发展和人民生活水平的稳步提高，我国的电力需求仍将迅速增长，远距离输电是解决能源平衡的主要途径，目前我国能源流动方向相对固定，西电东送、南北互供的电网发展策略使先进输电技术重要性凸显，输电技术的发展成为煤炭清洁利用的关键影响因素。

本篇以先进输电技术为中心开展调研和评估，根据我国电网的现状和发展规划，结合先进输电技术的经济技术特性、受端电网承接远距离电源能力、就地发电厂对电网的作用及网架结构分析结果，提出适应长距离煤电输送的输电技术类型、容量和相应电网结构。

第一，本篇总结了国内外先进输电技术。目前，架空输电仍是最主要的输电方式，特高压交、直流输电技术，紧凑型和同塔多回输电技术，柔性输电技术等先进架空输电技术近年来得到长足发展，我国在架空输电技术方面处于世界领先地位。先进架空输电技术的经济技术特性对比说明，特高压输电技术是目前大容量、远距离输电的首选方式，特高压交、直流技术已经进入实用阶段，可满足我国不同区域电能输送要求；在走廊日益紧张的条件下，同塔多回输电技术和紧凑型输电技术可用于提高走廊输送容量，节省土地资源。另外，目前已有多种新型输电技术问世，有望在未来取得突破，开展相关前瞻性研究可以在特定条件下弥补现有输电方式的不足。

第二，针对我国主要受端电网承接远距离电源能力开展研究。本篇总结了 2010 年我国主要受端电网——华北、华中、华东和南方电网的用电负荷、电源装机和电网结构情况；分析了我国主要受端电网的发展现状；研究了华北、华中、华东和南方电网的电网结构特征。本篇阐述了我国主要受端电网的发展规划；分析了我国主要受端电网承接远距离电源能力，在外送电规模、送电方式（网对网、点对网）、送电电压等级（500kV 交流、100kV 交流、±500kV、660kV、800kV 直流等）和送电容量、送电类型（水电、火电、风电、风火打捆、风水打捆）、受端落点分布、受端电网安全性（潮流、稳定、短路）等方面条件不同的情况下下，分析了不同电网规划下受端电网承接远距离电力的能力。

第三，本篇研究了受端电网就地发电厂对电网的作用和影响。探讨了我国各受端电网的能源特点与主要的就地发电厂类型，从火力发电厂、水力发电厂、核能发电厂及以风力发电厂为代表的新能源电厂出发，分析对比了不同类型的就地发电厂的特征。本篇分析了常见的就地发电厂接入电网方式，并对不同接入方式的特点和适用范围作出了分析，考虑到就地发电厂接入系统后会对受端电网造成影响，分别从对大气、水资源、土地资源方面探讨了对就地发电厂建造地环境的影响，考虑到电网优化问题，提出了就地发电厂建设布局的方案。针对就地发电厂建设过程中可能存在的问题作出了分析，并提及当前制约就地发电厂建设的一些因素，综合考虑到区域规划和电厂建设对电网的影响，对就地建设发电厂的方案提出了建议。

第四，本篇分析了我国电网适应长距离煤电输送的网架结构。从环境、占地、经济性及安全性四个方面，阐述了制约长距离煤电输送的关键因素。环境方面，主要考虑长距离输电对沿途生态环境的影响；占地方面，考虑长距离输电通道对土地资源的占用；经济方面，需要考虑输电通道的投资及成本/效益分析；安全方面，则主要考虑自然灾害对长距离输电安全运行的影响。以我国未来电力流格局为基础，给出了长距离煤电输送的主要通道，包括：西北煤电外送华中、内蒙古煤电外送华北/华东，以及东北煤电外送华北等，进而结合具体案例对各输电通道的选择和容量估算进行了分析。本篇提出适用于大容量煤电输送可采用的输电技术、受端电网的构建模式和可输送的煤电规模。

本篇为不同条件下输电技术的经济合理选择、电网结构的布局和调整提供基础，以期在较长远的未来满足我国节能降耗、资源节约、环境友好的需要。

第 15 章　国内外先进输电技术分析

在“西电东送”战略的推动下，我国的输电技术得到了长足发展，高电压大容量远距离输电技术达到国际领先水平，我国先后建成了西北 750kV 输变电示范工程、目前世界上运行电压最高的±800kV 特高压直流和 1000kV 特高压交流试验示范工程，基本实现国产化，掌握了特高压输变电及其装备制造的核心技术。

15.1　先进架空输电技术

15.1.1　特高压交流输电技术

特高压交流输电相较于超高压输电方式，主要具有输电能力强、输电损耗低、节约输电走廊占地面积的特点，在大容量、远距离输送电能方面具有明显的经济优势；此外，特高压交流输电方式可实现大规模跨区域的电网互联。

各国的研究、试验表明，技术问题已不再是特高压输电发展的限制性因素，特高压电网出现和发展的进程是由各国大容量输电需求所决定的（徐政，1995）。2009 年 1 月，国家电网公司晋东南—南阳—荆门特高压交流试验示范工程投产，实现华北电网和华中电网的水火调剂、优势互补，具有错峰、调峰和跨流域补偿等综合社会效益和经济效益。线路全长 650km，采用 $8\times500mm^2$ 的导线，当功率为 5000MW 时，线路损耗率为 2.6%，每百千米线路损耗率为 0.4%（刘振亚，2005）。交流特高压与超高压线路输送能力与输送距离比较见图 15-1。

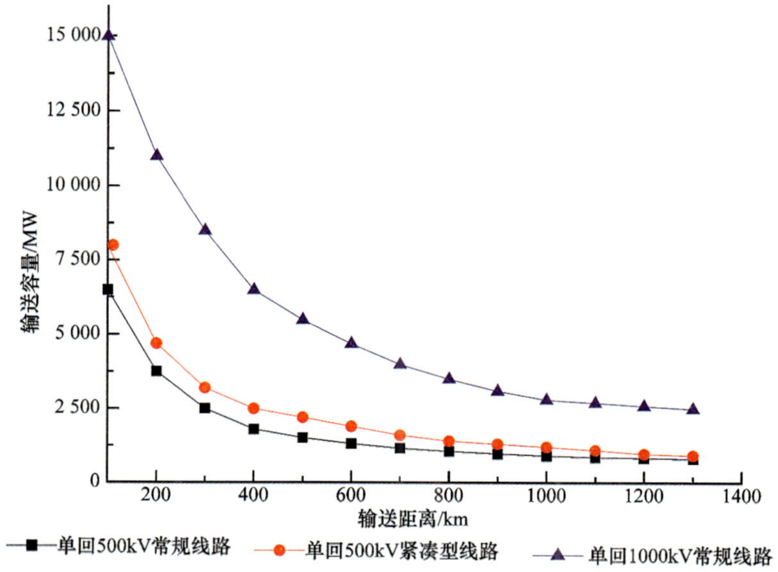

图 15-1　交流特高压与超高压线路输送能力与输送距离比较

15.1.2 特高压直流输电技术

特高压直流输电具有如下特点：①更适合大功率、远距离输电；②系统中间无落点，可点对点、大功率、远距离直接将电力送往负荷中心；③可以减少或避免大量过网潮流，可按照送受两端运行方式变化而改变潮流；④在交直流并联输电的情况下，利用直流有功功率调制，可以有效抑制与其并列的交流线路的功率振荡，包括区域性低频振荡，明显提高交流系统的暂态、动态稳定性能（刘振亚，2011；中国南方电网公司，2006）。

特高压直流输电与特高压交流比较，具有线路造价低、损耗小、输送距离远、输送容量大、无稳定性问题等优势。发展±800kV 特高压直流输电技术，符合科学发展的要求和我国的国情。2009 年 12 月，世界首个±800kV 特高压直流输电工程——云广特高压直流输电示范工程投产，输送容量 5000MW，送电距离约 1400km，导线规格为 6×630mm^2。西南能源基地的强大电流将通过这条新通道，源源不断地送往电力消费大省广东。世界最大的特高压直流输电工程——向家坝至上海特高压直流输电工程也已建成投运，输送容量 6400MW，送电距离近 2000km，导线为 6×720mm^2。

±800kV 特高压直流输电工程的关键技术、设备研制等主要问题已经解决，特高压直流输电技术已经在我国率先进入实用阶段，同时，通过提高核心器件的通流水平，我国已具备容量 7000MW 以上的电能输送能力。

目前我国已投运的直流工程电压等级包括±500kV、±660kV、±800kV，为了进一步提高输送距离和输电容量，实现跨大区超长距离的集中送电，消纳大电源基地电力外送能力，有效缓解送电需求与输电走廊紧张、换流站选址困难间的矛盾，我国已经组织±1000kV和±1100kV 电压等级特高压工程技术的可行性分析、设备制造技术研究。不同电压等级直流工程线路所占比重和投资额度如表 15-1 和表 15-2 所示，典型损耗如表 15-3 所示（刘振亚等，2008）。

表 15-1　各电压等级直流线路投资占总投资的比重　（单位:%）

电压等级/kV	800km	900km	1000km	1200km	1400km	1600km	1800km
±1000	17	18	20	23	26	28	31
±800	21	23	25	28	31	34	37
±660	23	25	27	31	35	38	41
±500	24	26	28	32	36	39	42
电压等级/kV	2000km	2200km	2500km	3000km	3500km	4000km	4500km
±1000	33	35	38	43	46	50	53
±800	39	42	45	49	53	57	59
±660	43	45	49	53	57	60	63
±500	44	47	50	54	58	61	64

表 15-2　各电压等级直流输电工程投资额度　　（单位：万元/MW）

电压等级/kV	800km	900km	1000km	1200km	1400km	1600km	1800km
±1000	2541	2605	2670	2801	2933	2999	3066
±800	2276	2341	2407	2541	2676	2744	2813
±660	2197	2270	2345	2495	2648	2725	2803
±500	2020	2089	2158	2299	2445	2519	2594
电压等级/kV	2000km	2200km	2500km	3000km	3500km	4000km	4500km
±1000	3200	3335	3472	4030	4388	4755	5129
±800	2952	3093	3236	3828	4215	4617	5035
±660	2960	3120	3282	3955	4398	4858	5338
±500	2747	2904	3066	3761	4238	4754	5314

表 15-3　直流输电电压等级与线损率的关系

输送距离/km	直流电压等级/kV	典型输送容量/MW	典型线路型号	线损率/%	变化率/%
1000 以下	±500	3000	$4\times720mm^2$	4. 49～7. 48	0. 6
1000～1400	±660	3960	$6\times630mm^2$	5. 85～7. 58	0. 43
1400～2500	±800	7200	$8\times630mm^2$	5. 98～9. 50	0. 32
2500 以上	±1000	9000	$8\times800mm^2$	6. 54～10. 58	0. 2

15. 1. 3　同塔多回输电技术

同塔多回输电技术是指在一条输电线路上并架多回线，从而压缩线路走廊占地并提高其单位走廊输电能力的输电技术，包括同电压等级同塔多回、不同电压等级同塔多回、交直流同塔多回等。同塔并架多回输电在杆塔结构与导线布置、绝缘设计、保护方式、运行和检修、耐雷水平、电磁环境等方面都与常规单回输电有所不同，给应用带来一些问题。虽然同塔多回输电技术实施难度较大，但不存在难以逾越的技术障碍。国内外同塔多回输电技术的研究和运行实践表明，采用同塔多回输电是减少线路综合造价、缓解线路走廊紧张矛盾、节省土地资源的有效手段，特别适宜于在经济发达、人口稠密的地区推广应用，具有明显的经济效益和社会效益。为适应我国经济的快速增长和500kV、750kV、1000kV 输电线路建设发展的需要，鉴于越来越困难的线路走廊的选择和日趋增长的拆迁费用，应尽可能地压缩输电线路走廊和增加输送容量，因而，同塔多回输电技术越来越得到我国电力行业的重视（关志成等，2010；周传让等，2010）。

系统要求的输送容量的大小往往决定着导线截面积的大小和回路数的多少，而走廊宽度的大小则通常影响着导线排列方式和塔型的选择。以下情况宜采用同塔多回路方案。

1）线路通过大城市近郊规划区和经济开发区，以及发展速度比较快的城镇附近的拥挤地带。

2）线路通道中需要动迁大量建筑物和其他设施，对社会生产、生活及工程投资影响很大的线段。

3）线路通过成片林区，需要大量砍伐，对森林资源、生态环境和工程投资影响很大时。

4）大型电站和变电所进出线段应根据发展规划，按同塔多回路安排线路走廊。

5）江、河、湖、海大型跨越线路，当跨越点资源有限，远景可能出现多回路者，宜按多回路设计。

同塔双多回输电技术应用在走廊限制较大的地区，能大大降低征地等方面的费用。20世纪80年代以来，我国华东、广东地区由于经济发展对电力需求的高速增长，同时又由于我国沿海地带土地资源的紧缺，只建单回输电线路已无可能。1988年的华东地区的石黄、南杨等500kV输电线路工程、1990年的广东沙增等500kV输电线路工程就先后采用了同塔双回路的设计。随后，东北、浙江、江苏、山西等地区的多条500kV输电线路工程就大量采用了同塔双回路的设计。近几年，随着城市建设的发展，甚至新建线路都要在已有老线路上进行拆改，大连已建两回500kV和两回220kV同塔4回路。大输送容量的需求使华东和广东也建设了同塔四回500kV输电线路。目前，已建成750kV同塔双回输电线路，正在开展1000kV交流、±800kV直流同塔多回输电线路。同塔多回输电技术是我国今后电网建设发展的必然趋势，可用于提高输送走廊的电能输送容量。

15.1.4 紧凑型输电技术

紧凑型输电线路是指通过对导线的优化排列，将三相导线置于同一塔窗内，三相导线间无接地构件，可以提高自然输送功率、减少线路走廊宽度、提高单位走廊输电容量的架空输电线路。其特点是能显著缩小相间距离，减少线路走廊，提高线路自然功率（Gong et al.，2000；王绍德和李耀玲，2000）。

紧凑型线路增加了相分裂子导线根数，取消杆塔的相间立柱，三相导线都布置在塔窗之内。同时，导线采用三角形排列，采用V型绝缘子串以限制摇摆幅度，缩小相间距离以提高传输功率。它对减小线路走廊宽度、地面电场、均匀导线表面电荷分布作用显著。相导线布置和分裂导线结构全部采用对称分布，便于施工和维护，国内外已有持续安全运行和维护经验。

紧凑型输电线路具备以下几个优点：

1）线路输送功率比常规线路有很大提高。紧凑型输电技术的线路电容增大、电抗减小、波阻抗减小，自然功率提高。例如，昌平—房山线路，其自然输送功率为1309.6MW，是常规线路的130%（2000年5月6日大负荷试验时线路功率1380MW持续运行1h，1600MW运行30min，一切正常），单位走廊宽度的自然功率是常规线路的5倍。这就是说紧凑型线路可以在给定的走廊宽度内大大增加自然功率，这就能满足未来大量输电的要求。

2）线路走廊宽度大为减少。对于线路走廊紧张、输送功率大的地区因地制宜采用紧凑型输电，可为大型水电、火电站解决线路走廊问题。尤其是当线路经过森林、城镇、陡峭山坡及进出厂（站）时，紧凑型线路的优势更明显。

3）紧凑型线路的地面电场强度大大降低，高场区域宽度大大减小，改善了电磁环境。这主要是保证地面行人、牲畜、车辆的安全。

4）三相电荷平衡度较好（尤其是三角形排列），数百千米无须换位。

同时，紧凑型输电线路也存在一些问题：

1）充电功率明显大于同电压等级的常规线路，线路有功损耗较大，功率变化时末端电压波动较大，需要解决无功补偿问题。

2）相间电容及相间互感较常规线路大，潜供电流和恢复电压较大。

3）由于参数差异较大，与常规线路并联运行时可能会产生环流，对继电保护的整定和配合也可能产生影响。

4）由于紧凑型线路传输功率较大，因故障断开后造成相联系的常规线路的功率可能超限，从而限制了紧凑型线路在提高整体系统传输能力时作用的发挥。

5）在大挡距时，需相间加装间隔棒。

随着复合绝缘子价格的下降，占地赔偿价格和线路走廊通道障碍物拆迁、林木植被的保护费用的提高，紧凑型输电线路综合造价还会进一步降低，采用紧凑型线路的社会、经济效益会更加显著。近年来，我国既侧重缩小线路走廊，又要求提高线路输送能力，对紧凑型输电技术研究和应用取得了重大成果。北京昌平、房山 500kV 输电线路是中国第一条超高压紧凑型输电线路。目前，已能在紧凑型输电线路上进行多种带电作业，而且均能保证带电作业人员的安全。我国 500kV 同塔双回紧凑型输电线路也已投运，正在研究 750kV 同塔双回紧凑型输电线路。根据紧凑型线路的特点及优势，为提高输电容量，缓解走廊矛盾，降低工程造价，保护生态环境，紧凑型线路将在 110kV、220kV、330kV、500kV、750kV、1000kV 各电压等级上全方位推广应用，特别是在负荷中心的城市郊区及人口稠密区，其优点尤为显著。

15.1.5　柔性交流输电技术

交流输电线路输送的功率由线路两端的电压、线路阻抗和两端电压的相位差决定。要实现功率潮流的连续快速调节，就需要有连续快速调节电压、阻抗、相角这三个参数中一个以上的技术。柔性交流输电技术（FACTS）的核心就是利用电子器件可以按照控制系统的要求在任何指定的相位开通（或断开）的特性，应用现代换流技术和控制技术，实现电压、阻抗或相位大幅度柔性控制（FACTS Terms and Definitions Task Force of the FACTS Working Group of the DC and FACTS Subcommittee，1997）。其在输电系统中的主要作用如下。

1）可大幅提高输电线路的功率极限至导线的热极限，减缓新建线路和提高现有线路的利用率。

2）有助于减少和消除环流或振荡，有助于在电网中创造电力定向输送条件，有助于提高现有输电网的稳定性、可靠性和供电质量，有助于进一步减小网损和系统热备用容量，还有助于防止连锁性事故扩大、减少事故恢复时间及停电损失，有助于方便、迅速地改变系统潮流分布。

3）对已有常规稳定或反事故控制的功能起到补充、扩大和改进的作用，同时使得 EMS 的效益得到提高，有助于建设全网统一的实时控制中心，从而使全系统的安全性和经济性有一个大的提高。

4）应用 FACTS 控制器的方案常常比新建一条线路或直流换流站的方案投资要少，

FACTS 控制器组可改变交流输电的功能范围，甚至扩大到原属于 HVDC 专有的那部分应用范围。

显而易见，利用柔性交流输电技术，提高输电系统的可靠性、可控性和运行效率是极为重要和有效的，因而具有特别广阔的应用前景。FACTS 近年来发展十分迅速，所包含的器件不断增加，FACTS 开发项目的具体装置日渐增多，目前已知的有 20 多种，这些装置展示了 FACTS 丰富多彩的内涵。

尽管柔性交流输电技术已在多个输电工程中得到应用，并证明了它在提高线路输送能力、阻尼系统振荡、快速调节系统无功、提高系统稳定等方面的优越性能，但目前 FACTS 的应用还局限于个别工程，如果大规模应用 FACTS 装置，还要解决一些全局性的技术问题，如多个 FACTS 装置控制系统的协调配合问题。随着电力电子器件性能的提高和造价的降低，以它为核心部件的 FACTS 装置的造价会进一步降低，可能会在不远的将来比常规的输配电方案更具竞争力。

15.1.6 柔性直流输电技术

柔性直流输电技术采用基于可关断器件的电压源换流器，具有关断电流的能力，应用脉宽调制技术进行无源逆变，对受端系统的容量没有要求，解决了常规直流输电向无交流电源的负荷点送电的难题，其灵活的控制方式和理想的运行特性也有助于提高交流电网的电能质量。

目前，我国对常规高压直流输电技术的研究相对深入和成熟，在国内多个直流工程中进行了广泛实践，并建设了世界上电压等级最高的±800kV 特高压直流工程。而对于柔性直流输电技术的研究还处于起步阶段，仅在风电场接入方面开始进行实践研究，缺乏成熟的工程经验，在孤立地区和小规模送电等其他领域的应用也尚属空白。我国正在大力开发清洁新能源，城市电网也将面临供电能力不足、短路电流超标、直流负荷增长等问题，柔性直流输电技术为弥补传统高压交直流输电技术的不足提供了新的途径。

柔性直流输电技术的特点（胡航海等，2011）如下。

1）电流能够自行关断，可以工作在无源逆变方式，不需要外加的换相电压，受端系统可以是无源网络，能够像小容量系统或不含旋转电机的系统供电，使远距离的孤立负荷直流送电成为可能。

2）控制灵活方便。正常运行时，可以同时且独立地控制有功和无功功率，不仅不需要交流侧提供无功功率，而且能够起到静态同步补偿器的作用。

3）系统在潮流反转时，直流电流方向反转为直流电压极性不变，有利于构成潮流控制方便可靠的并联多端直流系统，克服了常规多端直流系统并联时潮流控制不便、串联时又影响可靠性的缺点。

4）采用脉宽调制控制技术，开关频率相对较高，经过高通滤波后就可以得到所需的交流电压，不需要变压器，简化了换流站的结构。

柔性直流输电系统对辅助设备的需求较少，换流站可以建得相对紧凑。一个功率为 20MW、电压低于 30kV 的柔性直流换流站占地面积不到 $250m^2$，1 个 250MW 的柔性直流换流站占地面积为 $3000m^2$，估算其单位容量占地面积为 $12\sim15m^2/MW$；而一个 300MW ±500kV直流换流站占地面积约为 $33m^2/MW$。可见，柔性直流换流站占地面积不到常规高压直流换流站的一半，可大大减少建设成本和占地面积。相对于交流变电站，柔性直流换流站在节约占地方面也有一定优势。另外，柔性直流输电采用的直流电缆比交流架空线路所需的走廊宽度要小，而且输送容量大于交流电缆。

如果单纯就设备成本和建设成本而言，目前柔性直流输电技术的应用还相对昂贵。国外研究表明，综合考虑线路、换流站的投资及损耗等，当输送距离超过 35～45km 时采用柔性直流输电技术对城市电网进行送电才能优于交流输电技术。而目前利用电缆对城市电网进行供电的距离一般不超过 20km，因此，柔性直流输电需要降低大约 50% 的成本才能体现其经济性。

国外关于海上风电场电能输送的实践经验表明，随着输送距离和输送容量的增长，直流输电的经济性越来越凸显。当输送容量小于 300MW 时，建议使用交流输电；当输送容量超过 300MW 或是输送距离超过 250km 时，建议使用柔性直流输电；当输送容量超过 500MW 时，建议使用常规高压直流输电。

由于柔性直流输电大部分成本在于半导体器件，从长远看，随着大功率电力电子器件成本的不断降低及换流站模块化设计的完善，柔性直流输电成本将迅速降低，且具有良好的经济性和明显的优势。

展望柔性直流输电技术的未来应用，主要有以下几方面。

（1）有助实现可再生能源开发

我国有着极丰富的风能资源，实际可开发量达到 230GW，主要分布在东南沿海及其岛屿、西北、华北和东北地区。除少数风能就地消耗外，大部分风能都需要并入主网，实现远距离输送。对于容量、距离满足不了传统高压交直流输电经济可行性要求的风电场，利用柔性直流输电并网、对负荷中心进行供电具有明显的优势。我国目前正在上海南汇风电场研究建设实施柔性直流输电技术并网示范工程，积累了重要的研究经验。

（2）便于实现分布式电源接入

随着储能技术的日益成熟，采用太阳能等分布式电源实现家庭供电的智能楼宇将相继出现，利用柔性直流输电技术搭建微电网，一方面将过剩的分布式电源接入主网，另一方面在分布式电源不足的情况下进行补充供电。目前，日本在这方面进行了大量研究，开发了交直流混合配电盘实现直流供电。我国高科技家电的普及和智能化需求为柔性直流输电技术提供了广阔的空间。另外，海上发电等小规模电源，利用柔性直流输电技术实现接入，一方面可保证这些地区供电稳定，另一方面也可避免能源浪费或环境污染，如海上采油平台不需要燃烧多余气体就可以转换成电能传输到电网中。

（3）便于实现偏远孤立地区的供电

我国一些偏远地区，如新疆、西藏的无电地区等远离电网的地区，负荷轻而波动大，地区与交流主网连接在技术和经济上都难以实施。沿海岛屿、天然气井或原油井等负荷也只能依靠就地火电厂，且往往是柴油发电机。柔性直流输电技术可以通过直流电缆将交流主网中高效电厂（如坑口电厂或水电厂）的电能传输到偏远地区或孤岛负荷地区。

（4）城市电网增容与直流供电

城市由于土地资源的限制和电网建设的环境要求，采用地埋式直流电缆进线输电，既可以回避线路走廊的问题，又能够有效控制短路容量，提高输电容量，因此柔性直流输电技术将成为城市电网增容的可靠方式。以 115kV、70km 的交流架空线路为例，将其改成±100kV 双极式柔性直流输电供电后，线路容量可提高 1 倍，达到 200MW。利用柔性直流输电技术对城市电网进行供电，一方面可以快速控制系统有功和无功，改善电能质量等，另一方面可以灵活控制交流侧的电流，解决城市电网断流电流超标问题，保证城市电网的供电安全。

15.1.7 孤岛运行技术

我国电力工业迅速发展，采用特高压直流输电技术不但有利于加大输电规模，节约大量的输电走廊资源，还可以限制负荷中心短路容量，提高电网的安全稳定水平。我国±800kV 云南—广东和±800kV 向家坝—上海特高压直流输电工程已经成功投产。

云广直流在规划设计阶段就确定送端孤岛运行方式将作为云广直流双极运行时的正常运行方式之一，《南方电网 2010 年度运行方式报告》也提出云广直流双极功率在 3800MW 以上时，拟安排孤岛运行（吴小辰等，2011）。

向上直流是金沙江水电外送的首个投产的直流工程。根据规划，送端复龙换流站通过至 500kV 泸州变电站的 3 回 101km 的交流 500kV 线路与四川主网单点联系。如果在某些条件下失去全部线路，送端换流站及金沙江区域电网将进入孤岛运行。

以云广±800kV 直流输电工程为例，孤岛运行方式的优点如下。

1）输电能力高。孤岛运行方式下，云广直流单极闭锁不再是云南外送能力的约束，云南外送输电能力得到提高。云广直流的前期研究表明：直流孤岛满送条件下云南外送输电能力可提高 1000MW 以上。随着南方电网西电东送网架的加强，云广直流孤岛方式与联网方式输电能力差值有所减少。2010 年云广直流孤岛送小湾电站 4200MW 电力时，云南外送极限较联网方式提高约 550MW。

2）系统稳定特性好，减小对安稳系统的依赖，降低安稳系统拒动风险。云广直流孤岛运行时，直流双极闭锁故障仅造成主网频率降低，不会造成暂稳或动稳问题，交流系统稳定水平显著提高。

孤岛运行方式的缺点主要如下。

1）直流运行工况差，送端系统设备运行风险增大。云广直流孤岛运行时，送端系统短路比最大 1.8，远低于常规直流设计应满足的短路比不低于 2.5 的要求。孤岛运行时短路比低，导致直流闭锁时换流母线过电压水平较高，对滤波器大组开关设备性能提出非常高的要求，同时要求直流控制保护系统、安稳系统和发电厂控制保护系统相互配合。

2）安稳系统、直流控制保护系统复杂。安稳系统和直流控制保护系统必须适应云广直流孤岛和联网运行方式。此外，孤岛运行方式下为抑制过电压，安稳系统和直流控制保护系统需要相互配合。例如，双极闭锁时在跳开换流变前需先跳开滤波器等。

3）孤岛系统对电网运行人员的驾驭能力提出更高要求。孤岛系统规模小，系统元件参数误差对系统仿真精确度影响大，对仿真工具的仿真准确性提出前所未有的要求，需要通过孤岛试验数据对目前仿真软件 BPA 及 RTDS 的仿真准确性进行校验。

从电网风险的角度看，孤岛运行可避免直流双极闭锁后安稳拒动引起的系统失稳，降低大电网安全对安稳系统的依赖性。但孤岛系统使得楚雄换流站设备运行风险增加。楚穗直流是否为孤岛运行需要同时兼顾系统分析和设备运行风险。

15.2　先进输电技术经济比较分析

对比各种先进架空输电技术的技术成熟度、基本特点、环保成本、建设成本、运行长度、可靠性等指标，分析各种先进架空输电技术的经济技术特性，如表 15-4 所示。

表 15-4　各输电技术的技术推广成本和投资效益分析

技术名称	技术特点			经济性能	成熟程度
	远距离	大容量	节约走廊（10 000MW 走廊宽度）		
特高压交流输电	500～1000km	5000MW 以上	120～160m	本体单位容量比 500kV 常规交流方案节约 30%；节省导线材料约一半；节省铁塔用材约 2/3	示范工程已投运 1 年
特高压直流输电	1000～4000km	5000MW 以上	120～160m	线路造价低，线路损耗小，无稳定性问题	已有 2 条线路投运
紧凑型输电	有一定程度提高	提高线路自然功率 30%以上	节省 40%	本体单位容量比常规型线路节省投资约 10%，总体还与走廊价格有关	成熟
同塔多回输电	—	提高近一倍，与相序有关	非常明显	本体单位容量与常规型线路近似相等，总体还与走廊价格有关	成熟
柔性交流输电	有一定程度提高	提高线路输送能力 30%～50%	—	本体较贵	特高压应用技术待开发

结合上面的分析可知，为选择满足我国电能传输需求的有效、现实途径，各种输电技术的适用场合、容量范围、距离范围如图 15-2 所示。

在我国未来输电网络的建设中，大容量、远距离输电方式将以特高压交直流输电技术为主。一方面，采用特高压直流输电方式实现我国西南水电基地与西北火电和新能源基地的大规模电能外送；另一方面，考虑采用特高压交流输电方式实现大规模跨区域的电网互联。

综合考虑先进输电技术的经济性和技术条件，输电方式与输电距离和容量的基本关系如下。

1）对于交流输电，根据《能源基地建设及电力中长期发展规划深化研究》（国网

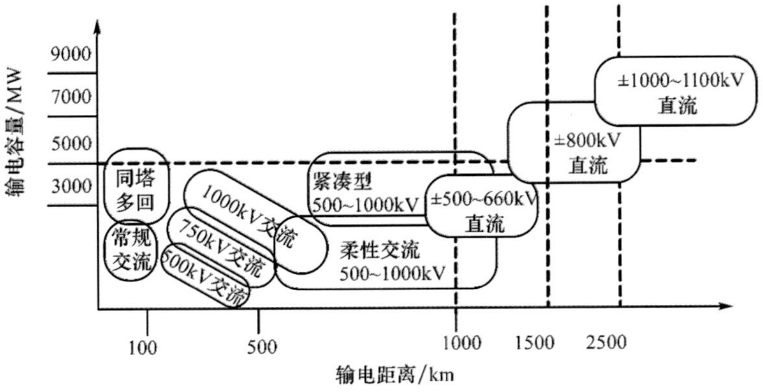

图 15-2 输电能力需求及适用输电技术分析图

北京经济技术研究院，2006)，500kV 交流的输电距离应在 700km 以下，700km 以上应选用 1000kV 交流。

2) 对于直流输电，根据《直流输电电压等级序列研究》(刘振亚等，2008)，容量和距离与电压等级的关系如表 15-5 所示。

表 15-5 直流输电的输送距离、电压等级与典型输送容量关系

输送距离/km	直流电压等级/kV	典型输送容量/MW
1000 以下	±500	3000
1000～1400	±660	3960
1400～2500	±800	7200
2500 以上	±1000	9000

这 4 个电压等级采用两种通流能力的晶闸管，获得 4 种输电容量，这 4 种输电容量级差合理，与交流电网的实际需求和适应能力相匹配，基本涵盖了我国未来电网发展的需要。可行性研究结果表明，±800kV 电压等级送电容量可达 8000MW；2500km 以上直流工程可选择±1000kV 或±1100kV 电压等级，容量可达 10 000MW。

不同电压等级的单位造价对其经济输电距离有影响，造价越高，越不利于高电压等级输电技术的推广应用；电价高低对不同电压等级直流系统的经济输电距离有影响，高电压等级直流系统对电价的适应性更好。

3) 根据工程经验，当输送距离超过 600～700km 时，直流架空线路比交流架空线路经济；而直流电压作用下电缆击穿机理不同，在相同电压等级下，直流电缆的绝缘要求低于交流电缆，当输送距离超过 40～50km 时，直流电缆线路比交流电缆线路经济。

4) 对于柔性直流输电技术，根据《柔性直流输电技术的发展与展望》，当输送容量小于 300MW 时，建议使用交流输电；当输送容量超过 300MW 或是输送距离超过 250km 时，建议使用柔性直流输电；当输送容量超过 1500MW 时，建议使用常规高压直流输电。

根据我国能源背景和负荷分布的情况，特别是西电东送电源点和目标落点的分析，可以将我国各种具体情况下的输电能力需求概括为以下几类：

1）输电距离为 1000km 以上，特大容量（普遍 3000MW 以上）由电源点外送，如西南水电（金沙江、大渡河、雅砻江等梯级水电站）外送华东、华南。

2）电能由远距离输电后的落点向负荷中心输送、区域电网内部的大电厂（群）向负荷中心输送，输电距离为 100～200km，大、特大输送容量。代表性的有上海周边落点向上海送电、华东的沿江通道等。

3）电网间和大电网内区间电力输送，输电距离数百至上千千米，大容量输送。根据西部电源点开发的时序和容量可以看到，西北煤电和黄河上游水电单个电源点规模都在为 1500MW 以上，大都为 2000～4000MW，这些电力由西北电网送到华北的输电距离为 600～1000km。同时，西南水电送往华东、华南的交流规划中也会在 300～500km 有落点分配部分电能。

根据以上我国输电能力需求的分析可以看出：对于第一类 1000km 以上的单个或多个大电源点外送，超高压、特高压直流输电是最优选择，既能很好地满足电源点输送容量的需要，又在直流输电的最优适用距离之上。

对于第二类短距离的大容量输电，其限制条件主要是导线的热极限，稳定性条件基本不起作用，因此需要根据不同的实际情况适合考虑选用大截面导线和耐热导线等，同时采用同塔多回的形式，由于输电距离短，倒塔的概率小，可靠性问题相对并不严重。

对于第三类 1000km 以下的远距离的大容量输电，常规 500～1000kV 由于受到静态稳定和暂态稳定的限制，输送能力随距离的增加会迅速下降，常规的柔性交流输电技术可以解决一部分问题，但是线路的回路数和走廊占地会相对较多。

在特高压输电技术的基础上，紧凑型输电、同塔多回输电、大截面导线、耐热导线等将是未来超、特高压架空交流输电所采用的主要技术方式。目前，特高压交流示范工程已经运行，特高压直流工程已投运。因此，紧凑化将是下一步的目标。从国内外发展情况分析，紧凑型线路的相关参数如分裂导线、子导线半径、相间距离等都有进一步优化的空间。根据当前我国电力发展的趋势，紧凑型输电技术将呈多元化发展格局。大量工程应用表明，紧凑型输电技术的应用前景广阔，是当前加强电网建设与国家可持续发展战略方针相协调的新技术之一。但是单一的输电技术并不能满足未来超高压输电的需要，几种输电技术的综合运用将更能发挥其技术的优势（张国光，2007）。

（1）同塔多回+紧凑型输电

建设同塔双回紧凑型线路，不仅是国外的发展趋势，也是我国超、特高压电网建设中的实际需要。建设紧凑型线路（单回），虽能节省线路走廊，但较之于建设多回路线路来讲，其优势仍不明显。而建设同塔双回紧凑型线路就解决了这个问题，即紧凑型线路，不仅能建设单回路，同时也可建设同塔双回线路乃至同塔多回路线路，除保留紧凑型线路在电气上的优点以外，节省线路走廊的效果也将更为明显。

（2）柔性+紧凑型输电

柔性+紧凑型输电是指：在以减小相间距离实现压缩走廊宽度和提高自然功率的紧凑型输电线路上，配置较大幅度调节线路参数的 FACTS 设备，实现稳定性条件下远距离大容量输电的交流输电系统。在我国现有技术的条件下，对于 500kV 输电电压等级，在我国倒三角排列的远距离紧凑型输电线路上，配置可控串补（TCSC 结合 FSC 的形式）以提高静态和暂态稳定条件下输送能力的输电系统形式，能够体现柔性紧凑型输电模式的本质特点，同时也是我国最具实用和发展前景的柔性紧凑型输电系统形式。

此外，还有其他多种新型输电技术的综合应用。随着同塔多回输电、紧凑型输电、新型导线的普及，多回远距离大容量架空输电线路的单位走廊输送容量将比现在提高 1 倍以上；在城市附近架空输电线路的单位走廊输送容量将比现在提高 2~3 倍。

在过去很长一段时间内我国都是以交流输电通道为主，但是随着电网规模的逐渐增大，交流输电的局限性特别是交流远距离输电所引起的同步电机的稳定性等问题日益明显。加上电力电子器件的广泛应用，直流输电的优越性日益显现，形成了当今长距离交直流混合输电的发展模式。交流输电和直流输电在电网中的应用各有特点，两者是相辅相成、互为补充的关系。

根据我国送端煤电基地到受端负荷中心的输电距离，大型煤电基地外送的输电通道从 500kV 交流、750kV 交流、1000kV 交流、±500kV 直流、±660kV 直流、±800kV 直流、±1000kV 直流几种输电通道中选择。根据国家电网特高压骨干网架规划对特高压交、直流输电在电网中的应用定位，1000kV 特高压交流定位于更高一级电压等级的网架建设和跨大区联网送电，同时与现有 500kV、750kV 电网共同构成各区域电网主网架，在各自合理的容量和距离范围内发挥电力输送的功能；±800kV 和±1000kV 特高压直流输电定位于我国西部大水电基地和大煤电基地的超远距离大容量外送上。京津冀鲁、华中四省、华东地区是全国的负荷中心地区，适合规模性地建设覆盖全地区的特高压同步电网。

从输电损耗和走廊占地来看，不论交流还是直流输电，其电压等级越高，其输电损耗越小，输送相同电力的走廊占地面积也越小。除输电的经济性外，大型煤电基地外送输电通道的选择还应综合考虑交直流的功能定位、网架建设、受端地区近期和远期的电力需求、不同输电通道的输电损耗、走廊占地等因素，才能选择合适的输电通道。

随着远距离输电线路功率的提高，单回线路故障对受端电网的影响更加突出，为了保证电网的安全和稳定运行，应慎重选择线路的额定容量，避免因功率损失过大造成的电能波动和大面积停电等安全稳定问题。

15.3 前瞻性输电技术展望

15.3.1 电缆输电技术分析

目前，电力电缆正广泛应用于世界各地的现代化城市电网中，作为城市电网中的重要设备，它的发展速度极快，平均年增长量达到 35%。电力电缆经历了从充油电缆（OF 电缆）、钢管电缆到交联聚乙烯电缆（XLPE 电缆）、高温超导电缆的发展与革新过程（杜伯学等，2010）。

随着电力负荷的增加、电压等级的提高及人们安全环保意识的增加，电力电缆的相关技术也在不断更新，包括超高压与特高压电缆、特高压直流电缆、超导电缆、电缆绝缘新材料、电缆绝缘层厚度的减薄、外护套无卤化、终端无油化等。这些新技术的不断出现，对电力电缆的安全运行、保障供电可靠性、减少环境污染、降低制造及运行成本等方面都有重大意义。

日本电缆企业数居世界第一位，电缆生产量居世界第二位，其城市电缆网络建设开始时间很早，现已十分成熟。目前，日本电缆线路的最高电压等级是 500kV，其中较长的线路 500kV 新丰洲至新京叶电缆线路，长度为 40km，双回路设计；±500kV 阿南纪北直流线路，在联接关西与四国海域采用海底电缆，长约 50.7km，单回双极设计，目前降至±250kV 运行。电缆线路分为 22kV、33kV、77kV、154kV、187kV、275kV、500kV 等电压等级，其中绝大多数是 77kV 等级线路。

德国柏林从 1978 年开始建设 380kV 电压等级电缆线路，目前输配电线路拥有 380kV 电缆线路 9 路 55.2km，其中，充油电缆线路 31.3km，交联电缆线路 23.9km；220kV 电缆线路 2 路 3.3km，全部是交联电缆，架空线路 32km；110kV 电缆线路 197 路 653km，其中，交联电缆线路 359km，充油电缆线路 294km，架空线路 253km；30kV 电缆线路 561km；10（6）kV 电缆线路 10 184km；0.4（0.23）kV 电缆线路 23 329km，架空线路 732km，通信电缆 7934km，架空通信线 28km。

我国电力电缆行业起步于 20 世纪 80 年代，当时初步具备生产 35kV 及以下 XLPE 电缆的能力，还无法生产 110kV、220kV 电压等级的 XLPE 电缆及其附件。现在，国内的电缆企业已经具有生产各种电压等级的电力电缆的实力，其中，110kV 和 220kV 的 XLPE 电缆已能批量生产，国家电网目前所正在推动 500kV 电缆系列的国产化。中国的高压及超高压电缆附件生产技术一直落后于其电缆本体。110kV 等级的电缆附件，国产和进口并存，国产电缆附件正在逐步扩大市场，但是能够生产 220kV 电缆附件的制造商不多，对附件关键技术的掌握还不够。

随着我国于 20 世纪 90 年代引进高压 XLPE 生产线的增加，上海供电局与北京供电局先后安装 110kV 及 220kV XLPE 电缆进行城市电网改造，地下电网覆盖率已超过 50%。数据显示，2007 年国家电网集中规模招标采购的 220kV 交联电缆就近 1000km，国内已建立塔 30 座，交联线达 40 条。2009 年，我国首条 2500mm^2 的 500kV 电缆世博站已基本建设完毕；2009 年 6 月 30 日我国第一个 500 kV 超高压、长距离、较大容量的跨海电缆输电工程海南联网工程正式通电投运，标志着我国电缆输电水平上了新的台阶。

15.3.2　气体绝缘管道输电

气体绝缘线路（gas insulated line，GIL）技术的研发始于 20 世纪 60 年代，目的是实现与架空输电线路输电容量相当的地下输电线路，是已十分成熟的气体绝缘开关技术的延伸，即将导体悬浮在管道绝缘气体之中。它可架空也可埋在地下，其充电功率较易控制，因而可将其视为在拥挤的城市中输送大功率电能的一种方法（王晋根，2009）。GIL 输电线路的基本结构包括金属管道（称外壳）、管状的导体和用于支撑导体的绝缘子，导体和外壳之间充有一定压强的绝缘气体（SF_6），形成密闭型输电线路。

GIL 的运行方式与架空线相似，传输容量大，可以承载架空线路同样的符合，GIL 允许自动重合闸操作，所有其运行和保护装置与架空线类似。GIL 与架空线电路相比，GIL 具有占地空间小、受大气环境影响小，对外界不产生电磁环境干扰的优势。

据IEEE/PES变电站委员会GIS（气体绝缘金属封闭组合电器）分委会2004年的统计，全世界73~1200kV气体绝缘输电线路总长约198km（表15-6）。据此推算，目前已投入运行的GIL有300多千米（Kunze et al.，2007）。

表15-6　国际GIL线路总体概况

电压等级/kV	长度/km
1200	0.420
800	1.200
500	52.650
420	63.600
362	10.107
242、300	32.900
72、145、172	37.100
总计	197.977

国内GIL概况见表15-7。南方电网天生桥水电站500kV GIL由CGITWesthoro公司于1992年制造，用于连接变压器和空气套管。该GIL的单相长度为50m，最高电压为550kV，额定电流为2000A，雷电冲击耐压为1550kV。广东岭澳核电站500kV GIL也是由CGITWesthoro公司于1998年制造的，用于连接主变压器和GIS。单相线路长3008m，隧道敷设，最高电压为550kV，工作电流为2000A，雷电冲击耐压为1550kV。岭澳核电站位于海边，气候湿热，外绝缘受盐雾污染严重；而且核安全法规规定核反应堆上空严禁架设任何物体，所以不能选用架空线。虽然普通电缆和GIL投资相当，但是普通电缆的可靠性、寿命和修复时间等指标不如GIL，所以最终选用GIL。华东电网的首条500kV GIL于2004年6月在浙江瓶窑变电站投运，为500kV母线分裂改造工程创造了有利条件，该GIL为户外架设，各管段间为法兰连接。青海拉西瓦水电站是西北750kV系统的重要电源支撑点，出线设计采用750kV GIL，从GIS间隔引至出线平台后转架空线送出，是中国目前电压等级最高的GIL（高凯和李莉华，2007）。

表15-7　国内GIL概况

电站类别	工程名称	电压等级/kV	长度/m	供应商	运行年份/年
水电站	天生桥	500	50	美国AZZ	1993
	拉西瓦	750	3 000	美国AZZ	2007
	张河湾	500	435	瑞士ABB	2009
	锦屏一级	500	3 285	德国西门子	2009
	锦屏二级	500	4 200	德国西门子	2010
	溪洛渡	500	11 000	德国西门子	2010~2011
核电站	大亚湾	500	2 000	法国阿海法	1993
	岭澳	500	3 000	美国AZZ	1999
	田湾	500	3 000	瑞士ABB	2002
	岭澳二期	500	3 000	美国AZZ/CGIT	2008
	辽宁红沿海	500	4 500	美国AZZ/CGIT	2008

续表

电站类别	工程名称	电压等级/kV	长度/m	供应商	运行年份/年
火电站	香港青山	420	48.5	美国 AZZ/CGIT	2002
	浙江瓶窑	500	450	平高东芝	2002
	奥里油电	500	570	美国 AZZ/CGIT	2006

目前，GIL 线路的全部造价（包括隧道挖掘）比建设同样长度的架空线高 12～15 倍，如果考虑寿命周期等因素，造价可以控制在 10 倍以内。

现阶段 GIL 输电技术应用当中遇到的瓶颈主要有两个方面：一是造价过高，这是制约 GIL 广泛使用的最主要的因素；二是 SF_6 气体是温室效应气体，大规模地使用会造成比较严重的环境问题。

15.3.3 超导输电

国内外超导输电技术的研究重点在高温超导材料研制、高温超导电缆工艺、高温超导故障限流器、超导储能装置及高温超导变压器的开发。截至目前，高温超导电缆、高温超导限流器、高温超导变压器和高温超导电动机已进入示范试验运行阶段，高温超导磁储能系统也有相应的试验样机问世。

高温超导电缆具有体积小、重量轻、损耗低和传输容量大的优点，从 20 世纪 90 年代起，美国、日本和丹麦等国都相继开展了这方面的研究，并进行示范性实验。美国能源部提出了“美国电网 2030 计划”。在该计划中，超导电力技术是极其重要的组成部分，计划建造的骨干网络和区域互联电网将采用超导技术。日本各大电力公司（如东京电力公司、九州电力公司）及东芝、日立等公司都投资超导电力技术的研究开发，日本政府批准了 Super ACE 计划以促进超导电力技术的产业化。欧洲一些大的公司如 ABB、西门子、NEXAN 等也积极投资于这方面的研究，以争取未来的市场。欧洲也批准相应的发展超导电力技术及相关超导材料技术的计划，如超导电力联接计划、欧洲超导技术公司合作计划等。韩国政府批准了 D 能 AS 计划，主要研究开发高温超导电缆、高温超导限流器、高温超导变压器和高温超导电动机等，并以商业化为目标，投入资金达 1.5 亿美元（Rupich et al., 2007）。

1995 年日本研制出长 7m、66kV/2kA 的三相超导交流电缆；随后，住友电气公司、古河电气公司及日本电力公司等合作，于 1997 年分别研制出 1200A 和 2200A 的交流长 50m 的超导输电电缆；2001 年东京电力公司和住友电工合作研制出长 100m、66kV/1 kA 的三相高温超导交流电缆，并进行了通电、负荷变动和耐压等试验。2004 年 Furukawa 和电力工业中心研究所等研制出长 500m、77kV/1kA 单相高温超导电缆并进行现场试验。韩国也于 2001 年制订了高温超导技术 10 年发展规划，开展高温超导输电电缆等研究，并于 2005 年研制出 100m、22.9kV/1.2kA 的三相高温超导交流电缆。2004 年日本东京电力公司研制出 500m、77kV/1kA 单芯高温超导电缆。美国 Southwire AMSC 公司等在 2006 年分别研制出 200m、13.5kV/3kA，350m、34.5kV/0.8kA 和 610m、138kV/2.4kA 的三相高温超导交流电缆并投入实际运行（Rupich et al., 2007；Masuda et al., 2008）。其中，美国纽约长岛电力局（LIPA）与美国超导公司联合建设的世界上第一条高温超导电缆（610m、138kV/2.4kA）已于2008年4月22日投入商业运行。这一超导输电系统在满负荷运转时能够满足30万户家庭的用电需求，仅由三根138kV的电缆组成。相比同样粗细的铜导线，它们的输电能力高达150倍，输电缆沟的宽度仅为一米左右（Masuda et al.，2008）。

1998年中国科学院电工研究所与西北有色金属研究院和北京有色金属研究总院合作，成功研制了长1m、1000A的高温超导直流输电电缆模型，2000年又完成了长6m、2000A的高温超导直流输电电缆的研制和实验。“十五”期间，在国家“863”计划的支持下，中国科学院电工研究所于2003年研制出长10m、10.5kV/1.5kA三相交流高温超导输电电缆（林良真，2005）。在此基础上，2004年中国科学院电工研究所与甘肃长通电缆公司等合作研制成功了75m、10.5kV/1.5kA三相交流高温超导电缆，并安装在甘肃长通电缆公司为车间运行供电。2001年云南电力公司与北京英纳超导公司合资成立云电英纳超导电缆公司，从事高温超导电缆的研究开发，2004年完成30m、35kV/2kA高温超导交流电缆的开发，安装在云南普吉变电站试验运行。

15.3.4 半波长输电

早在20世纪60年代末，苏联专家就提出了半波长输电方式，并在此后得到了一定的发展，但至今仍没有投入到实际工程应用之中。半波长输电是指输电的电气距离接近一个工频半波，即3000km（50Hz）或2500km（60Hz）的超远距离三相交流输电。交流输电的本质实际是波的传播过程，线路足够长时，在传输功率极限和沿线电压分布等方面会出现许多与短线显著不同的性质，半波长输电正是根据线路长度匹配半波长时，输送功率极限可达无限大这一特性而确定的输电方式。

根据交流输电线路长线基本方程，线路的极限输送功率为

$$P_m = \frac{U_1 U_2}{Z_C \sin\alpha l} = \frac{P_n}{\sin\alpha l} \tag{15-1}$$

式中，U_1、U_2为线路首末端电压；Z_C为波阻抗；$\alpha = \dfrac{2\pi}{\lambda}$为相移系数（$\lambda$为电磁波波长）；$l$为线路的电气长度；$P_n$为自然功率。

当线路长度$l = \dfrac{\lambda}{2}$，即线路长度为半波长时，$\sin\alpha l = \sin\pi = 0$，线路的功率极限为无穷大。根据这个原理，可借助附加装置调谐电路的电气长度使其接近半波长，故这类线路也被称为调谐线路。有专家认为，在最佳长度范围内（频率为50Hz时，长度为2600~3200km；当频率为60Hz时，长度为2100~2700km），半波长输电具有最大的效益，比相同可靠性指标的直流输电相应节省费用30%~35%和35%~40%。半波长输电在俄罗斯500kV线路上做过运行试验，当时在2860km的距离上输送功率1050MW（王秀丽等，2003）。

半波长输电线路的过电压问题较难解决，在端部电压给定的情况下，线路中部的电压变化范围很大，与末端负荷成正比。

15.3.5 多相输电

在1972年法国举行的第24届国际大电网会议上，美国学者首次提出采用多于三相

的输电线路进行电能的传输。常规的多相输电采用三的倍数相输电，如六相、九相、十二相等，其中研究最多的是六相输电（周先哲，2006）。

1976 年，美国的 Allegheny 电力公司（APS）联合西弗吉尼亚大学对多相输电进行实际的应用研究，完成了六相与十二相架空线路的研究与工业性试验设计，同时完成了继电保护部分的逻辑设计，并于 1978 年将一条同塔双回的 138kV 线路改造成六相运行（Stewart and Wilson，1978；Guyker et al.，1978）。与此同时，印度、巴西等国也做了许多设计与试验研究（Portela and Tavares，1993；Subhas et al.，1989）。

1982 年，美国能源部在纽约州的 Malta 建立了一条 80kV 的六相输电测试线路。1983 年 9 月，他们在该试验线路最终的报告中指出："在输送相同容量电能的前提下，与三相输电系统相比，六相输电系统能显著地节约出线走廊面积，采用较小的线路杆塔，并且在不增加电磁辐射和可听噪声的条件下降低了总体工程造价（Subhas et al.，1989）。"

1992 年，美国纽约电力和天然气公司（NYSEG）将高迪（Goudey）到奥克戴尔（Oakdale）之间的一条长 1.5km 的 115kV 双回线路改造成了六相输电线，并且投入商业运行，这也是世界上首条投入商业化运行的多相输电线路。该六相输电线路的两端各安装 2 台 115kV/161kV 的变压器，通过适当地移相使得相邻相间的相角差为 60°。该示范性线路共投运了两年，纽约电力和天然气公司对它的研究和测试取得了丰硕的成果，在多相输电技术领域迈出了划时代的一步。

在我国，湖南大学在已研制成功的三相变四相及四相变三相变压器的基础上提出了四相输电的方式（周先哲，2006）。

15.3.6　分频输电

我国西安交通大学王锡凡教授于 1994 年在东京 IEE 年会及 1995 年 7 月 IEEE/PES 夏季会议上首先提出了一种全新的输电方式——分频输电，设想在不提高线路电压等级的前提下通过降低输电频率，达到减少输电回数和出线走廊的目的。分频输电适合于水电、风电等原动机转速较低的电力接入系统的应用，到负荷中心后再通过变频技术与电力系统相连，对于解决我国远距离、大容量水电及风电接入系统等提供了一种可能有竞争力的输电方案。

交流系统远距离输电的容量限制主要是受系统稳定的影响，而影响稳定的关键因素则是系统电抗。分频输电系统利用分频（50/3Hz）来降低系统电抗，从而可成倍提高系统传输容量，显著改善系统运行特性。

在王锡凡教授提出分频输电的概念后，其研究组从理论和实践上进行研究，阐述了分频输电的原理和结构，利用数字仿真研究了分频输电的可行性和实用性，并利用电力系统动态模拟设备在实验室条件下首次实现了分频输电。然而分频输电改变了频率这一电力系统的基本参数，将对电力系统中一系列设备，如发电机、变压器、断路器等的电磁和结构设计产生重要影响；另外，也使其接入常规电力系统的技术，即大容量变频技术成为必须解决的关键问题。分频输电技术的经济、技术可行性需要进一步研究和论证（王锡凡和王秀丽，1995）。

15.3.7 微波输电

微波输电属于无线输电方式的一种，其基本原理是：由电源送出的电力先通过微波转换器将工频交流电变换成微波，再通过发射站的微波发射天线送到空间，然后传输到地面微波接收站，接收到的微波通过转换器将微波变换成工频交流电，供用户使用。因此，其原理与无线电发射的原理相似，只是发射的能量级和方向有差别。

20世纪初期，美国就开始系统地研究用微波传送能量。微波输电的主要研究和应用领域是太阳能卫星发电站和飞机接收无线电力等。美国空军从20世纪60年代初期开始资助一些探索性的研究，并于1964年成功地演示了微波功率驱动的小型直升机，该飞机从天线中获得200W的功率，这是微波输电史上一个重要的里程碑。

1975年加州理工学院在实验室演示了所建立的微波输电系统，该系统交流到直流的转换效率达到54%，工作频率为2.45GHz，整流天线输出的直流功率为600W。同年，他们还演示了收发两端相距1.609km的微波电力传输系统，该系统接收天线所截获能量的84%被转换成直流功率，整流天线的直流功率达30kW，系统的工作频率为2.388GHz。

微波输电的重要应用就是用来传送卫星太阳能电站的电能。由于在地球卫星轨道上发电不受昼夜、天气的影响，太阳能利用率很高，可以经常性地发电，是一种全新的能源利用方式。2009年7月8日，据《日本经济新闻》报道，日本将着手开发在宇宙空间利用太阳光发电，并将电力输送回地球供人类使用所需的技术。具体的流程是先将电力转化为微波，并进行远距离电力输送，再将收到的微波重新转换为电力。日本政府计划于2030年将其实现商业化（人民网日本频道，2009）。

微波输电存在的主要问题是，其传送的功率较为有限，能量转换的效率较低，设备的制造难度较大，有待进一步深入研究。

15.3.8 激光输电

激光输电是利用激光传输电能，属于无线输电的一种。激光是一种频率极高的高强度光束，基频为104G~106GHz。由于激光的方向性强，转换效率可达45%，利用激光可携带大量的能量，激光能量到电能的转换可通过光电池完成。

激光输电相对于传统电力传输方式的显著优点是对电气绝缘没有要求，传送准确，可远距离输送电能。但其主要缺点是电功率与光之间的相互转换效率较低，且伴随有较强的电磁辐射。未来考虑将高功率激光束在疏散导管内传输，并用光纤分配，问题是要避免导管被激光烧蚀。

美国航空航天局正致力于利用激光给太空航天器输送电能的研究，并经试验取得了一定的进展（李广凯等，2004）。

15.4 小结

我国架空输电技术目前处于世界领先水平，已经进入实用阶段的先进输电技术可满足不同起落点、不同容量的煤电外送需求，特高压直流输电技术将发挥主要作用。

1）500～1000kV 交流输电技术可用于 1000km 以下电能输送，输送容量可达 5000MW，结合紧凑型和柔性输电技术，可有效提高输送容量和距离；特高压交流线路可用于实现大规模跨区域的电网互联。

2）±500～660kV 直流输电可用于 1000km 左右电能输送，每回容量可达 4000MW 左右。

3）±800kV 特高压直流输电技术已经成熟，可用于 1500km 左右电能输送，每回容量可达 8000MW。

4）为了进一步提高输送距离和输电容量，实现跨大区超长距离的集中送电，消纳大电源基地电力外送能力，我国已经开展±1000kV 和±1100kV 电压等级特高压工程技术的可行性分析、设备制造技术研究，预期解决 2500km 以上电能输送距离，每回容量可达 10 000MW。

5）同塔多回输电技术可广泛应用于不同电压等级输电线路，显著提高输电走廊利用率，节约土地资源，是我国今后电网建设发展的必然趋势。

6）应慎重选择线路的额定容量，避免线路故障时因功率损失过大造成的电能波动和大面积停电等安全稳定问题。

第 16 章 中国受端电网承接远距离电源能力研究

16.1 中国受端电网现状及其结构特征

16.1.1 中国受端电网发展现状

（1）华北电网

华北电网供电范围包括京津唐、河北南部、山西、山东及内蒙古西部地区。截至2010年年底，华北电网发电装机容量为21 518万kW。其中，水电约为625万kW，占2.9%；火电约为19 695万kW，占91.5%；风电约为1197万kW，占5.6%。2010年华北电网全社会用电量10 165亿kW·h，统调最大负荷15 319万kW。

截至2010年年底，华北电网共有500kV输电线路298条，总长约26 368km；1000kV变电站1座，变压器1台，变电容量300万kVA；500kV变电站101座，变压器204台，变电容量16 351万kVA。

（2）华中电网

华中电网供电范围包括河南、湖北、湖南、江西、四川和重庆五省一市，是我国供电人口最多的区域电网。截至2010年年底，华中电网发电装机容量为20 075万kW。其中，水电约为8711万kW，占43.4%；火电约为11 337万kW，占56.5%；风电约为28万kW，占0.14%。2010年华中电网全社会用电量7732亿kW·h，统调最大负荷11 157万kW。

截至2010年年底，华中电网拥有1000kV变电站1座、变压器1台、变电容量300万kVA，1000kV变电站输电线路2条、长度639.9km；500kV变电站112座、变压器187台、变电容量15 150万kVA；500kV输电线路360条、长度31 683.6km。

（3）华东电网

华东电网供电范围包括福建、江苏、浙江、安徽和上海四省一市，是我国用电负荷最大的区域电网。截至2010年年底，华东电网发电装机容量为20 455万kW。其中，水电约为2363万kW，占11.6%；火电约为17 271万kW，占84.4%；核电约为579万kW，占2.8%；风电约为231万kW，占1.1%。2010年华东电网全社会用电量10 374亿kW·h，统调最大负荷16 633万kW。

截至2010年年底，华东电网500kV线路长度21 450km；500kV变电站100座，开关站4座，变压器216台，变电容量18 165万kVA。

（4）南方电网

南方电网供电范围包括广东、广西、云南、贵州和海南五省区。截至 2010 年年底，南方电网发电装机容量为 17 052 万 kW。其中，水电约为 6919 万 kW，占 40.6%；火电约为 9509 万 kW，占 55.8%；核电约为 503 万 kW，占 2.9%；风电约为 117 万 kW，占 0.7%。2010 年南方电网全社会用电量 7051 亿 kW · h，统调最大负荷 10 436 万 kW。

截至 2010 年年底，南方电网 800kV 线路长度 1375km；500kV 线路总长度 32 448km；500kV 变电容量 14 025 万 kVA。

16.1.2　中国受端电网结构特征

（1）华北电网

目前，华北电网 500kV 电网“七横三纵”格局基本形成。京津冀为受端负荷中心，内蒙古西部电网、山西电网为送端。省网间西电东送有 13 回 500kV 线路（不含托克托、岱海、上都、锦界等直送线路）；山东电网通过辛安—聊城双回和黄骅—滨州双回 500kV 线路与主网相联。目前，华北电网通过晋东南—南阳—荆门 1 回 1000kV 特高压交流线路与华中电网相联；与东北电网通过直流背靠背相联；与西北电网通过宁东直流相联。

（2）华中电网

目前华中电网已形成了以三峡和葛洲坝电站外送为中心，北起河南彰德变电站，南至湖南紫霞变电站，东达江西信州变电站，西至四川九龙变电站的 500kV 电网，并在湖北中部形成具有一定支撑作用的骨干网架。此外华中电网还通过 3 回±500kV 直流线路、1 回±800kV 直流线路与华东电网相联，通过 1 回±500kV 直流线路与南方电网相联，通过 1 回 1000kV、1 回 500kV 交流线路与华北电网相联，通过灵宝直流背靠背和 1 回±500kV 直流线路与西北电网相联。

（3）华东电网

目前，华东电网 500kV 交流骨干网架已形成，并呈现网格状电网的格局。其中，上海、苏南、浙北、皖南等负荷中心地区电网构成环长三角华东主环网；苏北、皖北富余电力分别由“四纵”和“三纵”主输电通道自北向南送入华东主环网；浙东南沿海、福建富余电力通过浙中南“日”字形双环网由（东）南向北送入浙北受端环网。

（4）南方电网

经过“十一五”期间的发展，南方五省区主网网架结构得到加强与完善，容载比有所提高，供电能力增强，基本消除主网卡脖子问题。主要有：广东电网建成博罗—花都—砚都—沧江—碟岭双回 500kV 外环网，形成内外双环网，进一步增强对珠三角地区的供电能力；广西电网东西贯穿 500kV 线路由六回提升至八回，依托西电东送网架建设的省内主网架进一步完善；云南电网围绕昆明、曲靖的单回日字环网逐步完善为双环网，打通南部外送通道，延伸电网以解决偏远中小水电送出；贵州电网重点解决了主力电源分层接入问题，加强了日字形主网架，延伸了500kV电网覆盖范围；海南电网绕岛220kV环网逐步完善形成双环网。

目前，南方电网已形成“八交五直”的西电东送主网架。2010年西电东送电量1117亿kW·h，其中送广东1028亿kW·h，送广西89亿kW·h。

16.2 中国受端电网发展路径展望

16.2.1 电网发展规律

国外电网发展情况各有不同，以下简要介绍美、俄、日三国电网发展。

美国输电电压于1923年首先采用了230kV，此后相继出现了287.5kV、345kV、500kV、765kV电压，并于1967年开始研究1000kV特高压输电。由于美国电网情况较复杂，又以私营为主，因而电压等级从110kV到765kV多达8级。交流输电最高电压为765kV。

俄罗斯电力系统是欧洲最大、世界第四大电力系统，目前俄罗斯电网主要由全国77个地区电网中的68个组成了7个联合电网，由俄罗斯统一电力公司管理，包括西北电网、中部电网、北高加索电网、伏尔加河电网、乌拉尔电网、西伯利亚电网和远东电网。目前，除远东电网没有互联外，其他6个电网都互联，但地区联合电网之间的联络线的输送能力很薄弱，如西北电网与中部电网的联络线的输送能力只有180万kW，中部电网与北高加索电网之间的联络线的输送能力只有190万kW。俄罗斯大部分联合电网的骨干网架采用220~500kV电压等级，只有西北和中部联合电网采用了330~750kV电压等级。在苏联时期，为了加强西伯利亚与乌拉尔两个联合电网之间的网架联系，曾经架设了一条1150kV的特高压输电线路，但由于管理维护困难，目前只是时断时续地降至500kV运行。俄罗斯各联合电网间的联系比较薄弱，输电距离大，网架输电线路导线截面积过小，因而限制了联络线的互换容量，无法实行全网的经济运行。

日本主要输电线路的电压等级包括500kV、275kV、220kV、187kV和132kV5个电压等级。日本从20世纪60年代开始电网互联工作，目前除冲绳电力公司所辖电网外，已基本实现全国联网。

回顾改革开放以来我国电网的发展进程，经历了从孤立电网逐步发展到省级电网，进一步发展到区域电网，最后形成全国联网格局的发展阶段。我国电网电压等级不断提高、电网规模不断扩大、电网技术不断升级。提高输送能力、降低输电成本是我国电网技术发展过程中始终围绕的主题。

以电压等级提高和电网互联为标志，电网发展大致可分为三个重要阶段：省间联网的加强、区间联网和全国联网。

(1) 改革开放以前，省级电网的发展阶段

20世纪50年代，我国电网大多是以大、中城市为中心形成的孤立小网。六七十年代，逐步通过220kV线路相互连接，以220kV线路为主网架、以省域为主要覆盖范围的省级电网开始形成。由于系统很小，抵御故障能力不强，电力系统可靠性差，电能质量也很差。

（2）20 世纪 70~90 年代，跨省互联的阶段

随着负荷的增长和 30 万 kW、60 万 kW 机组的建设，220kV 电网继续发展的主要问题表现为：部分 220kV 线路严重过载，且 220kV 系统短路电流不断扩大，超过部分开关的遮断能力。

20 世纪七八十年代，伴随我国第一条 330kV、500kV 输电线路投入运行，为满足不同省份之间的电力配置要求，我国逐步形成以 500（330）kV 线路为联络线的跨省区域电网。

我国电网建设以各省电网和大区跨省电网建设为重点，至 20 世纪 80 年代末，形成了 7 个跨省电网：东北电网、华北电网、华东电网、华中电网、西北电网、川渝电网和南方电网。

500kV 输变电工程的建成，标志着我国输变电技术达到了一个新水平。这一阶段电网技术的应用，主要侧重于保证大容量、高参数机组的接入和提高省间联网通道的稳定性水平。

（3）1997 年开始，以三峡建设为契机，全国联网进程不断加快

为了配合葛洲坝水利枢纽大江电站水电东送华东，缓解上海市的缺电局面，葛（洲坝）上（海）±500kV 直流输电工程 1990 年 8 月双极投运，我国首次实现了±500kV 华中华东跨大区直流联网。

从 1997 年起，为确保三峡电力外送，三峡输变电工程建设全面展开。目前，三峡工程已全部建成并投入运行，形成了联结华中、华东、川渝和广东电网的三峡供电格局，将华中、华东、华南电网联成跨区的大电力系统。三峡输电系统的建设为实现全国联网、实现更大范围的资源优化配置奠定了基础。

在此基础上，为加大跨区能源优化配置能力，在六大区域电网的基础上逐步开展了全国联网工作。2001 年 5 月，华北、东北两大电网实现联网运行，这是我国首次以交流方式实现跨大区电网互联，同年福建电网与华东电网实现互联。2002 年 5 月，川电东送工程实现川渝电网与华中电网的交流互联。2003 年 9 月，华中与华北联网工程建成投运，形成了东北—华北—华中同步电网。2004 年，华中电网通过三峡至广东直流输电工程实现与南方电网的互联。2005 年 3 月，山东电网联入华北电网，同年 6 月，西北与华中电网通过灵宝直流背靠背工程实现直流异步联网。至此，除新疆、西藏、海南、台湾外，我国电网全部实现交直流联网。

2009 年 1 月 6 日，我国自主研发、设计和建设的具有自主知识产权的长治—南阳—荆门 1000kV 特高压交流试验示范工程正式投运。这是目前世界上电压等级最高、技术水平最高的输变电工程，标志着我国在远距离、大容量、低损耗的特高压核心技术和设备国产化上取得重大突破，对保障国家能源安全和电力可靠供应具有重要意义。

至此，我国互联电网快速发展，已基本形成全国联网格局，形成华北—华中、华东、东北、西北、南方五个同步电网，形成 110/220/500/1000kV、110/330/750kV 两个交流电压序列，有力地支撑了我国国民经济的快速发展。

从我国电网发展历程来看，20 世纪七八十年代以来，在我国各大区跨省电网的发展过程中，并没有走以省电网为核心，发展交流弱联系的技术路线，而是建设结构坚强的大区同步电网。多年来，各大区同步电网依靠坚强的同步网架，在实现区内资源优化的同时，也体现了较高的安全水平，获得了较好的经济效益。

从国内外电网发展经验来看。电网互联是各国电力工业发展的客观规律，是世界各国电力发展的共同趋势。电网互联方式可分为交流和直流两种。一般交流输电用于形成坚强的交流电网和经济合理范围的大型电源基地，直流输电多用于跨海（日本、美国）、跨山（美国西部落基山）、超远距离大容量电力外送、不同频率电网互联等。而交直流混合输电能够在交流系统发生故障时，利用直流系统的功率快速提升能力及直流的调制功能，提高交流系统稳定性。

16.2.2 电网发展路径

(1) 负荷预测

我国正处在工业化中期由重化工业化向高加工度化工业过渡的过程中，未来我国电力需求将快速增长，并快于能源需求。

根据《未来我国电力需求格局演变研究》（国网能源研究院，2011）的成果，2015 年我国电力需求将达到 6.08 万亿 kW·h，“十二五”期间年均增长 8.2%，仍将保持较快增长。预计 2020 年全国全社会用电量将达到 7.84 万亿 kW·h，“十三五”期间年均增长 5.2%，2015 年人均用电量达到 5324kW·h/（人·a），详见图 16-1 和表 16-1。

2010 年全社会最大负荷为 6.58 亿 kW，“十一五”期间年均增长 11.8%。2015 年达到 9.91 亿 kW，“十二五”期间年均增长 8.5%。2020 年达到 12.77 亿 kW，“十三五”期间年均增长 5.2%（表 16-2）。

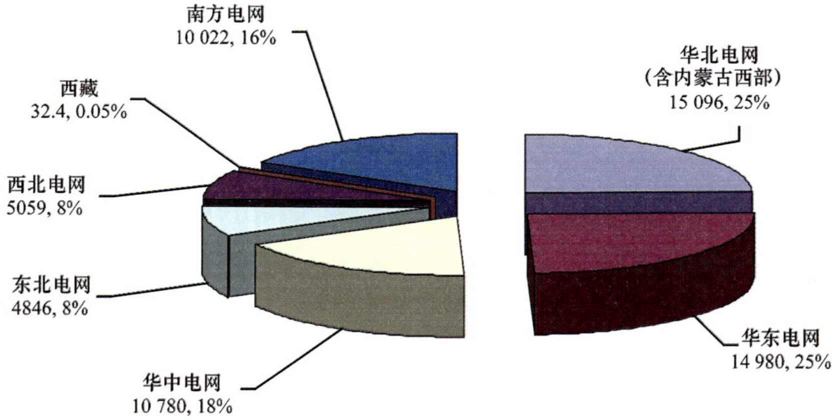

图 16-1 2015 年分区域全社会用电量预测（单位：亿 kW·h）

表 16-1 全社会用电量需求预测

地区		2010 年（实际值）	2015 年 用电量/(亿 kW·h)	2015 年 平均增速/%	2020 年 用电量/(亿 kW·h)	2020 年 平均增速/%
全国		40 980	60 815	8.2	78 414	5.2
华北电网	含内蒙古西部	10 160	15 096	8.2	19 232	5
	不含内蒙古西部	8 959	13 256	8.1	16 829	4.9

续表

地区	2010 年（实际值）	2015 年		2020 年	
		用电量/(亿 kW·h)	平均增速/%	用电量/(亿 kW·h)	平均增速/%
华东电网	10 068	14 980	8. 3	19170	5. 1
华中电网	7 353	10 780	8	14 219	5. 7
东北电网	3 297	4 846	8	6 370	5. 6
西北电网	3 194	5 059	9. 6	6 811	6. 1
西藏	18. 2	32. 4	12. 2	45. 4	7
南方电网	6 890	10 022	7. 8	12 566	4. 6

注：数据均为近似值。

表 16-2　最大负荷预测

地区		2010 年（实际值）	2015 年		2020 年	
			最大负荷/万 kW	平均增速/%	最大负荷/万 kW	平均增速/%
全国		65 819	99 100	8. 5	127 700	5. 2
华北电网	含内蒙古西部	23 520	23 520	8. 2	30 050	4. 1
	不含内蒙古西部	20 747	20 747	8. 1	26 440	4. 1
华东电网		17 622	25 990	8. 5	32 885	3. 9
华中电网		12 626	20 080	5. 9	26 100	4. 5
东北电网		5 100	7 730	8. 7	10 270	4. 9
西北电网		4 996	8 141	10. 3	11 207	5. 7
西藏		52. 0	100. 0	14. 0	140. 0	6. 0
南方电网		11 361	17 250	8. 7	21 497	3. 6

注：数据均为近似值。

（2）电源装机进度

为满足国家低碳发展要求和全面建设小康社会对电力增长的需求，按照在建规模和合理的开工计划，2010 年全国装机容量超过 9. 79 亿 kW，2015 年将达到 14. 36 亿 kW，“十二五”期间年均增长 7. 95%。概略计算，其中，水电 2. 92 亿 kW，占 20. 3%；抽水蓄能发电 2688 万 kW，占 1. 9%；煤电 9. 23 亿 kW，占 64. 3%；风电 9227 万 kW，占 6. 4%；气电 4264 万 kW，占 3%；核电 4592 万 kW，占 3. 2%；其他可再生能源发电 1370 万 kW，占 1%（图 16-2、图 16-3）。

根据推荐的负荷水平，预计到 2020 年，全国需装机 17. 56 亿 kW。电源结构仍以煤电装机为主，煤电装机比重呈下降趋势，从 2009 年的 71. 4% 下降至 2020 年的 58. 9%；水电比重基本保持在 20% 左右；核电、风电、太阳能发电装机比重呈上升趋势，抽水蓄能电站、燃气电站等调峰电源所占比重有所增加。

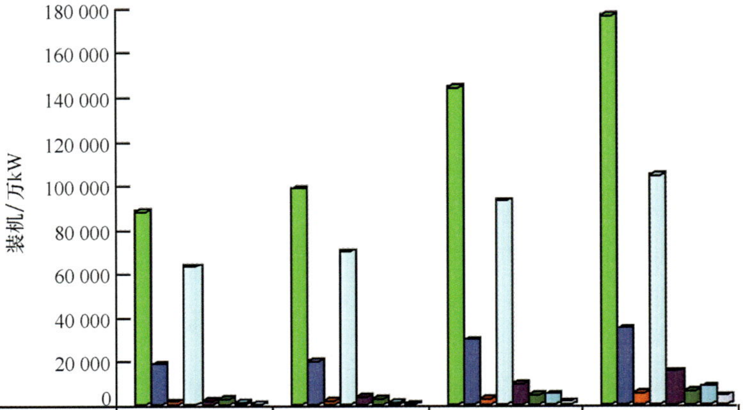

项目 \ 时间	2009年	2010年	2015年	2020年
装机总量	87 406	97 919	143 575	175 624
水电	18 254	19 466	29 170	34 395
抽蓄	1 424	1 694	2 688	5 000
煤电	62 438	69 304	92 264	103 406
风电	1 613	3 437	9 227	15 000
气电	2 568	2 686	4 264	5 893
核电	908	1 008	4 592	8 030
其他	201	324	1 370	3 900

图 16-2　我国各水平年装机容量

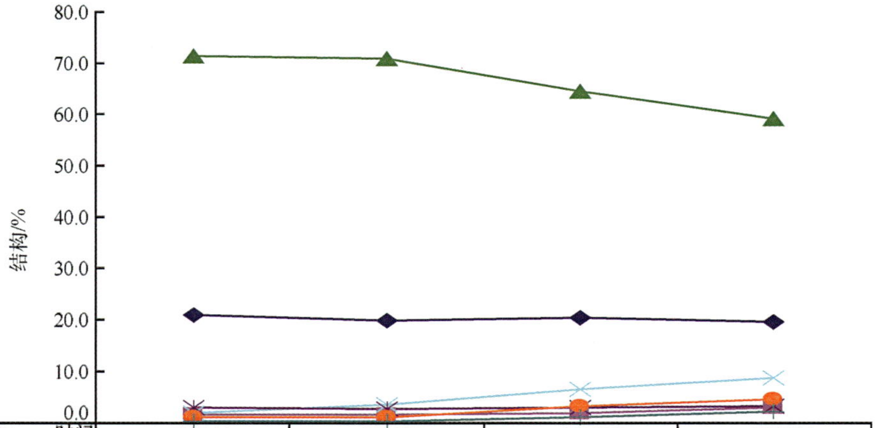

项目 \ 时间	2009年	2010年	2015年	2020年
水电	20.9	19.9	20.3	19.6
抽蓄	1.6	1.7	1.9	2.8
煤电	71.4	70.8	64.3	58.9
风电	1.8	3.5	6.4	8.5
气电	2.9	2.7	3.0	3.4
核电	1.0	1.0	3.2	4.6
其他	0.2	0.3	1.0	2.2

图 16-3　我国各水平年装机结构

(3) 电力市场空间分析

市场空间是从指系统需要新增电源容量中扣除已批及在建项目，各网平衡需要新增的空间，将这一部分空间作为接受外区来电和本区建设装机容量空间。

京津冀鲁、华中东四省（湖北、湖南、河南、江西）和华东等地区主要受端电网未来电力需求仍将继续保持较快增长，但这些地区能源资源十分贫乏，且环保压力较大，为满足负荷发展，需要大规模接受外来电力。

根据受端地区电力需求及新增装机需求，扣除受端在建、已核准、已取得路条的火电项目，受端地区已核准、已取得路条的抽水蓄能发电项目，受端地区规划建设的水电、核电项目，受端规划的外来水电项目，然后加上受端退役的小火电装机，满足受端平衡所需要新增的装机空间，即为受端电网的市场空间。

受端电网市场空间可由外来火电（含风火打捆电力）、国外电力、受端建设煤电、抽水蓄能发电、燃气发电等多种方式满足。

国家电网相关规划报告指出，2009~2015 年，上述省区受端市场空间合计为 1.68 亿 kW，2016~2020 年为 1.75 亿 kW。2009~2020 年，受端电网市场空间合计约为 3.42 亿 kW（表 16-3）。

表 16-3　受端电网新增煤电空间分析　　（单位：万 kW）

电网名称	项目	2009~2015 年	2016~2020 年	2009~2020 年
京津冀鲁	新增负荷	7 466	5 054	
	新增需要容量	8 959	6 065	
	受电空间	5 437	5 684	11 158
华中东四省	新增负荷	6 634	4 631	
	新增需要容量	8 093	5 649	
	受电空间	4 327	5 320	9 647
华东电网	新增负荷	10 853	7 759	
	新增需要容量	13 024	9 310	
	受电空间	6 986	6 427	13 413
受电空间合计		16 750	17 431	34 218

2015 年预计广东全社会最高负荷达到 10 680 万 kW，计及系统备用容量及外区送电容量后，系统需要容量约为 11 524 万 kW。考虑 2015 年基本确定的云电送广东 1850 万 kW、贵电送广东 1100 万 kW，以及国家发展和改革委员会已核准和同意开展前期工作的火电电源安排、部分规划电源后，2015 年广东电力供需保持平衡，电力盈余约 497 万 kW。

2020 年广东全社会负荷将达到 14 000 万 kW，计及系统备用容量及送电外区容量后，系统需要容量合计约 12 861 万 kW。在 2015 年基础上考虑再新增 1276 万 kW 核电、512 万 kW 抽水蓄能发电、245 万 kW 气电，平衡结果表明，广东 2020 年有约 1400 万 kW 电力市场空间。

根据负荷预测，2015 年广西全社会需电量为 1800 亿 kW·h，全社会最大负荷为

3060 万 kW。考虑本省参与平衡的火电装机规模 2089 万 kW（含兴义电厂 60 万 kW）、水电装机规模 1694 万 kW（含云南金沙江中游 300 万 kW），同时计及防城港核电 100 万 kW 后，2015 年广西电力供需可基本平衡。

2020 年广西全社会需电量预计 2470 亿 kW·h，全社会最大负荷预计 4110 万 kW。分别较 2015 年增长 670 亿 kW·h、1050 万 kW。考虑 2016~2020 年新增核电 300 万 kW、抽水蓄能 120 万 kW 及大藤峡等规划水电后，2016~2020 年广西电源建设空间 700 万 kW。

(4) 中长期电力流向分析

综合考虑全国能源资源、电力消费需求，未来我国将形成大规模的“西电东送、北电南送”的电力流格局。其中，西南水电送电“三华”电网及南方电网负荷中心；山西、陕西、蒙西、宁夏、新疆、酒泉、锡盟、蒙东能源基地向“三华”电网送电；周边俄罗斯、蒙古等国就近向负荷中心送电。

充分考虑电源基地的开发规模、外送能力及受端电网支撑的电源，2008~2020 年受端市场空间按外来煤电比例占 70%~75%，本地煤电占 25%~30% 进行安排，京津冀鲁电网、华中东四省电网和华东电网三大受端市场在 2011~2020 年可消纳区外煤电 2.13 亿~2.28 亿 kW，本地还可新建煤电 0.76 亿~0.91 亿 kW。

结合煤电基地外送规划及受端市场空间，京津冀鲁电网、华中东四省电网和华东电网接受北部煤电比例按 70% 考虑，2020 年京津冀鲁电网、华中东四省电网和华东电网接受北部煤电规模分别为 7732 万 kW、4829 万 kW、8702 万 kW，三个受端接受北部电力总规模 2.13 亿 kW。

2020 年我国跨区、跨国电网输送容量约为 4.2 亿 kW。其中，华北京津冀鲁、华中东四省和华东电网受电规模分别为 10 402 万 kW、9000 万 kW 和 13 320 万 kW。

16.3 不同受端电网发展规划下承接远距离电源能力研究

16.3.1 承接远距离电源能力分析方法

本小节以南方电网为例，介绍区域电网承接远距离电源能力的分析方法。

(1) 系统潮流分析

“十五”末期南方电网已经形成天广 4 回 500kV 交流、1 回±500kV 直流，贵广青岩—河池—沙塘—贺州—罗洞 2 回 500kV 交流和 1 回±500kV 直流，以及三广 1 回±500kV 直流的“六交三直”西电东送主网架。“十一五”期间，南方电网陆续建成投产云南出口的罗平—百色第 2 回、红河—文山 2 回、文山—大新—南宁 1 回 500kV 交流线路和云广特高压直流单极；贵州建成贵州至广东的第 2 回 ± 500kV 直流输电通道和施秉—黎平—桂林—贤令山 2 回 500kV 交流输电通道；建成砚山串补等 5 个西电东送网络完善工程；海南联网工程的建成投产，结束了海南电网电力孤岛运行的历史。南方电网已形成具有“八交五直”的西电东送主网架的统一电网。

到“十二五”末期，南方电网已投产云广特高压直流、糯扎渡直流、溪洛渡直流、金中直流、澜上直流、贵广1、2回直流、三广直流、天广直流，云南500kV交流送出线路达到4回，贵电500kV交流送出线路达到6回，两广断面500kV线路达到8回。

规划方案电气计算结果表明，广东电网“十二五”逐年网架均能满足送电协议要求，两广断面及西电东送交、直流通道任一回线路停运时，其余线路均无过载现象，可以满足电网运行要求。

“十二五”期间，广东电网内部潮流主导流向呈现由东、西、北3个方向集中向中部电网输送的格局。

依据各片区间地理位置及电网结构情况，广东电网可分成3个片区：深莞惠与粤东为东部分区，广佛北部与粤北云肇为北部分区，江中珠广佛南与粤西为西部分区。至2015年，东部分区与北部分区之间主要通过4回500kV线路联络；北部分区与西部分区之间主要通过4回500kV线路联络；东部分区与西部分区之间主要通过2回500kV线路联络。

从各分区电源结构来看，北部分区缺乏本地电源支撑，需大规模接受西电东送电力以维持自身平衡，在丰小和枯大的方式下难以实现自平衡，2015年广东电网尚不具备形成3独立分区的条件。对于东部分区而言，2015年丰大方式下该分区电力缺口约224万kW，基本实现电力平衡，初步推断，2015年可实现东部分区与西部、北部分区2分区独立组团。

为控制短路电流水平，可考虑以外环网为电力支援联络，逐步解开内环网。在事故状态下，分区之间可满足200万~300万kW潮流转移的能力，联络线断面无须再进一步加强。

2015年考虑广东电网分为东、西两大分区运行，两分区联络线由西向东潮流约300万kW，分区内部电网潮流分布均匀合理。

“十二五”期间，电压水平在合理的范围内，内环网及深圳中西部受电通道潮流较重，而外围环网潮流相对较轻。正常运行方式下，无过载线路，全网能满足“N-1”安全标准。

潮流分析结果表明，规划方案能够满足电网安全运行标准。通过提高导线温升、增加联络线规模等方式，可以进一步增加外受电规模的能力。

（2）系统短路电流水平分析

随着系统规模的增大、外受电规模的提高，广东电网短路电流稳步提升，短路电流水平问题日益突出。

500kV电网短路电流与220kV短路电流表现出明显不同的特征，绝大部分厂站500kV母线三相短路电流大于单相短路电流；而绝大部分厂站220kV母线三相短路电流小于单相短路电流。

“十二五”期间，环网运行方式下，深圳、江门等500kV变电站500kV母线短路电流超过50kA，超过其断路器开断容量。北郊、增城、罗洞、鹏城等500kV变电站500kV母线短路电流超过了63kA。因此，在2015年夏季方式下，必须采取措施限制短路电流，确保电网安全稳定运行。

规划方案电气计算结果表明："十二五"期间，在坚强的500kV电网支撑下，通过220kV电网分区运行及少量500kV变电站分母线运行，广东500kV电网短路电流可控制在63kA以内，并有一定裕度；广东220kV电网短路电流可控制在50kA以下。

2020年在正常方式下，在220kV电网采用分区供电，500kV电网调整局部网架的方案，广东500kV电网层短路电流水平可控制在63kA以下。

综上所述，规划方案能够满足短路电流水平控制要求。

（3）系统稳定分析

规划方案电气计算结果表明，"十二五"期间，西电东送通道主网架上任一回500kV线路发生三相永久性短路故障及任一直流单极故障时，系统均能保持稳定运行，满足稳定导则要求。

在西电东送通道主网架部分多重故障下，广东电网需要采取各种手段保障电网安全稳定运行。2015年丰大方式下，云广直流、糯扎渡直流分别发生双极闭锁时，需要切除云南水电130万~210万kW；云广直流、糯扎渡直流同时发生单极闭锁故障时，需要切除云南水电约270万kW；当溪洛渡直流四极闭锁时，需切溪洛渡机组280万kW；当糯扎渡直流双极闭锁与溪洛渡直流四极闭锁同时发生时，需同时切除云南机组1030万kW和广东负荷540万kW。由此可见，大部分多重故障下仅需进行切机操作，无须切负荷，规划方案广东电网接受外部电力的适应性较强。

"十二五"期间，广东500kV电网结构较强，能够满足粤西、粤东、粤北电源基地大规模功率转移要求，广东主网架上500kV线路发生单回三相永久跳双回故障，系统均能保持稳定运行。2011~2013年，广东电网除楚穗直流发生双极闭锁需进行切机稳控措施才能保持系统稳定运行，其余任一直流发生双极闭锁，系统均能保持稳定运行。2015年，广东电网除楚穗直流、糯扎渡直流发生双极闭锁需进行切机稳控措施才能保持系统稳定运行，其余任一直流发生双极闭锁，系统均能保持稳定运行。

到2010年，西电送入广东通道达到"八交五直"，其中，直流输送容量占西电送入容量的65%，强直弱交，直流系统故障及运行方式的变化对交流系统影响较大，同时交流系统故障也影响直流系统的运行，二者相互影响，严重时会带来连锁反应，威胁广东电网的安全稳定运行。

综上所述，规划方案能够满足系统稳定标准，但随着未来广东电网新增多条直流，多回直流相互影响与交直流混合系统的稳定问题会更加突出。

（4）调峰问题

广东电源结构以煤电为主，2010年煤电装机容量为4703万kW，约占全省总装机容量的66.4%。目前，广东省常规水电已经基本开发完毕，2020年前核电机组规模会进一步增加，燃煤机组仍然是主力电源。从电网调峰角度来看，广东平水年调峰压力高于枯水年，丰水期调峰压力高于枯水期。"十二五"中前期，系统核电（大亚湾、岭澳）装机规模为612万kW，所占比例较小，在按西电送电协议送电、并发挥抽水蓄能、气电机组的调峰能力后，广东电网平水年丰期火电最大调峰深度在36%左右，系统调峰存在一定的裕度；到"十二五"后期，随着西电送入规模的增大，以及省内阳江、台山核电的投产，云、贵电送粤规模达到 2950 万 kW，核电规模达到 1288 万 kW，而省内燃气、抽水蓄能等调峰机组投产相对较少，仅分别增加装机 153 万 kW、216 万 kW，导致省内火电调峰压力加大，平水年丰期火电最大调峰深度上升到 40%左右。“十三五”期间随着广东受入外部水电规模大幅度增加，丰水期调峰压力更加突出。值得注意的是，在实际运行中，夏季高峰负荷时段，受电网安全性的要求，部分地区还存在保安开机的需求，低谷时段负荷中心地区燃气、燃油电厂可能无法全部处于全停的理想状态；抽水蓄能电站出力也要受到抽、发用水匹配等因素影响，若结合这类机组运行实际情况，还将进一步加重广东电网的调峰压力。

综上所述，规划方案能够满足系统调峰要求，但广东电网外受水电规模大，丰水期调峰压力重，省内调峰机组的建设需要得到进一步重视。

（5）电网建设问题

随着城市化进程的加快，广东（尤其是珠江三角洲地区）城乡已趋一体化，选择确定新的线路走廊已非常困难，特别是向负荷中心地区建设输电通道困难相当大，由于用地等外部因素影响，广东电网输变电工程前期工作时间相当长，工程进展常常大大滞后于规划，也滞后于电力市场的发展，由于线路走廊问题而引起的电网建设滞后已严重影响到电网发展，新增区外来电通道日益困难，进一步扩大外受电规模将会受到实际工程条件限制。

（6）广东电网受端承载能力

根据前述的分析结果，南方电网规划方案能够满足各种安全稳定标准要求。

2010 年广东受入外电电力规模达到 2167 万 kW，约占广东负荷的 30.4%。在该规划方案下，2015 年广东电网受入外来电力规模为 3808 万 kW，约占广东负荷的 35.7%；2020 年受入外来电力规模为 5308 万 kW，约占广东负荷的 37.9%。

南方电网规划研究中提出了 3 个对比规划方案，2015 年广东外受电规模较上文方案减少了 100 万~300 万 kW，外受电比例有所下降。

不同电网规划方案下，广东外受电规模变化不大。这主要有以下原因：

（1）外受水电规模不宜进一步大幅度增加

从受电类型来看，广东电网外受电以水电为主。2015 年广东规划受入水电 2528 万 kW，火电 1280 万 kW；2020 年广东规划受入水电 4628 万 kW，火电 680 万 kW。较高的外受水电规模可能导致枯水年份广东电网供需紧张。2011 年上半年广东电网出现的用电紧张问题，其中一个重要原因是外来水电发电量锐减。进一步新增外受水电规模将会导致电力供应可靠性降低，不适宜再大规模增加外受水电规模。

由于广东距离煤电基地较远，新增外受火电经济性较低，未来新增外来电力主要考虑水电。

（2）外受直流电力规模不宜进一步大幅度增加

从受电方式来看，前文规划方案 2015 年广东通过两广断面输电通道受电约 3808 万

kW。其中，通过直流送入电力约为2299万kW，通过交流通道送入容量约为785万kW。两广断面交流通道（总计8回500kV交流线路）的输电能力约为900万kW。此外，广东还通过点对网方式受入湖南鲤鱼江火电、通过直流受入三峡水电。2020年广东将新增3回±800kV直流受入缅甸水电，输电容量分别按640万kW、640万kW和500万kW建设。前文分析已经表明，随着未来广东电网新增多条直流，多回直流相互影响与交直流混合系统的稳定问题会更加突出，未来不适宜进一步大幅度增加外受直流电力规模。

（3）外受电区域不宜再进一步集中

从受电地区来看，广东电网受入水力主要来自云南、贵州、广西、湖北和缅甸，受入火电主要来自贵州、湖南，其中受入云南和缅甸电力规模较大。至2020年，广东受入缅甸水电1500万kW。避免单一通道上受电容量过大，确保系统运行安全性，外受电落点应尽量分散。原规划方案考虑将2020年后新增外来缅甸水电落点设在广西，广东外受电规模不变。另外非常重要的一点是，缅甸水电建设进度受政治影响非常大。2011年9月30日，缅甸总统吴登盛突然宣布“考虑民众反对意见”停建缅甸密松水电站，未来缅甸水电建设并不明朗。在这种情况下，未来外来电规模突破规划方案难度较大。

根据以上分析，不同的广东电网规划下，2015年广东承接远距离电力能力至少为3800万kW，约占广东负荷的35.7%；2020年广东承接远距离电力能力至少为5300万kW，约占广东负荷的37.9%。进一步大幅度增加外受电能力将受到电力供应安全、稳定性等方面的限制，而且新增外来电力落实难度也较大，初步分析认为广东电网外受电占本地负荷比例约在40%以下比较合理。

16.3.2 我国受端电网承接能力分析

根据社会对电力增长的需求，按照在建规模和合理的开工计划，2020年华北、华东、华中受端电网最大负荷总计8.54亿kW，2011~2020年新增负荷约4.36亿kW，已建或在建送电容量总计0.59亿kW。2020年南方电网广东和广西总最大负荷1.81亿kW，2011~2020年新增负荷约0.92亿kW，已建或在建送电容量总计0.26亿kW（表16-4）。

表16-4　三华电网负荷及送电容量情况　　（单位：万kW）

分地区	2010年最大负荷	2020年最大负荷	2011~2020年新增负荷	已建或在建送电容量
华北电网（不含内蒙古西部）	14 031	26 440	12 409	1 960
华东电网	16 633	32 885	16 252	2 890
华中电网	11 157	26 100	14 943	1 000
三华总计	41 821	85 425	43 604	5 850
广东受端电网	7 200	14 000	6 800	2 438
南方电网（广东和广西）	8 880	18 110	9 230	2 552

根据三华电网的中长期电力流向和目前的电力市场空间分析，华北京津冀鲁、华中

东四省和华东电网受入电力 3.27 亿 kW 电能时，可保证系统安全稳定性和各煤电基地装机满足要求，华北、华东和华中分别可受入 1.04 亿 kW、1.33 亿 kW 和 0.90 亿 kW，占最大负荷的 39.3%、40.5%、34.5%；新增 2.69 万 kW 外送电能，就地需新增容量 1.67 亿 kW。南方电网可受入 0.66 亿 kW，占最大负荷的 36.3%，就地需新增容量 0.52 亿 kW（表 16-5）。

表 16-5　三华电网受端承载能力分析

分地区	2020 年最大负荷/万 kW	2020 年可受入电力/万 kW	远距离送电比例/%	2020 年新增送电/万 kW	2020 年新增就地容量/万 kW
华北电网（不含内蒙古西部）	26 440	10 402	39.3	8 442	3 967
华东电网	32 885	13 320	40.5	10 430	5 822
华中电网	26 100	9 000	34.5	8 000	6 943
三华总计	85 425	32 722	39.3	26 872	16 732
广东受端电网	14 000	5 300	37.9	2 862	3 938
南方电网（广东和广西）	18 110	6 574	36.3	4 022	5 208

按照目前的电网结构和发展规划，其承接能力仍存在空间，如外送基地电能充足，通过调整送电方式和网架结构，三华电网可根据需要承接比例更高的外送电能。

16.4　小结

1）我国全社会用电量需求“十二五”期间保持平均每年 8%左右的增长速度，“十三五”期间平均增速为 5%左右，最大负荷增长速度与用电量增长速度相近。

2）我国电能需求主要集中在华北京津冀鲁、华中东部四省、华东电网和南方电网广州地区，已建或在建送电容量总计 0.59 亿 kW。到 2020 年将保持受端电网格局不变，华北、华东、华中受端电网最大负荷总计 8.54 亿 kW，2011～2020 年新增负荷约 4.36 亿 kW。

3）华北京津冀鲁、华中东部四省和华东电网受入电力 3.27 亿 kW 电能时，可保证系统安全稳定性和各煤电基地装机满足要求，华北、华东和华中分别可受入 1.04 亿 kW、1.33 亿 kW 和 0.90 亿 kW，占最大负荷的 39.3%、40.5%、34.5%；新增 2.69 万 kW 外送电能，就地需新增容量 1.67 亿 kW。南方电网可受入 0.66 亿 kW，占最大负荷的 36.3%，就地需新增容量 0.52 亿 kW。

4）按照目前的电网结构和发展规划，其承接能力仍存在空间，如外送基地电能充足，通过调整送电方式和网架结构，华北、华东、华中电网可根据需要承接比例更高的外送电能。

第 17 章 就地发电厂对电网的作用和影响

17.1 负荷中心就地发电厂建设的制约因素

17.1.1 就地电厂建设的制约因素概述

从电网的角度来看，在负荷中心建设就地发电厂一方面大幅降低了输电网的建设成本，另一方面有助于支撑受端电网的电压水平、增强受端电网的稳定性和抵御外部干扰的能力。因此，从电网运行经济性和可靠性的角度来看，建设在负荷中心的就地发电厂都具有很大的优势。

但是，受到一次能源供给、地理条件、空间等因素的制约，负荷中心的就地发电厂日益萎缩。对负荷中心建设就地发电厂的制约条件简述如下。

(1) 一次能源约束

目前，风电、光伏等新能源发电设施占地大、容量小，还不能构成负荷中心的就地主力发电厂。同样，负荷中心一般均缺少良好的水电资源，无法建设大型水电站。在我国，无论是长江三角洲（长三角）地区还是珠江三角洲（珠三角）地区均不出产煤炭或天然气，建设大型火电厂需要长途运输煤炭或者远程输送天然气。

(2) 土地资源约束

负荷中心多为经济较为发达的城市和地区。这些区域往往寸土寸金，难以为电厂建设提供空间。

17.1.2 就地发电厂投入对环境的影响

如前文所述，我国多数大受端电网的就地发电厂以燃煤火电厂为主。火电厂的“三废”（废气、废水、废渣）问题，对受端电网的环境保护产生了较为重要的影响，表现在：①火电厂产生的烟尘对电厂周围的生态环境破坏很大；②火电厂的粉煤灰是大气降尘和悬浮颗粒的主要成分；③火电厂产生的 SO_2 是大气污染中的主要物质，SO_2 过量可能会引起酸雨；④火电厂燃煤产生的氮氧化物（如 NO、NO_2、N_2O_4、N_2O_5 等）在阳光、水蒸气等作用下转化为硝酸根离子，受到雨水洗涤后形成酸性降水，从而会影响到生态环境中的硝化细菌和固氮细菌的繁殖，对土壤和植物产生危害。

同时，火电厂还会造成水污染，其水污染源主要是冲灰渣排水、冷却水排水、化学水处理废水、脱硫装置排水、锅炉酸洗废水、含油污水、煤场排水和生活排水，这些废水中含有多种有害物质，对电厂周围的水环境有害。

此外，电厂的粉煤灰若排入江河中，不仅污染水体，影响生物生长，而且易淤塞河床，影响交通。尽管当前许多省份已经严禁电厂向江河直接排灰，但是，沿岸粉煤灰大量堆积的灰场，其污染仍然不可小视。

就地电厂的投入使用也会对当地的土地造成污染。火电厂的土地污染主要是灰渣污染。燃煤电厂排出的灰渣，大部分从除尘器和锅炉的底部排出，小部分随着烟气从烟囱排向大气。灰渣对环境的最大影响是其含有多种有害元素，会通过渗透污染地下水。另外，大量的灰渣不仅占用大面积的土地，而且会随风飞扬，对大气和水源造成污染。

17.1.3　降低就地发电厂对环境影响的措施

为了解决就地发电厂对于受端电网造成的环境问题，在电源建设方面应注意与环境保护的协调发展。科技的进步和电力设备的更新，使得缓解电源建设与环境保护之间的矛盾成为可能。

对于燃煤电厂，可以采取的措施如下：

1）使用新型的清洁燃烧技术。通过改善锅炉的燃烧工况或采用先进的锅炉燃烧技术来提高燃煤发电效率，控制污染物的产生。

2）采用新型烟气净化技术。通过净化除去煤炭燃烧后烟气中的有害气体和成分（SO_2、NO_x、烟尘等），包括烟气脱硫、烟气脱硝和烟气除尘。

3）采取水污染控制措施。利用化学或物理方法除去废水中的有害杂质后排放或者利用废水的零排放技术对废水进行循环再用，达到无排放或少排放。对于缺水地区，这种循环再用尤为重要。电厂排出的废水一般采用分类收集、分别处理的方法。根据各种废水的特点，采用如除油、中和、凝聚、沉淀、软化及除盐等处理措施。

4）治理及综合利用灰渣。除限制灰渣产生，对已产生的灰渣加强管理外，应开发粉煤灰综合利用技术，将其用于筑路及生产或从中提取金属，以达到综合利用、变废为宝的效果。

此外，采用燃气发电可以有效降低电厂对城市环境的影响。分散式的综合利用太阳能、风能、水能、生物质能、地热能、海洋能等非化石能源，也为负荷中心电力供应提供了有益的补充。

17.1.4　有关就地发电厂建设的国家政策

关于就地发电厂的建设，国家发展和改革委员会提出了以下几点要求：

1）统筹规划，做好电厂布局。投入建设时，应该重视规划布局合理性。综合平衡能源、水源、电力负荷、交通运输、环境保护等因素。

2）提高机组效率，促进技术升级。从长远看，我国的一次能源缺乏，环境容量有限，电力建设必须要提高效率，保护环境。国家鼓励发展煤电一体化项目。

3）严格执行国家环保政策。按照国家环保标准，在扩建电厂的同时，要同步建设脱硫设备，所有燃煤电厂均要同步建设排放物在线连续监测装置。

4）高度重视节约用水。国家鼓励新建、扩建燃煤电站项目采用新技术、新工艺，降低用水量。

5）严格控制土地占有量。所有电站项目要严格控制占地规模，严格执行国家规定的土地使用审批程序，原则上不得占用基本农田。现阶段优先考虑占地少和不占耕地的电站项目。

17.2 负荷中心就地发电厂的主要类型和特征

17.2.1 中国各受端电网情况综论

一个国家的电源结构与本国的一次能源结构和政府的政策有密切关系，而一次能源结构与本国的能源资源条件和能源资源进口的可能性有关系。

世界上各个国家的电源结构有很大差异。电力工业最发达的国家中，OECD 国家煤电比重最大，达到 37.6%，油气发电和核能发电不相上下，水电等可再生能源占 15%。不同发达国家的电源结构差异也很大，美国、德国以煤电为主，煤电发电量比重达 50% 左右；加拿大以水电为主，水电比重达 56%，其次是煤电，占 20%；法国以核电为主，核电发电量比重达 78.8%，其次为水电，占 11%，两者合计达 89.8%；日本、英国、韩国比较均衡地发展煤电、油电、天然气等形式的发电（王妍，2008）。

对于中国，一次能源主要以煤炭为主，能源分别多集中在西北部地区，负荷多在东部及南部地区，为了均衡我国的电力供应，我国实行了“西电东送”的战略方针。当前，各大受端电网主要装机容量及比例如下。

（1）华东电网

华东电网为中国特高压电网“四横六纵多受端”中一个最主要的受端系统，以上海电网为例，上海电网在 20 世纪 60 年代末的负荷约为 1GW，1990 年为 4.1GW，2000 年为 10.4GW，截至 2005 年年底，上海电网的负荷高达 18.6GW。华东电网的规模不断扩大，至 2020 年，华东电网将通过 9 回特高压交流线路、4 回特高压直流线路和 4 回超高压直流线路与全国统一同步电网互联。其间将接受区外 70~80GW 的电力，同时电网结构也从 220 kV 环网发展成 500kV 双环网，受电方式从单一的交流受电发展成交直流多渠道受电。华东电网将作为一个整体成为一个巨型的大受端电网。

（2）华北电网

华北电网规划建设“七横三纵两个环网”的 500 kV 主网架，以确保满足“十一五”期间京津冀鲁电网接受近 30 000MW 的西电东送电力和负荷可靠供电的需要。京津唐地区是华北电网经济发展较快的地区，也是华北电网的主要负荷中心。负荷增长较快，受自然资源和环境保护等因素的制约，区内电源装机不足，外部受电比例越来越大。到 2010 年，京津唐电网接受西电东送电力达 23 700MW，约占京津唐电网总负荷的 60%。与此同时，各省市电网内部也形成了不同结构的联系比较紧密的受端区域电网。2010 年山东电网将在网内“五横两纵”500kV 主网架的基础上，通过聊城、滨州两个 500kV 变电站与华北电网连接，通过宁东±660kV 直流接受来自西北电网约 4000MW 的电力，形成网内“西电东送”，初具受端电网形态的交直流混合电网。2010 年山东电网装机容量将达 52GW（不包括宁东直流），全网最高负荷 40GW，500kV 变电站 30 个。

（3）南方电网

“十二五”期间，南方电网西电东送规模将新增 1730 万 kW，达到 4300 万 kW。西电送广东将新增 1370 万 kW，达到 3810 万 kW。广西将转变为西电东送的受端，新增接收云南水电 300 万 kW 和贵州 60 万 kW 的火电，受电规模将达到 490 万 kW。“十二五”期间西电东送电源转为以水电为主，比重将达到 75%，相比“十一五”大幅增加。

随着受端电网受电规模的扩大，增强电网受电能力成为电网建设中越来越重要的环节。坚强的受端网架和一定容量的本地电源支撑是受端电网接受外来电力和安全可靠运行的重要保证。

为了提高受电能力，提高本地支撑，各受端电网均根据自己的情况作出了调整。例如，南方电网“十二五”规划将新投产水电 4040 万 kW、风电等新能源发电 300 万 kW、核电 1015 万 kW、抽水蓄能电站 298 万 kW。

我国的大受端电网，华北电网所在地区煤炭储量丰富，其内部电网中就地发电厂多以火电厂为主。华中电网所在地区水力资源丰富，其内部电网中就地发电厂将水电厂作为重点项目。华东电网、广东电网所在地区借助沿海优势，投入了一定量的风电厂及核电厂。我国受端电网的大负荷中心，一次资源相对不足，为了优化就地发电厂的投入，推动传统能源清洁高效利用，注重规划建设的节能减排效力，转变规划建设思路，将低碳、减排、提高能源利用效率纳入规划建设势在必行。

通过调整电源结构，关停小火电机组，积极采用高参数、高效率发电设备，增大对非化石能源发电厂投入力度。优化布局，逐步形成结构和布局基本合理、能效较高、环境友好、满足经济社会发展需要的电力供应结构，是我国受端投入就地发电厂的目标。

当前，南方电网非化石能源发电量达 43.3%，占一次能源消费的比重达到 21.9%，比 2010 年提高 5 个百分点。至 2015 年，全网规划装机容量合计约 2.6 亿 kW，其中，水电 9900 万 kW、核电 1500 万 kW、风电等新能源发电 480 万 kW、抽水蓄能电站 748 万 kW、气电 650 万 kW、煤电 1.28 亿 kW、区外送入 680 万 kW。与“十一五”相比，水电比重上升约 3.4 个百分点，风电等新能源比重上升约 0.8 个百分点，核电比重上升约 2.9 个百分点；南方电网非化石能源装机比重将达到 48.4%。

17.2.2　就地发电厂的主要类型及特点

目前，重负荷受端就地发电厂主要包括抽水蓄能电厂、核电厂、燃煤热电厂、燃气电厂、水力发电厂和清洁新能源发电厂 6 类，其特点如下。

（1）抽水蓄能电厂

抽水蓄能电厂对选址要求较低，是受端网络中就地发电厂建设的一个较好的选择。抽水蓄能电厂有以下特征：

1）抽水蓄能电厂有较好的调节特性，是理想的调峰调频电源。在电力系统负荷出现高峰时，大型的抽水蓄能电厂可以有效地担负其电力系统的工作容量（主要是尖峰容量）和备用容量，从而减少电力系统对于火电机组的装机容量要求，节省投资和运行费用。

2）抽水蓄能电厂有很好的节能效益。电力系统中的大型高温高压热力机组，不适合在低负荷下运行。抽水蓄能电厂投入使用后，通过其较好的调峰填谷作用的发挥，减少水电厂调峰的弃水电量，改善火电厂燃煤机组的运行条件，较低煤耗率，从而实现提高运行效率和节约运行费用的效果。

3）抽水蓄能电厂对环境污染较小，在保证环保效益的同时，还可以起到一定的美化环境的效果。

4）以抽水蓄能电厂代替电力系统中的热力机组调峰，或者使大型热力机组不压负荷或少压负荷运行，均可减少热力机组频繁启动、停机带来的设备磨损，从而减少设备故障率，提高热力机组的设备利用率和使用寿命，具有较好的经济效益。

（2）核电厂

核电厂适合于在沿海城市选址。它容量大，但运行出力调节能力相对较弱，需要与抽水蓄能电厂配合建设。

核电厂有以下特征：

1）占地较小，比较适合负荷密度高的受端电网。

2）核能发电不像化石燃料发电那样排放大量的污染物到大气中，同时核能发电不会产生加重地球温室效应的 CO_2，环境污染较小。

3）核能电厂虽然一次投入成本较大，设备投入资本较多。但在运行使用过程中，由于核燃料能量密度比化石燃料高几百万倍，核能电厂所使用的燃料体积小，运输与储存都很方便，能较好地节约运输和储存费用。

4）核能发电的成本中，燃料费用所占的比例较低，发电成本较不易受到国际经济形势的影响，故发电成本比其他发电方法稳定。

一般来说，核电厂正常运行时相对安全，事故概率较低。但是，核电厂的反应容器内有大量的放射性物质。一旦事故引起核泄漏，则会对人口密度高的负荷中心生态及民众安全造成大范围、难以弥补的伤害。故核电厂的安全运行极为重要。

（3）燃煤热电厂

在中国的就地发电厂中，火力发电厂由于其投入方便，布局灵活，使用率较高，尤其是在水能资源较为贫乏的华北和华东地区，其就地电厂多为火电厂。火力发电厂有以下几点特征：

1）火电厂布局灵活，装机容量的大小可以按照需求决定。

2）火电厂的一次性投资较少，单位容量的投资仅为同容量水电厂的一半左右。火电厂建设工期短，2 台 600MW 机组，工期为 3 年左右。

3）火电厂耗煤量较大，考虑到煤炭运费和耗水量，火电的生产成本较高，约为水电的 3~4 倍。

4）燃煤发电机组从停机到开机并带满负荷需要几小时到十几小时，并附加耗用大量燃料。此外，火电厂担负急剧升降的负荷时，还必须付出附加燃料消耗的代价。

5）火电厂担负调峰、调频或事故备用时，相应的事故增多，强迫停运率较高，厂用电率较高。因此，从经济性和供电可靠性方面考虑，火电厂应当尽可能担负较均匀的负荷。

6）火电厂的各种排放物（如烟气、灰渣和废水）对环境的污染较大。

热电联供是在负荷中心发展就地电源的一个可行方向。我国“十一五”规划中已经明确，在以工业热负荷为主的地区，可因地制宜建设以热力为主的机组。在采暖负荷集中或发展潜力较大的地区，建设 300 MW 等级高效环保热电联产机组。

燃煤热电产与普通燃煤电厂相比，运行方面最大的特点是：为了满足供热需求，发电出力的调节不够灵活。

（4）燃气电厂

天然气是一种优质、高效、清洁能源，对于改善空气污染更是意义重大，它已继煤炭和石油之后成为世界第三大常规能源品种。

燃气电厂具有投资省、占地面积小、用水少、建设周期短、运行启停方便、机动灵活、适应调峰能力、运行可靠性高、运行维护简便、费用低、对环境污染少等一系列优点，是负荷中心就地电源的重要发展方向。若建设为燃气-蒸汽联合循环机组，则更是以高的热效率领先于常规火电厂。

目前，建设较大规模的燃气电厂还会面临以下一些问题：

1）电站设备制造和建设问题。我国只有小型燃气轮机的制造经验，对燃气电厂配套设备，如余热锅炉等仅限于制造较小出力的装备。燃气轮机及其联合循环电厂设备主要依赖进口。

2）过高的天然气价格使燃气电厂成本偏高。由此，导致许多电网将燃气电厂作为调峰电源。进一步导致燃气机组年运行小时低，增加了发电成本，导致燃气电厂资金回收困难。

对此，首先可建立电网峰、谷两部制电价，提高调峰机组的效益。其次需要国家根据燃气电厂能够减少空气污染、缩减相应的环保投资的特点，从税收政策方面给予燃气电厂一定的优惠政策。

（5）水力发电厂

中国作为世界上水能资源最为丰富的国家，水能资源的利用较为广泛。对于华中电网，由于天然水能资源较为丰富，其就地发电厂多以水电厂为主。对于水电厂，有以下几个特点：

1）可以综合利用水能资源，除发电以外，还有防洪、灌溉、航运、供水、养殖及旅游等多方面综合效益，并且可以因地制宜，将一条河流分成若干河段分别修建水利枢纽，实行梯级开发。

2）发电成本低、效率高。利用循环不息的水能发电，节省大量燃料。因不用燃料，也省去了运输、加工等多个环节，运行维持人员少，厂用电率低，发电成本仅是同容量火电厂的 1/3～1/4 或更低。

3）运行灵活。由于水电厂设备简单，易于实现自动化，机组启动快。能够较好地适应负荷的急剧变化，可承担系统调峰、调频等任务，以及用于事故备用。

4）水能可储存和调节。电能的生产是发、输、用同时完成的，不能大量储存，而水能资源可借助水库进行调节和储蓄。

5）水电厂的投建投资较大，工期较长。

6）水电厂建设和生产受到地形、气候、季节气象等条件的制约，由于有丰水期和枯水期之别，因而发电不均衡。

（6）清洁新能源发电厂

我国对于新能源电厂的建设越来越重视，风力发电、光伏电厂、垃圾发电厂等电厂逐步投入使用。以风电厂为例，相对于传统电厂具有有以下优点：

1）无污染。在风力发电过程中不会污染环境，不会产生任何有害气体和废料，可以减少化石燃料发电所产生的大量污染物和碳排放，可以在一定程度上有效缓解空气污染、水污染和全球变暖所导致的一些问题。

2）可再生、永不枯竭。风能依赖于太阳而存在，是靠空气的流动产生的，只要太阳存在，风能便可周而复始地、不断地、有规律地产生，可永续使用。

3）就地取材、无须运输。利用风力发电可以就地取材，可利用当地的风能资源，无须运输燃煤等燃料，具有较大的优越性。

4）适应性强、发展潜力大。我国风能资源丰富，可结合风能资源分布情况，选择合适的风力发电机组，充分利用风能资源。相比水力发电厂、火力发电厂等，风力发电厂建设成本低，不需要燃料，且建好后，除了检查保养外，几乎不需要任何费用。

此外，我国还在积极建设利用太阳能等新能源的电厂，这些新型电厂都有无污染、投入产出比高等优势，但当前新能源电厂的建设还处于较为初级的阶段，加快新能源就地电厂的建设是解决当前受端电网内部电力支撑不足的一个较好的方法。

17.2.3 负荷中心就地发电厂的特点和建设面临的问题

当前我国受端电网中就地发电厂建设中的主要特点如下：

1）电源结构相对单一。在北方以火电厂为主，大受端地区一次资源不足，需要从外地大量输送火电用煤，使得就地电厂运行能力受到电煤运力的影响较大。同时，火电厂调峰、调谷能力不足，在用电高峰期时，无法较好地完成调节任务。虽然南方有部分水电资源相对充裕的地区，由于受到水文气象的影响，单一的电源结构也无法很好地完成就地电厂支撑受端电网的目的。

2）平均单机容量较低。现在一些受端电网中的就地电厂机组的平均单机容量偏低，机组耗煤总水平较高。投入大容量、高参数的机组是提高就地发电能力的一个方向。

为优化就地发电厂配置，使其能较好地完成支撑受端电网的目的，应对受端电网中的就地发电厂的结构逐步进行调整。

1）扩大火电机组单机容量：采用大型超超临界高效机组，逐步退役中小机组。实现火电厂的最优配置。

2）有序开发水电：对于有丰富水能资源的省份，积极发展水电厂，对于普通地区，可以考虑建设省内抽水蓄能电站。

3）适当发展气电：利用“西气东输”工程，在能够保证天然气稳定可靠供应的条件下，建设燃气-蒸汽联合循环电厂。

4）积极发展核电：加快核电厂的建设进度，及早进行新核电厂的选址工作，在必要时，可考虑在就近地区投资核电，使电能传送较为方便。

5）加快可再生能源的利用：积极稳妥地开发利用可再生能源，发展风力发电、秸秆发电、太阳能发电等。对于沿海地区，可考虑使用海上风力发电，既节省了对城市用地的使用，又能较好地保证风电地生产。

6）为了较好地利用土地，受端电网的就地电厂建设要考虑使用分布式电源构建方针。

17.3　就地发电厂接入对电网的影响

17.3.1　中国电网的主要网架结构

电网网架是整个电力系统的重要组成部分，也是电网电源的主体。随着电力系统的发展，电网规模不断扩大，电网结构日益复杂，电网的安全稳定运行问题日显突出。为了提高受端电网的受电能力，增强电网的稳定性，建设坚强的网架结构势在必行。

我国对电源和电网结构调整十分重视。在电网建设方面，国家计划加大西电东送的力度，在北通道，加大了内蒙古西部和山西向京津冀电网送电规模，促进西北黄河上游水电与宁夏火电联合，以及陕北火电向华北和山东电网的送电。在中通道，要重点建设三峡水电站，同时开工建设金沙江和四川诸河流域大型水电站向华东和华中送电工程。而在南通道，要在国家已经批准建设项目的基础上继续开工一批电力项目，保证西电东送目标按期完成。

此外，“十一五”期间，还将继续加强和完善区域主干电网架和各省网架建设。其中，华北电网重点加强京津冀地区 500kV 大环网，提高接受外部电源送电的能力。东北电网在建设较为坚强的受端电网的同时，沿哈尔滨—长春与吉林—沈抚本鞍辽负荷中心地带形成 3~4 回线路联结各受端电网，形成纵横南北的 500kV 主网架。华东电网将在 2010 年形成上海—浙江—江苏双回 500kV 主环网。华中电网则通过一系列建设在“十一五”末期，成为中部电网西电东送的枢纽，以及全国联网中心。西北电网则是重点加快 750kV 电网工程建设，建成兰州东—平凉开闭所—关中 750kV 双回输变电工程。而南方电网既要加大西电东送输电通道建设力度，提高西电东送输送能力，还要加强受端电网建设，提高接受西电东送能力（江琦，2007）。

当前，我国受端电网采用以下标准电压等级：500kV、220kV、110kV、35kV、10kV、380V/220V。其中，超高压输电为 500kV；高压输电为 220kV；高压配电为 110kV、35kV；中压配电为 10kV；低压配电为 380V/220V。

在受端电网投入就地发电厂多是直接投入 110kV 的高压配电网中。110 kV 电网是我国目前主要采用的高压配电网络，在电能分配、负荷供给、用户保障等方面起着十分重要的作用。由于 110 kV 电网是目前最高一级的配电网络，它采用的网架结构对保证配网系统的安全可靠运行、上级送电网络的规划建设、中低压配网的结构选型都有很大的影响。现在广泛使用的 110 kV 网架主要有放射型、环型、三 T 型、链型等。放射型结构简单、投资小，但供电可靠性低。环型结构较复杂，建设成本大，但供电可靠性较高，运行方式灵活。三 T 型结构简洁明晰，建设成本适中，供电可靠性高，运行方式较为灵活，但对上级送电网络运行稳定性要求较高，而且变电站主变压器必须一次上齐。

链型结构直接明了，调度灵活，但变电站串接多，在单侧电源情况下供电可靠性低。下面将就接入方式作出探究。

17.3.2 就地发电厂接入电网的方式

就地发电厂接入电网的接线型式主要如下。

（1）放射形接入系统

图 17-1（a）是最简单的电厂接入方式，接线清晰，为大多数就地发电厂所采用。图 17-1（b）在电厂端有自己的出线负荷，可就地消耗功率。相对来说作为负荷中心地区的就地发电厂，多采用这种接线方式。这两种接线方式的缺点是不能满足“N-1”要求，所以对于较发达的负荷中心地区的就地发电厂通常与 220kV 站的联络线是双回线，而负荷相当松散的地区使用单回线。实际应用中是否上第二回送出线路取决于就地发电厂的类型和容量。

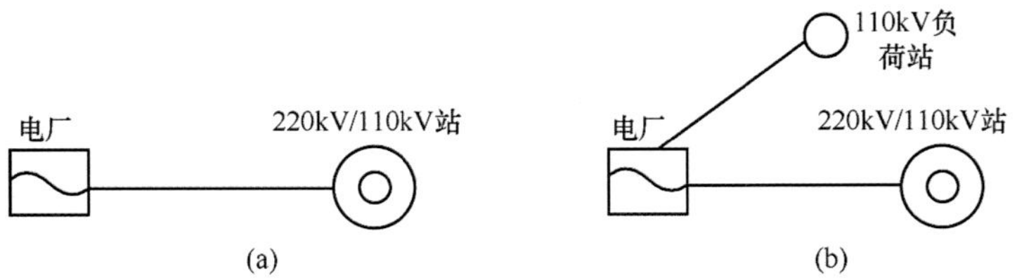

图 17-1　放射形接入系统接线方式

（2）链式接入系统

图 17-2（a）是另一种常见的接入方式，就地发电厂发出的功率经过 1 个（几个）110kV 变电站消耗后再送入 220kV 变电站。图 17-2（b）、图 17-2（c）是在图 17-2（a）基础上的两种扩展形式，区别在于图 17-2（b）多了电厂的直供负荷变电站（该负荷站也可以是接入中间的 110kV 站）；图 17-2（c）则是两个电厂链式接入 220kV 变电站。从电厂功率送出的安全性来说，这几种接线方式都不能满足“N-1”要求，故联络线是否上双回要以电厂的装机容量和负荷重要性来定，对于用电负荷较为分散的地区，就地发电厂多为小型电厂，故上一回线路在经济技术上较为合理。对于负荷中心则要多上几回线路。

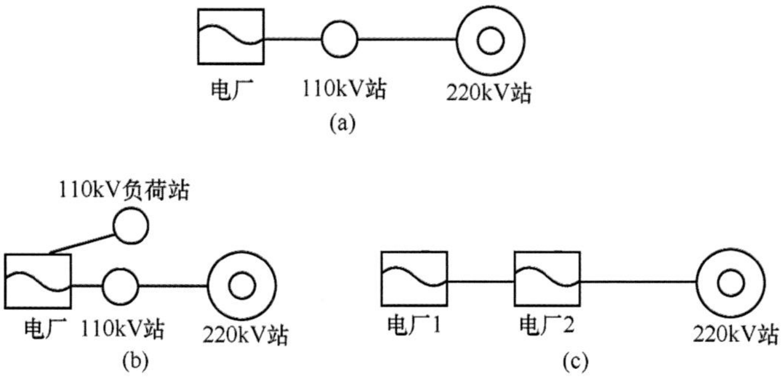

图 17-2　链式接入系统接线方式

（3）环式接入系统

图 17-3 是环式接入系统的几种方式，区别在于中间接入 110kV 负荷站的多少。这种接入方式运行灵活方便，可靠性强，满足“N-1”要求。联络线的单/双回同样取决于电厂类型和最大出力。相对来说，这种接入方式，对于负荷的集中度和重要性要求较高，比较适合负荷较为集中的地带。采用环形接线时，正常运行方式下和检修故障时的开环点的选择十分重要。考虑不周将可能造成事故扩大。

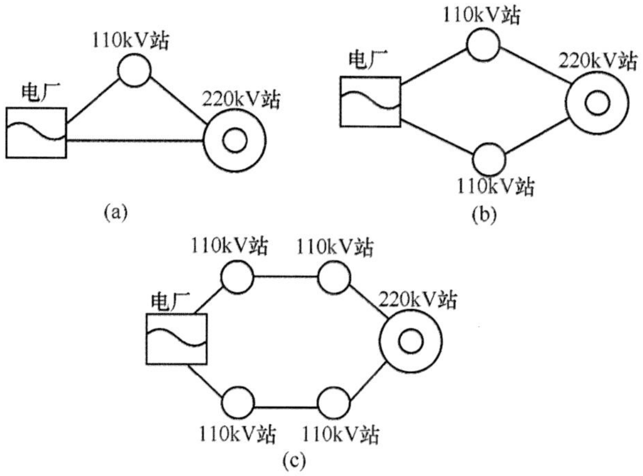

图 17-3 环式接入系统接线方式

（4）混合式接入方式

电网的接线方式多种多样，负荷情况也各有不同，在设计电厂接入方式时按照典型接入方式硬套并不合适，还应从当地实际情况出发，将几种接入方式有机结合起来应用，能收到较好的效果。

17.3.3 就地发电厂对受端电网供电可靠性的影响

就地发电厂接入电网会对受端电网的供电可靠性造成一定的影响。对于传统的火电机组接入电网，对电网的稳定性、供电可靠性等方面影响相对较小。

对于新能源型就地发电厂，其接入受端电网后，电网供电可靠性随接入机组容量的增加而有所下降。以风电为例，对于受端电网供电可靠性的影响主要表现在风能的随机性和风机出力的不可控性。风能是随机的和不可控的，并且不可存储。风电机组发出的电能是波动的、随机变化的。风力发电机形式多样，有异步发电机、同步发电机、双馈感应发电机，其无功特征复杂，对供电可靠性也会造成一定的影响。

负荷中心必须配置一定比例的就地电源，以便在外部输电通道故障时保障城市重要负荷的供电。此外，我国火力发电厂的单机容量越来越高，在大面积停电并失去主电网支撑后，本地大电厂的启动还需要一定的电力供应。为此，负荷中心还必须配置一定容量的黑启动电源，以支撑电力供应的恢复。

故而，应重视负荷中心就地电源的建设规划，尤其是电源容量、接入电压等级、发电形式、黑启动能力、布点等的合理组合和综合平衡，加强本地电源支撑能力，提高电力供应抵抗外部电网干扰的能力。

17.3.4 就地发电厂对受端电网稳定性的影响

受端电网中的就地发电厂多处于受端电网的末端。这些就地发电厂并网时对系统的影响主要是薄弱系统的电压稳定问题。由于处于电网的末端，其网络结构比较薄弱，短路容量相对较小，在机组类型、控制装置等因素的扰动下，必然导致输出功率的变化和电压的波动，从而影响电能质量和电压的稳定性。就地发电厂对电压的影响主要包括电压波动、闪变及波形畸变电压不平衡等。电压的波动幅度不仅与就地发电厂功率大小有关，而且与就地发电厂的分布和变化特性等有关。

就地发电厂处于负荷中心，其投切对于电网的影响较为明显，对于传统的电厂，在大规模发电厂退出运行系统时，由于突然失去大量无功注入可能会造成电压崩溃的危险。再次投入时，如若投入点的短路容量不足，并网瞬间可能会引起电网电压的大幅度下降，从而直接影响到接在同一电网上的其他电气设备的正常运行，严重时甚至会影响到电网的稳定运行。

整个电力系统在一个同步的频率下运行，对于电力系统来说，产生的电能和消耗的电能必须平衡，频率反映了整个系统中能量的产生和消耗是否平衡。如果电力系统中发出的电能过剩，同步发电机将加速，系统频率增加；反之，发电机将减速，系统频率下降。在电网发生频率大幅度降低事故时，系统的惯量对于频率降低的变化率起到了决定性作用。惯量越低，系统频率降低得越快。当电网中增加同步发电机时，电网的惯性自然增加。

为了提高就地发电厂接入受端电网后的电网的稳定性，可以考虑分布式接入方案。这种方案可以较好地起到支撑电磁环网解网后的受端电网的作用，除了提高系统稳定性外，还能对限制短路电流起到较好的效果。

位置和容量合理的分布式电源有利于减少新的输电走廊，提高电流系统的供电可靠性，解决边远地区小负荷用电等问题。在节能、环保、投资、电力安全、满足用户多样化需求及开辟利用可再生能源新方式等方面发挥了较大的作用。

鉴于分布式电源的优点，在受端网络中投入就地发电厂，按照分布式进行配置，能够很好地起到减轻电网压力、简化电网结构的效果。为环网解开后的网络提供支持，增强稳定性，降低电网的短路电流水平。

在受端电网负荷中心处投入大容量的就地发电厂，将其分散地接入电网，同时优化配置电网中已有电厂的电力流向，可以较好地实现缓解输电网输电压力、简化系统结构，并且可以起到提高短路容量、增强系统稳定性的效果。

17.4 就地发电厂接入电网的能力分析

17.4.1 影响就地发电厂接入电网的主要因素的分析

就地发电厂接入电网主要受到以下几点因素的制约：

1）发电厂建设方面的制约。为提高受端电网的稳定性，就地发电厂应尽量建设在负荷中心，而我国的负荷中心土地资源，一次能源方面相对短缺。同时，考虑到国家的政策方面对于负荷中心建设发电厂的规定，对受端就地发电厂的建设提出较高的要求，在一定程度上制约了就地发电厂的建设。为了提高土地使用效率，就地发电厂在建设方面应充分利用现有的电厂厂址资源，尽可能做到规划电源装机容量和效率最大化。

2）当前受端电网中的新能源电厂正在迅速发展，与大型电厂一起构成了未来我国受端就地发电厂系统。而新能源电厂有不确定性和不可控性的缺点，并且有极强的季节性，无法完全满足用户对稳定电力供应的需求。电厂并网时会对电网造成一定的冲击。未来协调好新能源电厂的投入，是保证就地发电厂安全接入电网的重要条件。

17.4.2　就地发电厂建设的必要性

随着受端电网受电比例的不断增大，受端电网内部本地电源支撑不足将逐渐成为影响受端电网受电比例的最主要的制约因素。负荷中心所在的电网作为受端电网内的主要受电电网，按照均匀接入的原则分散受入西电东送电力，大规模的电力送达受端后，通常直接到达负荷中心地区，而在受端环网上穿越功率较小，因此受端系统单一故障稳定水平并没有大的变化，然而由于受端电网受电比例大，外部来电距离较远无法对受端形成有效的电压支撑，尤其当受端局部负荷比较集中，而本地缺少足够的动态无功电源支持时，系统的暂态电压稳定问题可能会先于功角稳定问题暴露出来。当系统发生严重故障时，电压稳定性问题会有突出表现。为了克服以上问题，提高受端电网受电能力和电压支撑能力，提高电网的稳定性，在受端电网的大负荷中心处建设就地发电厂变得尤为重要。

17.4.3　就地发电厂接入电网的原则

在“西电东送”等能源战略下，在大区电网间互连，远距离、大规模送电的格局成为必然的形势下，电源接入系统的方案选择直接关系着电网的安全稳定及电网运行的合理性。国家经济贸易委员会颁布的 DL755—2001《电力系统安全稳定导则》（国家电力调度通信中心，2001），是电厂接入系统方案选择的主要依据。电厂接入系统的关键是“简化电厂接线，分散外接电源，分层分区接入”。导则中规定，主力电厂宜直接接入最高一级电压电网，同时又规定，合理分层，将不同规模的发电厂和负荷接到相适应的电压网络上。

就地发电厂接入电网应注意做到以下几点。

1）远近结合、由近及远地进行多方案经济技术比较，其推荐方案应技术上先进，合理利用能源，简化系统接线，过渡方便，运行灵活，切实可行和经济可靠地向系统供电。

2）考虑在发生严重事故的情况下，因负荷转移引起的恶性连锁反应，还应注意避免一组送电回路的输送容量过于集中，避免因严重事故失去电源容量过多而引起受端系统崩溃。

3）在确定就地发电厂的电网接入点时，应考虑到：①各地方电厂宜分散接入电网，以尽量减少网内潮流及送电线路故障时引起的波动。当满足这个条件时，可就近接入。

②就地发电厂宜在末端以放射形接入电网。“T”接网络不宜接入地方电厂。③就地发电厂应根据最大出力，宜以220kV/110kV/35kV双回线接入电网，保证任一线路停运时，就地发电厂出力均能送入电网，即满足“N-1”安全供电原则。在选择接入电压时，还应顾及本地区对系统电压的长远规划。例如，在某些地方35kV电压将来有可能会取消，因此选用35kV电压时一般应慎重。④如果电厂有多回出线，宜接在母线的不同分段点，装设分段断路器，以利于电厂与系统并网操作和分散上网。⑤就地发电厂接入电网应进行稳定计算，在适当地点装设解列装置和低频减载装置，以确保电网安全稳定运行。

为了解决空间问题，在就地发电厂的建设中，可以考虑增大原有就地发电厂机组容量，投入二期工程。使用分布式布局，在较小的空间中构建就地电厂。可更大量地开发清洁能源发电，使用新技术提高发电的效率；采用更好的净化措施，保证环境质量等。

随着科技的进步，大受端网络互联的发展，为提高系统的稳定性，受端电网内部就地电厂地建设越来越重要。大规模、高容量的就地发电厂可以为将来电磁环网解环后的系统提供电力支持。就近建造电厂，可以起到简化输电线路结构、缓解电网压力的作用。如何更好地规划受端电网中就地发电厂的建设，成为大电网互联条件下电力系统研究的一个重要问题。

17.5 小结

1）随着受端电网受电比例的不断增大，受端电网内部本地电源支撑不足将逐渐成为影响受端电网受电比例的最主要的制约因素，在受端电网的大负荷中心处建设就地发电厂，可大幅降低输电网的建设成本，提高受端电网受电能力和电压支撑能力，有助于支撑受端电网的电压水平、增强受端电网的稳定性和抵御外部干扰的能力，提高电网的稳定性。

2）就地发电厂比例过高会使本地短路电流增大，可以通过增强网架结构提高电网对就地发电厂的接纳能力。

3）就地发电厂受到一次能源供给、地理条件、空间等不利因素的制约，其规划应该综合考虑其利弊。

4）应重视负荷中心就地电源的建设规划，尤其是电源容量、接入电压等级、发电形式、黑启动能力、布点等的合理组合和综合平衡，加强本地电源支撑能力，提高电力供应抵抗外部电网干扰的能力。

第 18 章 中国电网适应长距离煤电输送的网架结构分析

18.1 长距离煤电输送的影响因素分析

近年来，中国经济快速发展，能源消费持续增长。未来 10~20 年，是全面建设小康社会的关键时期。2006 年，中国能源消费量达到 24.4 亿 tce，预计到 2020 年将达到 43 亿 tce 左右，中国能源消费的巨大需求迫切要求提高能源整体利用效率。然而，能源资源与经济发展在地域上呈逆向分布的基本国情，决定了能源大规模、远距离输送的不可避免，需要研究大范围优化配置能源资源的有效方式。

国家电网公司近年来提出了“建设以特高压为重点各级电网协调发展”的“战略”，其设想就是变输煤为输电的方案。单从发挥功能的角度来看，输煤输电同为解决约 2 亿 t 煤炭的运输问题，从而满足 2020 年我国华东、华南和华中地区的电力需求，相互之间具有可替代性。煤电长距离输送是否真的能实现能源资源的优化配置，就需要从投资造价、线路走廊、运输成本、能量消耗、环境保护、综合利用、安全保障和社会效益等方面进行科学的分析和论证（陈望祥，2008）。

以下从环境、投资、损耗、安全四个方面对长距离煤电输送的制约因素进行分析。

18.1.1 环境对长距离煤电输送的影响

我国的生态问题中，西部生态脆弱、自然条件差最为人们所关注，它的影响也最为广泛。其中，西北地区处在全国水源、上风的位置，其生态环境恶化对处于下游、下风的全国广大地区生态环境和经济发展产生非常不利的影响。水源减少、沙化土地东扩、沙尘暴肆虐对东部地区造成的严重后果表明，西北地区生态环境恶化的更大危害在于其损害力的向外扩延性。为了改变这种情况，打破“贫穷—高度依赖自然资源—自然破坏更加严重—更加贫穷”的怪圈，必须坚持“偿还旧账、发展经济、不添新账”的原则，走出一条西部大开发的可持续之路。

在大气污染方面，东北和西北各省的实际硫沉降量均低于全国最大允许沉降量。尤其是西北地区，由于自然条件和地域辽阔等原因，实际硫沉降量远小于最大允许沉降量；除陕西省外，西北的其他省份硫沉降环境空间均达到 90% 左右甚至超过 95%。因此部分专家认为，从全国环境资源优化配置的角度看，在新建燃煤电厂均须加装脱硫设施的前提下，燃煤电厂应更多地向环境承载力较强的西部地区布局。但是，也应该考虑到西部地区生态系统的脆弱性和敏感性，其原因可以归结为：毁林开荒、过度放牧、过度开垦、乱砍滥伐（重采轻育、采薪烧柴）等，而这些都与西部地区经济发展的落后现状高度相关。生态问题总体上可以归结为自然条件恶劣、生活贫困导致对资源的严重依赖从而严重破坏自然环境。若在“三西”地区建设火电厂，将要增加宁夏、内蒙古、山西的SO_2和CO_2的排放量，加重这些地区巨大的环境压力，使原本已十分脆弱的环境系统不堪重负。

但从另一角度来看，在煤炭基地建设电站，有利于大气污染的集中治理。此外，发热量低的低质煤运输将大幅度降低单位能量的输送成本，将坑口低质煤就地发电采用架空输电技术外送，可提高煤炭利用的经济性，明显优于煤炭输电方式。

长距离煤电输送是以高压交流或高压直流的形式送出，其对沿线生活产生的影响主要是指电磁环境影响。而与铁路、公路、海运等煤炭运输方式相比，投运的输电线路不产生其他额外的环境污染问题，可实现能量的清洁传输，在煤炭清洁利用方面具有明显优势。

交流输电线路对环境的电磁影响可分为工频磁场、工频电场、无线电干扰、可听噪声等方面；直流输电线路对环境的电磁影响可分为直流磁场、合成电场、空间离子电流、无线电干扰、可听噪声等方面。

对上述参数的影响均有相应的限制标准，以特高压直流输电线路为例，国家发展和改革委员会发布的《±800kV 特高压直流线路电磁环境参数限值》（DL/T 1088—2008）标准规定（中华人民共和国国家发展和改革委员会，2008）：①直流磁场限值为 10mT；②民房处合成场强限值为 25kV/m，80% 测量值不超过 15kV/m；③空间离子流限值为 100A^2/m；④无线电干扰 0.5MHz 限值为 53dBμV/m；⑤可听噪声限值为 45dBA。昼间达到 0 类标准，适用于疗养区、高级别墅区、高级宾馆区等特别需要安静的区域，夜间达到 1 类标准，适用于以居住、文教机关为主的区域。

调研表明，以上限值均等同或严于欧美等西方国家标准。目前线路建设均依照标准进行设计，建设完成后还要经过严格的环境评估，达标后方可投入运行。世界卫生组织（WHO）长期研究表明，没有证据直接证明满足相关标准的电磁现象与人群疾病有关联。总体来看，先进架空输电技术有利于煤炭的清洁利用。

18.1.2 投资造价对长距离煤电输送的影响

长距离煤电的输送需要建设高压交流或直流通道，涉及征地、搬迁、土建、设备购买、安装、运行等一系列工程，投资非常巨大。以±800kV 直流特高压线路为例，当输送距离为 2000km 时，采用 1 回线路，投资约 250 亿元，每千米综合投资 1250 万元。根据我国东南地区的用电需求，若将西北方煤炭就地转化为电，使用±800kV 直流特高压线路将容量达 1 亿 kW 的电力输送到华东、华中、华南各省份（相当于年消耗 2.0 亿~2.3 亿 t 煤炭），如按每回输送容量 750 万 kW 计算，则需要 16 回输电线路，相应的投资为 16×250 亿元=4000 亿元；如按每回输送容量 500 万 kW 计算，则需要 20 回，相应的投资为 20×250 亿元=5000 亿元。我国是一个发展中国家，如此巨大的投资显然是一个巨大的负担。

18.1.3 输送损耗因素对长距离煤电输送的影响

不论是长距离输煤还是长距离输电，都会在输送的过程中产生一定的损耗。输煤方式的能源损耗包括煤炭运输过程中的物理损失和动力牵引及装卸能耗；输电方式的能源损耗包括输电线路和变电站或换流站的损耗。

煤炭发热量会影响到输煤方式的能源输送效率，输煤方式的能源输送效率随煤炭发热量的增高而升高。褐煤、洗中煤、煤矸石等发热量较低的低燃值煤炭适宜就地发电，再经过长距离煤电输送到受电端；但对于发热量较高的洗精煤，采用煤电输送的方式就不够经济了，通过铁路将洗精煤运送出来在受端发电反而更能够节省能源。

18.1.4　安全因素对长距离煤电输送的影响

从能源运输通道上看，自我国“三西”及宁东等送端地区至中东部受端地区，影响煤电输送的自然灾害主要有山体滑坡、风灾、冰灾、地震和雷电。

在类型与影响程度上，由于输电线架设在一定高度的铁塔上，且铁塔较为稀疏（铁塔间的距离通常在 50m 及以上），因此地面性灾害（洪水、泥石流、滑坡等）对输电线路造成的影响相对较小。另外，由于输电线架设在铁塔上，由绝缘子固定，牢固程度相对较差，因此与高度有关的灾害（风灾）对输电线的影响相对要更为严重。冰雪灾害会造成输电线、绝缘子挂冰，增加线路负重，进而可能拉倒输电铁塔，造成输电网络故障，因此冰雪灾害对输电线的影响也比较大。此外，由于地震灾害的威力巨大，在建设长距离煤电输送通道时，还要考察沿线的地质构造情况。

在发生时间上，危害电网的冰灾多发生在 12~2 月的冬季，风灾多发生在春、秋多风季节，雷电灾害多发生在多雨季节，而地震发生具有不可预知性。

在区域分布上，冰灾主要分布在我国的华中、华东和南方地区，风灾主要分布在东南沿海地区；泥石流、滑坡多发生在西北、西南部的山区、平原地区，洪涝灾害多发生在华北的黄淮平原、华东的长江三角洲和东北的松辽平原。

长距离煤电的输送，将各大区域电网紧密连接起来，能否摒除外部因素的影响，保证电网的安全稳定运行，需要经过详细充分的论证，盲目地电网建设无疑将隐埋着巨大的安全隐患。

随着远距离输电线路功率的提高，单回线路故障对受端电网的影响更加突出，为了保证电网的安全和稳定运行，应慎重选择线路的额定容量，避免因功率损失过大造成的电能波动和大面积停电等安全稳定问题。

由上述四个因素的分析可以看出，对长距离煤电输送的多个制约因素，必须统筹考虑，认真分析，做好规划，避免电网投资建设的无序和浪费。

18.2　长距离煤电输送的主要通道

18.2.1　长距离煤电输送的主要基地

根据《中国能源中长期发展战略研究》，目前正在开发的大型煤电基地主要集中在山西、陕西、内蒙古、新疆等地区，主要有山西（晋东南、晋中、晋北）、陕北、宁东、准格尔、鄂尔多斯、锡林郭勒盟、呼伦贝尔盟、霍林河、宝清、哈密、准东、伊犁、彬长、淮南等大型煤电基地。上述基地可开发总规模超过 6 亿 kW，目前正在开展前期工作的装机规模约 4 亿 kW（国网能源研究院和中国电力科学研究院，2011；国家电网公司，2006）。

（1）山西（晋东南、晋北、晋中）煤电基地

山西煤炭已探明保有储量2663亿t，多年平均水资源总量123.8亿m^3，综合考虑煤炭和水资源，山西省晋东南、晋中、晋北三个煤电基地可开发电源装机规模约1亿kW。目前开展前期工作的电源项目规模7520万kW。其中，晋东南煤电基地规模约3560万kW，晋中煤电基地规模约2200万kW，晋北煤电基地规模约1760万kW。

（2）陕北煤电基地

陕北煤电基地煤炭储量丰富，煤质优良，主要有神东、榆神、榆横和府谷四个矿区，已探明保有储量1291亿t，多年平均水资源总量48.4亿m^3。综合考虑煤炭和水资源，可开发电源装机规模4380万kW，目前开展前期工作的电源项目规模3000万kW。

（3）宁东煤电基地

宁东煤电基地煤炭已探明保有储量309亿t，主要包括石嘴山、石炭井、灵武、鸳鸯湖、石沟骚、横城、韦州、马积萌8个矿区。可用于宁东煤电基地的多年平均水资源总量3.18亿m^3。综合考虑煤炭和水资源，可开发电源装机规模4880万kW。目前开展前期工作的电源项目规模3166万kW。

（4）准格尔煤电基地

准格尔煤电基地煤炭主要由准格尔旗的哈尔乌素勘探区、石岩沟煤田、龙王沟煤田、城塔煤矿、罐子沟煤矿、青春塔井田、长滩川西井田等供应。矿区保有煤炭储量256亿t，其中，已被占用35亿t，尚未利用221亿t。准格尔旗多年平均水资源总量（不含过境水资源）为3.61亿m^3，可利用总量为1.35亿m^3/a。综合考虑准格尔煤电基地煤炭和水资源，2020年可开发电源规模超过6000万kW。目前开展前期工作的电源项目规模为4840万kW。

（5）鄂尔多斯煤电基地

鄂尔多斯煤炭已探明保有储量560亿t，多年平均水资源总量25.8亿m^3。综合考虑鄂尔多斯煤电基地煤炭和水资源，可开发电源规模超过6000万kW。目前开展前期工作的电源项目总规模为1920万kW。

（6）锡林郭勒盟煤电基地

锡林郭勒盟煤炭资源丰富，开发潜力巨大，到2005年年底，全盟煤炭资源保有储量为484亿t，预测储量为1882.8亿t。其中，地质储量超百亿吨的东乌珠穆沁旗额煤田和宝力格煤田为376.32亿t，锡林浩特市胜利煤田为224.42亿t，西乌珠穆沁旗白音华煤田为140.7亿t，西乌珠穆沁旗高力罕煤田为138.31亿t；10亿吨以上、100亿吨以下的煤田有21个。锡林郭勒盟多年平均水资源总量为26万亿m^3，地表水资源量为了7.1亿m^3，地下水资源量为22.35亿m^3，地表水地下水重复计算量为3.37亿m^3。综合考虑煤炭和水资源，2020年可开发电源装机规模约5000万kW。

（7）呼伦贝尔煤电基地

呼伦贝尔煤电基地包括扎赉诺尔、宝日希勒、伊敏、大雁4个矿区，已探明保有储量为338亿t，其中尚未开发量为301亿t，大部分为低硫、低磷的优质褐煤。呼伦贝尔地区水资源丰富，多年平均水资源总量为127.4亿m^3。综合考虑煤炭和水资源，2020年可开发电源装机规模约为3700万kW。目前开展前期工作的电源项目总规模为3040万kW。

（8）霍林河煤电基地

霍林河煤电基地已探明保有储量为118亿t，其中已占用25亿t。综合考虑矿区外部建设条件、现有资源储量及开采技术条件，矿区尚未利用保有储量为93亿t，估算其可采储量约为65亿t。霍林河地区具有可靠的水资源保障，多年平均水资源总量约为2.4亿m^3。综合考虑煤炭和水资源，2020年可开发电源装机规模约为1420万kW。

（9）宝清煤电基地

宝清地区煤炭探明地质储量为52.2亿t，可采储量为25.5亿t，储量在5000万t以上的大煤田有10个，主要分布在朝阳区、七星河南区、双和镇区和七星河区，易于开采的煤田主要位于前三个区。宝清煤电基地位于黑龙江省三江平原挠力河流域，流域多年平均水资源总量为34.58亿m^3。其中，地表水资源量为26.1亿m^3，地下水资源量为13.68亿m^3，重复计算水量为5.2亿m^3。综合考虑煤炭和水资源，可开发电源装机1200万kW。目前开展前期工作的电源项目为1000万kW，主要电源点有鲁能宝清电厂600万kW和华电宝清电厂400万kW。

（10）哈密煤电基地

哈密地区境内煤炭资源十分丰富，而且煤质好，煤层浅，可开发为露天煤矿，开采成本低。区域内煤炭资源预测储量为5708亿t，探明储量为388.5亿t，主要分布在三道岭、沙尔湖、大南湖、野马泉、三塘湖、淖毛湖一带。哈密煤炭生产基地主要包括哈密、大南湖2个矿区，基地查明保有资源储量为159亿t。哈密地区多年平均水资源总量为5.67亿m^3，其中，地表水资源量为4.559亿m^3，地下水资源量为2.69亿m^3。综合考虑煤炭和水资源，可开发电源装机规模超过2000万kW。

（11）准东煤电基地

准东地区煤炭资源非常丰富，包括北山—帐篷沟、吉木萨尔和将军庙等矿区，已探明保有储量为789亿t，1000m以浅预测远景资源量还有2249.83亿t。准东煤电煤化工基地用水通过引额济乌及“500”东延供水工程来满足其用水需求，多年平均水资源总量为13.85亿m^3。综合考虑煤炭和水资源，2020年可开发电源装机规模为2800万kW左右。目前开展前期工作的电源项目规模为3168万kW。

（12）伊犁煤电基地

伊犁煤田查明保有资源储量为129.37亿t，1000m以浅预测远景区资源量为

2073.36 亿 t。伊犁河流域是新疆水资源最丰富的地区，地表水年径流量约为 170 亿 m^3。综合考虑煤炭和水资源，可开发电源装机规模约为 8700 万 kW。

(13) 彬长煤电基地

彬长煤电地区煤炭资源位于陕西省咸阳市西北部，矿区保有储量为 88 亿 t，其中，已被占用 17 亿 t、尚未利用 71 亿 t。彬长地区的多年平均地表水资源量为 1.02 亿 m^3，多年平均地下水资源量为 0.29 亿 m^3，扣除重复量后自产水资源总量为 1.05 亿 m^3/a。考虑彬长地区入境水量为 14.01 亿 m^3/a，则入境水量加自产水资源量为 15.06 亿 m^3/a。综合考虑地区煤炭及水资源情况，可开发电源装机 1300 万 kW。

(14) 淮南煤电基地

淮南煤炭累计探明储量为 148.21 亿 t，已探明的保有储量约为 139 亿 t。淮南煤电基地位于我国淮河流域，水资源极其丰富，探明总量约为 58 亿 m^3/a。综合考虑淮南煤炭和水资源状况，可开发电源装机规模为 2500 万 kW。

我国北方的山西、陕西、内蒙古、宁夏、新疆等省份是我国煤炭资源的富集区，目前五省区的煤炭报有资源储量共 7828 亿 t，占五省份总量的 81.5%。在大力发展空冷机组和采取水利工程建设、水权转换，以及加大城市中水和矿坑排水利用等措施的基础上，上述煤电基地未来可获得的新增发电量用水大约可支持超过 4 亿 kW 的新增装机规模。

18.2.2 长距离煤电输送的主要通道

经过改革开放 30 年，特别是"西电东送"战略实施后，我国远距离大容量输电能力得到极大提升，西部丰富的煤炭、水电资源，通过距离超过 1000km 的"西电东送"南、中、北三大通道输往东部地区，三大通道的输电能力都在 2000 万 kW 以上。

综合考虑全国能源资源、电力消费需求，未来我国将保持大规模的"西电东送、北电南送"的电力流格局。其中，西南水电送电"三华"电网及南方电网负荷中心；山西、陕西、蒙西、宁夏，新疆、酒泉、锡盟、蒙东能源基地向"三华"电网送电；周边俄罗斯、蒙古等国就近向负荷中心送电（中国能源中长期发展战略研究项目组，2011；国网能源研究院，2011）。

目前已经实现或正在建设输送工程的电力流规模共 5850 万 kW，具体见表 18-1。此外，在 2011~2020 年，华北京津冀鲁、华中东部四省和华东电网需要新增受入电力约 2.69 亿 kW。其中，华北京津冀鲁新增 8442 万 kW，华中东四省新增 8000 万 kW，华东新增 10 430 万 kW。

针对上述新增的 2.69 亿 kW 电力流，按照不同输送方式，分别构建特高压交流和 500kV 网架。川西水电受走廊资源限制，采用直流外送是合理的，西北、东北电网不与三华电网构成同步电网，因此这些地区能源基地采用直流外送是合理的。蒙西、蒙东火电基地中有一部分采用直流外送，这些直流见表 18-2。

表 18-1　已经建成或在建的远距离送电工程　　（单位：万 kW）

形式	名称	受端	容量
直流	三峡直流	华东	1 200
	向家坝—上海	华东	640
	锦屏—苏州	华东	720
	宁东—山东	华北山东	400
500kV 电厂直送	阳城送出	华东江苏	330
	托克托送出	华北京津唐	480
	神木送出	华北京津唐	440
	上都送出	华北京津唐	240
	三峡送出	华中东四省	740
500kV 网对网	内蒙—华北主网	华北	400
	四川送华中东四省	华中东四省	260
合计			5 850

表 18-2　特高压直流输送工程规划方案

受电区域		起点	落点	电压/kV	输送容量/万 kW
华北京津冀鲁	宝清—唐山	宝清	唐山	±800	750
	呼盟—山东	呼盟	青州	±800	750
	蒙古—天津	蒙古	宝坻	±660	460
	蒙古—河北	蒙古	霸州	±800	750
	蒙古—山东	蒙古	潍坊	±800	750
	哈密—山东	哈密	沂蒙	±800	750
	彬长—临沂	彬长	临沂	±660	460
	小计				4 670
华中东四省	哈密—河南	哈密	郑州	±800	750
	酒泉—湖南	酒泉	湘潭	±800	750
	陇东—江西	陇东	新余	±800	750
	准东—江西	准东	南昌	±1100	1 000
	呼盟—河南	呼盟	豫北	±800	750
	白鹤滩—湖北	白鹤滩	鄂东	±800	750
	小计				4 750
华东电网	宁东—浙江	太阳山	绍兴	±800	750
	溪洛渡—浙江	溪洛渡	浙西	±800	750
	锡盟—江苏	锡盟	南京	±800	750
	蒙西—江苏	内蒙古西部	溧阳	±800	750
	金沙江—浙江	乌东德	温州	±1100	1 000
	蒙东—江苏	赤峰	无锡	±800	750
	小计				4 750
“三华”合计					14 170

18.3 基于长距离大容量煤电输送通道的电网架构分析

18.3.1 三华电网网架结构

根据实际情况，我国华北、华中、华东电网未来可能有三种主要的发展方案，即500kV电网发展方案、三华1000kV特高压交流同步电网方案、三华1000kV特高压交流异步电网方案。

(1) 500kV电网发展方案

未来大区间的电力流规模将逐步加大，采用500kV交流和直流承担电力输送，延续现有500kV电网的发展是500kV电网发展模式的主要内容。采用500kV交流，既可以考虑维持现有电网结构，也可以考虑形成更大规模的同步电网，前者对应的是全国电网维持现有分区，即保持南方、东北、西北、华北、华中、华东六个区域电网，区域电网间采用直流联系，后者对应的是三华（华北、华中、华东）形成同步电网的结构。该模式的互联格局见图18-1。

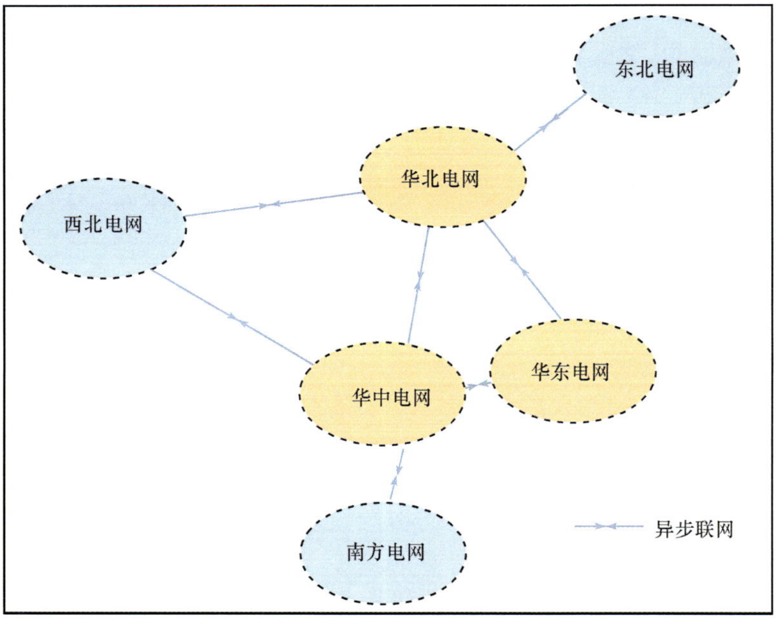

图18-1 500kV电网发展模式区域电网互联格局示意图

(2) 三华特高压交流同步电网方案

三华特高压交流同步电网方案是指建设华北、华中、华东特高压交流同步电网（简称三华特高压同步方案，下同），通过直流与东北、西北、南方电网互联，连接各煤电基地、水电基地、核电基地、可再生能源基地和主要负荷中心，全国形成四个区域电网。其电网互联格局如图18-2所示。

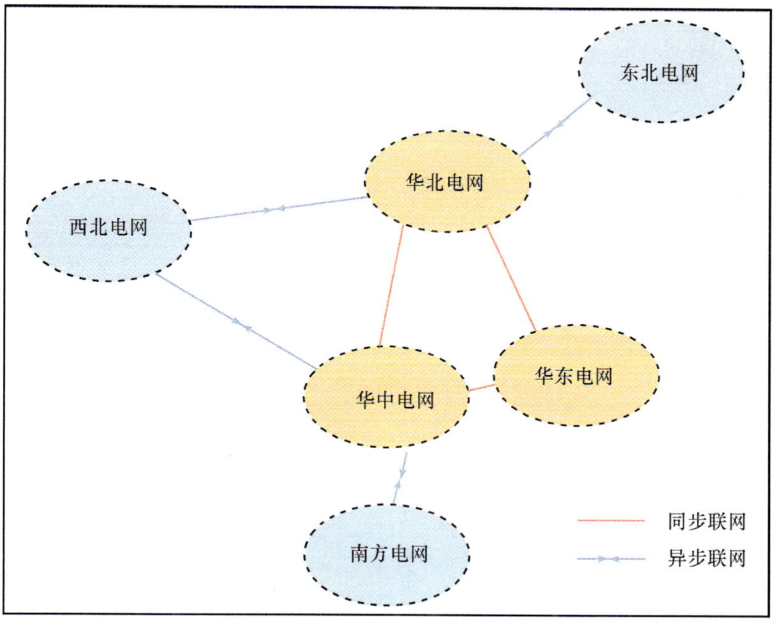

图 18-2　三华特高压交流同步电网互联格局示意图

(3) 三华特高压交流异步电网方案

即华北—华中、华东特高压交流异步电网方案，华北—华中和华东分别构建特高压同步电网，华北—华中与华东间采用直流联网（简称三华特高压异步方案，下同）。全国形成华北—华中、华东、东北、西北、南方五个同步电网。其电网互联格局如图 18-3 所示。

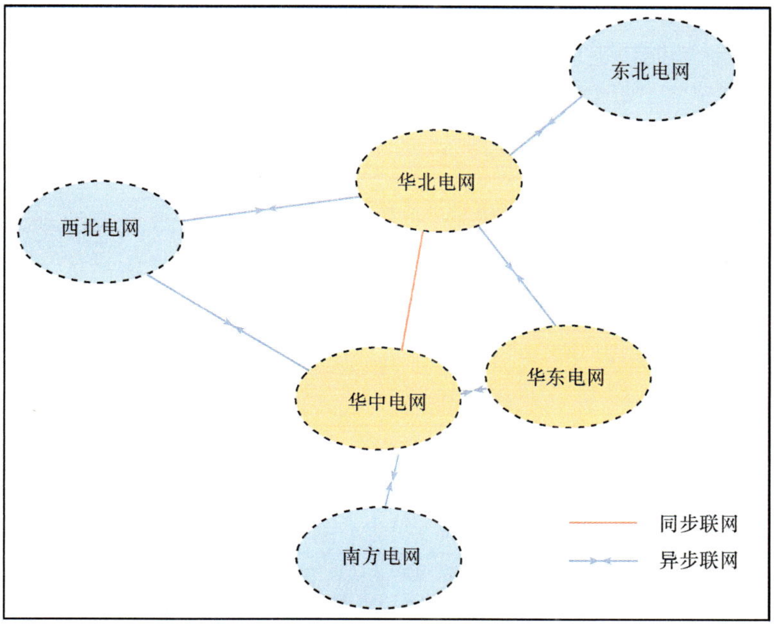

图 18-3　三华特高压交流异步电网发展模式

18.3.2 南方电网网架结构

南方电网西电东送主网架依托西电东送战略的实施而逐步形成并发展壮大，主要经历了“九五”起步、“十五”和“十一五”大发展时期。目前，已形成“八交五直”西电东送主网架，包括：天广、贵广各4回500kV交流通道；云广1回±800kV直流和天广1回、三广1回、贵广1、2回共4回±500kV直流。云电送出断面4回500kV交流线路、贵电送出断面5回500kV交流线路。

从目前南方电网运行情况来看，未来继续发展500kV交流输电通道将难以满足未来西电东送的输电需要，同时西电东送主网架与各省500kV主网架结构不清晰，潮流控制和稳定措施复杂，且短路电流水平超标的问题将更加突出。从目前远距离、大容量输电技术的发展来看，未来南方电网西电东送主要有两种可供选择的技术手段，一是采用直流输电技术，包括特高压、超高压直流；二是发展特高压交流输电技术。

南方电网区域内资源禀赋特性及经济发展不平衡性，决定了南方电网具有远距离、大容量、超高压输电、交直流混合运行的特点，电网运行长期存在如下风险：①交直流并联运行，直流闭锁将导致大量功率转移，威胁系统安全。②多直流集中馈入受端，多回直流同时换相失败甚至闭锁可能导致系统稳定破坏。③远距离大容量输电、长链式结构致使系统阻尼弱，容易发生低频振荡。

针对南方电网面临的安全稳定运行风险及中长期电力发展问题，南方电网开展了《南方电网远景直流输电规模研究》、《南方电网中长期网架结构研究》等一系列规划专题研究工作，研究确定了南方电网西电东送技术路线：未来西电东送输电网发展的技术路线以直流输电技术为主。为避免电网发生多重故障时出现大面积停电事故，同步电网规模不宜过大，南方电网2020年以后可视电网发展程度，适时分解为2~3个独立同步电网运行，即云南形成送端同步电网，广西、贵州、广东、海南形成1~2个受端同步电网。云南形成送端同步电网已提前在“十三五”初实施。

18.4 小结

1）长距离煤电输送受环境、投资、损耗、安全四个方面因素的制约。输电线路会加重煤电基地的环境污染，其投资和损耗与输电容量和输送距离成正相关关系，其安全性受自然灾害影响较大。煤电输送必须统筹考虑，认真分析，做好规划，避免电网投资建设的无序和浪费。在煤炭基地建设电站，便于大气污染的集中治理，有利于煤炭的清洁利用；将坑口低质煤就地发电采用架空输电技术外送，可提高煤炭利用的经济性。

2）长距离煤电输送对沿线生活产生的影响主要是指电磁环境影响，与铁路、公路、海运等煤炭运输方式相比，投运的输电线路不产生其他额外的环境污染问题，可实现能量的清洁传输，在煤炭清洁利用方面具有明显优势。

3）目前正在开发的大型煤电基地主要集中在山西、陕西、内蒙古、新疆等地区，主要有山西（晋东南、晋中、晋北）、陕北、宁东、准格尔、鄂尔多斯、锡林郭勒盟、呼伦贝尔盟、霍林河、宝清、哈密、准东、伊犁、彬长、淮南等大型煤电基地。

4）综合考虑全国能源资源、电力消费需求，未来我国将形成大规模的“西电东送、北电南送”的电力流格局。其中，西南水电送电“三华”电网及南方电网负荷中心；山西、陕西、蒙西、宁夏、新疆、酒泉、锡盟、蒙东能源基地向“三华”电网送电；周边俄罗斯、蒙古等国就近向负荷中心送电。

第 19 章　主要结论与建议

19.1　主要结论

第一，我国架空输电技术目前处于世界领先水平，已经进入实用阶段的先进输电技术可满足不同起落点、不同容量的煤电外送需求，特高压直流输电技术将发挥主要作用。

1）±500～1000kV 交流输电技术主要用于 1000km 以下电能输送，输送容量可达 5000MW，结合紧凑型和柔性输电技术，可有效提升输送容量和距离；特高压交流线路可用于实现大规模跨区域的电网互联。

2）±500～660kV 直流输电可用于 1000km 左右的电能输送，每回容量可达 4000MW 左右。

3）±800kV 特高压直流输电技术已经成熟，可用于 1500km 左右电能输送，每回容量可达 8000MW。

4）为了进一步提高输送距离和输电容量，实现跨大区超长距离的集中送电，消纳大电源基地电力外送能力，我国已经开展±1000kV 和±1100kV 电压等级特高压直流工程技术的可行性分析、设备制造技术研究，预期解决 2500km 以上的电能输送距离，每回容量可达 10 000MW。

5）同塔多回输电技术、紧凑型输电技术可广泛应用于不同电压等级输电线路，显著提高输电走廊利用率，节约土地资源，是我国今后电网建设发展的必然趋势。

6）应慎重选择线路的额定容量，避免线路故障时因功率损失过大造成的电能波动和大面积停电等安全稳定问题。

第二，我国未来电力需求仍将快速增长，受端电网受入电力空间巨大。

1）我国全社会用电量需求在“十二五”期间保持平均每年 8% 左右的增长速度，“十三五”期间平均增速为 5% 左右，最大负荷增长速度与用电量增长速度相近。

2）我国电能需求主要集中在华北京津冀鲁、华中东部四省、华东电网和南方电网广州地区，已建或在建送电容量总计 0. 59 亿 kW。到 2020 年将保持受端电网格局不变，华北、华东、华中受端电网最大负荷总计 8. 54 亿 kW，2011～2020 年新增负荷约 4. 36 亿 kW。

3）华北京津冀鲁、华中东部四省和华东电网受入电力 3. 27 亿 kW 电能时，可保证系统安全稳定性和各煤电基地装机满足要求，华北、华东和华中分别可受入 1. 04 亿 kW、1. 33 亿 kW 和 0. 90 亿 kW，占最大负荷的 39. 3%、40. 5%、34. 5%；新增 2. 69 亿 kW 外送电能，就地需新增容量 1. 67 亿 kW。南方电网可受入 0. 66 亿 kW，占最大负荷的 36. 3%，就地需新增容量0.52亿kW。

4）按照目前的电网结构和发展规划，其承接能力仍存在空间，如外送基地电能充足，通过调整送电方式和网架结构，我国负荷中心电网可根据需要承接比例更高的外送电能。

第三，就地发电厂对提高受端电网稳定性、增强承接远距离送电能力作用明显，但建设也要受到一次能源供给贫乏、土地资源不足等不利因素的制约。

1）随着受端电网受电比例的不断增大，受端电网内部本地电源支撑不足将逐渐成为影响受端电网受电比例的最主要的制约因素，在受端电网的大负荷中心处建设就地发电厂，可大幅降低输电网的建设成本，提高受端电网受电能力和电压支撑能力，有助于支撑受端电网的电压水平、增强受端电网的稳定性和抵御外部干扰的能力，提高电网的稳定性。

2）就地发电厂比例过高会使本地短路电流增大，可以通过增强网架结构提高电网对就地发电厂的接纳能力。

3）就地发电厂受到一次能源供给、地理条件、空间等不利因素的制约，其规划应该综合考虑其利弊。

4）应重视负荷中心就地电源的建设规划，尤其是电源容量、接入电压等级、发电形式、黑启动能力、布点等的合理组合和综合平衡，加强本地电源支撑能力，提高电力供应抵抗外部电网干扰的能力。

第四，我国煤电基地产能充足，已建或规划煤电输送通道和电网结构可满足电能输送需求，合理采用先进架空输电技术有利于煤炭的清洁利用。

1）长距离煤电输送受环境、投资、损耗、安全四个方面因素制约。输电线路会加重煤电基地的环境污染，其投资和损耗与输电容量和输送距离成正相关关系，其安全性受自然灾害影响较大。煤电输送必须统筹考虑，认真分析，做好规划，避免电网投资建设的无序和浪费。在煤炭基地建设电站，便于大气污染的集中治理，有利于煤炭的清洁利用；将坑口低质煤就地发电采用架空输电技术外送，可提高煤炭利用的经济性。

2）长距离煤电输送对沿线生活产生的影响主要是指电磁环境影响，与铁路、公路、海运等煤炭运输方式相比，投运的输电线路不产生其他额外的环境污染问题，可实现能量的清洁传输，在煤炭清洁利用方面具有明显优势。

3）目前正在开发的大型煤电基地主要集中在山西、陕西、内蒙古、新疆等地区，主要有山西（晋东南、晋中、晋北）、陕北、宁东、准格尔、鄂尔多斯、锡林郭勒盟、呼伦贝尔盟、霍林河、宝清、哈密、准东、伊犁、彬长、淮南等大型煤电基地。

4）综合考虑全国能源资源、电力消费需求，未来我国将形成大规模的“西电东送、北电南送”的电力流格局。其中，西南水电送电“三华”电网及南方电网负荷中心；山西、陕西、蒙西、宁夏、新疆、酒泉、锡盟、蒙东能源基地向“三华”电网送电；周边俄罗斯、蒙古等国就近向负荷中心送电。

19.2 建议

1）深化先进架空输电技术研究，深入开展紧凑型、同塔多回和柔性输电技术在交直流特高压工程中的应用，有利于提高输送容量、节约输电走廊、增加输电距离。

2）推动更高（±1000kV 或±1100kV）电压等级特高压直流输电技术及其可行性研究，拓展电能输送距离，降低电能输送损耗，为煤炭开发和电能外送提供更加经济有效的选择。

3）深入开展线路设计方法和电磁环境保护措施的研究，进一步提高输电线路的环境友好性；提升我国电力装备制造能力，降低输电工程造价，提高系统可靠性。

4）开展新型输电技术前瞻性研究，以期在特定条件下弥补现有输电方式的不足，创造新的技术和经济增长点。

5）我国配电网建设水平相对落后，该问题将明显影响远距离电力的承接能力和就地发电厂的规划方案，应充分重视该问题，加大科研和产业投入，提高配电网的可靠性，推动智能配电网研究和工程示范。

6）应该综合考虑远距离输电和就地电厂建设的平衡问题，充分考虑两者对电网稳定性的影响，以及其发展所面临的资源问题。

第三篇

输煤输电比较

第 20 章 本篇概述

20.1 能源利用效率分析

本篇对 1000km 以上跨区域远距离大规模输煤输电，从能源利用效率（减少能源转换损失）的角度进行分析，得出输煤优于输电的结论。输煤的能源利用效率比输电高10%，相当于等效供电煤耗低 30gce/(kW·h)，净供电效率比输电高 4 个百分点（如按受端年接受 5000 亿 kW·h 的电量，则输煤比输电少消耗约 1500 万 tce）。

从长期来看，节能减排、提高能源利用效率、控制能源消费强度，是国家社会经济可持续发展的前提条件，因此从制定能源战略和规划上考虑，更应重视能源输送方式节能减排的效果。

20.2 经济性比较

本篇选择哈密—郑州±800kV、宁东—山东±660kV 的直流输电工程为参考项目，并用实际铁路建设、运维数据模拟等运距的输煤工程为对比项目，采用成本加基准收益的比较方法（简称“成本比较方法”），测算输煤输电单位兆瓦的受端成本电价，并进行了项目效益的案例分析。

研究结果表明，输送距离在 1000～2500km，在输煤输电送端煤价相同的情况下，输煤受端成本电价较输电低 56～43 元/(MW·h)，输煤的项目效益优于输电；换言之，当输煤输电的送端煤价差在 146～111 元/t 时（煤炭发热量按 5500kcal/kg 计，下同），二者的经济性相当。

本篇还采用基于现行铁路运输价格和市场煤炭价格的比较方法，对上述案例输煤输电经济性的影响进行了对比分析。

研究结果表明，当铁路单一里程 2200～1300km，综合运价为 0.124～0.2160 元/(t·km) 时（不含税，下同），输煤输电的经济性相当，是效益平衡点铁路运价。按市场受端实际到厂煤价计算，输电的经济性好于输煤。

实际送端有很多因素可造成送端煤差价接近或超过上述经济平衡点煤价差，这就可能使输煤效益优于输电的结论发生逆转，其中铁路运力的供需不平衡是主要原因。随着铁路体制的深化改革、铁路运力的提高，不规范的状况必然会得到改善；同时实际工程可能存在的如铁路运距大于输电距离、煤的发热量降低及随着技术的发展，投资水平的变化等因素，也会造成经济比较结果的变化。因此，输煤输电从项目的经济效益分析的孰优孰劣，有很强的时效性，难以作为我国能源输送方式选择的主要依据。

20.3 煤、电、运协调发展分析

煤、电、运的协调发展关键在于铁路的运力。应采用多元化投资和经营模式，加快煤炭外运通道的建设，解决煤炭外运制约瓶颈；通过在政府引导下的体制改革和市场调节的综合措施，逐步理顺煤、电、运的供需矛盾和价格体系。

通过发电就地利用低热值煤炭、洗中煤和煤矸石，是合理开发利用煤炭资源的重要和有效途径，可以减缓铁路运输的压力，是输煤输电规模配置考虑的前提条件。

20.4 促进区域社会经济协调可持续发展分析

总结我国近10余年来西电东送和省区间电力输出输入的发展过程，由于各种原因，输出、输入方从各自的利益考虑出发，曾发生过限制电力输出或限制输入的情况，这与没有建立具有约束力、能持续保障相关方利益平衡的机制和规则有关。

因此，从促进区域社会经济协调发展，综合考虑生态、环境和水资源等制约性因素的影响，在政策引导下，通过市场调节机制的作用，建立公平合理、具有约束力的省区间经济贸易规则，使各相关方面的权益，尤其是经济权益得到持续的保障，是建立我国能源流科学方式的关键。

20.5 综合比较分析

综合分析表明，输煤在供电安全、能源利用效率、输送规模和经济性、土地和水资源占用等方面占优；输电在促进区域经济协调发展、提高煤炭资源合理开发利用（低热值煤的利用）、建设难易程度和建设周期、能源输送的灵活性方面占优。

西部地区经济相对落后，加大电源建设规模，提高输电比重，对促进区域社会经济发展、煤炭资源合理开发利用有利，但生态和水资源是主要的制约性因素。

东部地区是经济和负荷中心，从保证供电安全考虑，需要适当比例的新增煤电电源支撑，也有利于减少能源转换损失，水资源和灰渣综合利用条件好，但污染物环境排放空间是主要限制性因素。

20.6 综合建议

近年来我国特高压交、直流输电技术发展逐步成熟，已形成了系列电压等级的输电方案。随着西部煤电基地的大规模开发，电力输出输入需求增强，跨区域长距离大规模输电具有较大的发展潜力，建议“十二五”期间应加大煤电基地特高压跨区域输电的建设，提高输电规模；同时加紧铁路项目投资体制的改革，推动铁路建设投资多元化，实行我国货物运输能力建设发展，逐步建立起煤、电、运的价格体系和市场定价机制，形成市场需求和政府调节相结合的输煤输电并举的跨区域能源输送格局。

第 21 章 输煤输电比较研究概论

21.1 输煤输电比较的基本概念

21.1.1 基本概念和名词解释

21.1.1.1 基本概念

本篇对 1000km 及以上跨区域、大规模铁路、铁路海运联合输煤和直流特高压输电进行综合比较研究。本篇采用的与输煤输电相关的基本概念和名词解释如下。

输煤：通过铁路或铁路经港口转运，将煤炭从煤炭基地运输至东、中部负荷中心，建设燃煤电厂，提供受端地区电力需求的整个环节。

在经济和能源利用效率比较中，采用铁路运输，直接抵达受端地区的煤炭运输方式称为铁路直达输煤方案。

铁路经港口转海运抵达沿海港口转运，或受端燃煤电厂专用码头的煤炭运输方式，称为铁海联运输煤方案。

输电：在煤炭基地建设燃煤电厂，所发电能通过输电工程输送到东、中部负荷中心，提供受端地区电力需求的整个环节。

送端：煤炭或电力输出地区、输煤或输电的起始点，如送端电厂，指输电在煤炭基地配套的燃煤发电厂。

受端：煤炭或电力接受地区、输煤或输电的落地点，如受端电厂，指输煤在负荷中心配套的燃煤发电厂。

输煤输电经济性比较：一般以相同的能源（煤炭或电力）输送起点和电力上网落点，以受端落地点的成本电价为目标值，在特定的技术经济背景、边界条件和输送规模下，进行经济性差异的分析比较。

输煤输电能源利用效率比较：对输煤输电各环节产生的能量损失进行分析对比，比较整体能源利用效率的差异。采用能源利用效率、等效供电标煤耗和净供电效率等指标进行衡量。

输煤输电的具体流程参见图 21-1。其中，从送端煤矿到送端电厂的煤炭运输方式包括皮带输送、短途公路、铁路专用线运输等。

21.1.1.2 名词解释

等效净供电煤耗：受端单位上网电量所消耗的标煤量［g/(kW·h)］。

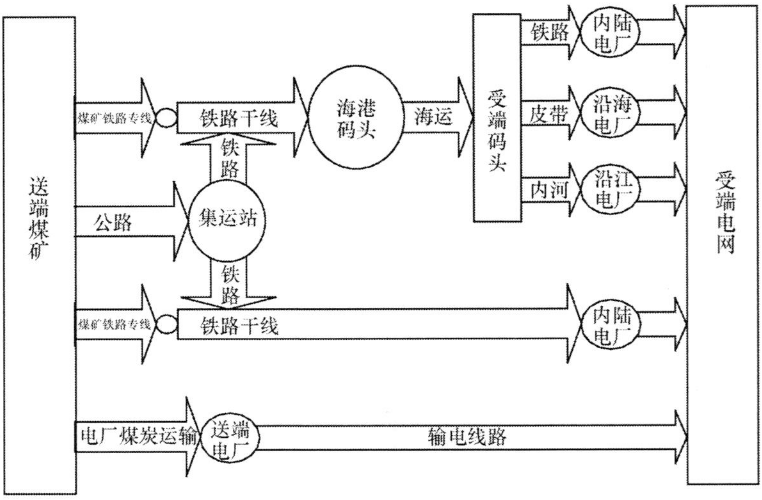

图 21-1 输煤输电流程示意图

等效净供电效率：受端单位上网电量与所消耗的煤炭发热量比值/%；等效净供电效率和等效净供电煤耗数值上存在如下关系：

$$等效净供电效率（\%）=（123/等效净供电煤耗）\times 100\%$$

能源损失：煤炭运输能源损失包括装卸、储存、运输途中各环节产生的风吹、遗撒和自燃等物理损失、驱动耗能等动力能耗。输电主要是输电线路、变电站、换流站产生的功率损失。

能源利用效率和能源损失：按能量占比计算，表示能源的利用程度和损失程度。

能源利用效率与能源损失率的关系如下：

$$能源利用效率=1-能源损失率$$

湿冷机组：火电厂汽轮机排汽采用海洋、江、河和湖泊一次循环水冷却系统以及采用带冷却塔的二次循环水冷却系统的机组的简称。

空冷机组：火电厂汽轮机排汽采用直接或间接空气冷却系统的机组的简称。

空冷机组淡水消耗量大幅下降，但相对投资有所提高、供电煤耗亦有所升高。目前，空冷机组的淡水消耗指标约为 0.5kg/(kW·h)；与海水一次循环常规水冷却机组相当，约为二次淡水循环机组水耗指标的 15%。

近年来，我国新建燃煤发电机组以 600MW、1000MW 超（超）临界发电机组为主。2010 年，宁夏灵武电厂 2×1000MW 超临界空冷机组投产，标志着空冷机组突破了单机容量 600MW 的限制。因此，本篇燃煤电厂的技术经济数据以 600MW、1000MW 单机容量为依据。

本篇未特别注明时，输煤受端电厂的供电煤耗按 300g/(kW·h) 计算，厂用电率取 5%；输电送端电厂的供电煤耗取 320g/(kW·h)，厂用电率取 10%。

标准煤：简称“标煤”，是指低位发热量为 7000kcal/kg 的煤炭；用于煤耗指标、煤量、煤炭价格等比较分析使用。

如发热量为 5500kcal/kg 煤炭折算到标煤时，煤量折算系数为 0.786、煤价折算系数为 1.273。

本篇未注明时，煤量、煤价均为原煤的数值；供电煤耗指标全部为标煤量［g/(kW·h)］；原煤发热量为 5500kcal/kg。

送端煤价：输煤铁路送端煤炭车板价作为输煤的起始点煤价，简称输煤送端煤价；输电送端电厂的到厂煤炭价作为输电的起始点煤价，简称输电送端煤价。

送端煤价差：输煤输电送端起始点煤价的差值，简称“送端煤价差”。

本篇未注明时，输煤输电送端煤价相同，也即送端煤价差为零。

投资基准收益率：基准收益率反映行业、项目的目标收益率或最低可接受的折现率水平，用于计算年化投资成本。

本篇未注明时，全部投资的收益率取基准收益 8%，经济计算年限为 20 年；投资为项目投产年份的动态投资。

成本电价比较方法：输煤输电项目效益分析，采用基准收益率计算投资成本，采用以投资为基数的费率测算运维成本，折算到受端上网成本电价的成本加收益比较方法，简称“成本电价比较方法”。

现行运价的比较方法：上述成本电价比较方法中，用实际现行铁路运输费率计算煤炭运输价格（或采用实际受端到厂煤价与送端煤价差），并折算成受端成本电价，替代铁路投资和运维成本相对应的受端成本电价，进行项目效益分析的方法，简称“现行铁路运价的比较方法”。

年利用小时数：是年供电量，按额定容量运行相对应的运行小时数，反映燃煤电厂、输电工程行业或项目的年均负荷率。本篇未注明时，年利用小时数取 5500h。

电能转换系数：按照国家统计规则，在统计能源消费、能源损失时，电能转换系数按当年全国燃煤机组平均供电煤耗计算。因此，本篇未注明时，供电煤耗取 2011 年的全国平均水平：330g/(kW·h)。

21.2 研究的指导思想和主题概述

21.2.1 研究的指导思想

我国的煤炭资源丰富，但储量和产能主要集中在西北地区和山西，与经济、电力负荷中心和水资源在地域上呈逆向分布。根据国家能源规划，煤炭在一次能源结构中的比重将由 2010 年的 71% 逐步降低到 2015 年的 63%，2030 年降低至 50% 以下，但到 2030 年总量将会增加到 50 亿~60 亿 t。通过输煤、输电实现跨区域、大规模、远距离能源输送的能源利用格局将长期存在。

本篇研究的指导思想是：在保证能源供应对国民经济持续健康发展的支撑作用的前提下，围绕煤炭资源合理开发利用、区域社会经济协调可持续发展和提高能源利用效率三个主题，综合分析输煤输电在经济性、供电安全可靠性和对社会经济发展影响方面的差异；综合分析生态环境、土地和水资源等制约性因素的相互影响，进而综合研究输煤输电规模的合理配置；采用定量和定性相结合的方法，对重点区域输煤输电案例进行比较，提出输煤输电综合比较的结论和政策性建议意见，目的是对国家制定宏观能源战略、法规政策，电力、煤炭及运输通道规划，提供有价值的思路和参考。

本研究以“国家‘十二五’发展规划纲要”、《国家能源发展“十二五”规划》为指导，以2010年为现状年，以2020年为目标年，展望2030年的发展需要。

21.2.2 研究主题概述

21.2.2.1 促进煤炭资源合理开发利用

我国煤炭资源虽然丰富，但分布主要集中于晋陕蒙宁和新疆等地，分布极不均衡。“十二五”规划煤炭产量控制在37.5亿t，而实际上我国2009年、2010年煤炭产量已超过30亿t和32.4亿t，山西、内蒙古作为我国煤炭的主要生产和输出省份，2011年的实际产量均超过“十二五”规划的产能指标，这些地区的自然生态和水资源状况进一步恶化。

到2020年，即使考虑水电、非化石新能源的快速增长，煤炭占比下降和能效提高，但由于经济总量的增加，每5年也需要增加4亿~5亿t的煤炭供应。因此，必须实行消费总量的控制，促进煤炭合理开发和利用。

21.2.2.2 促进区域社会经济协调可持续发展

区域经济协调可持续发展是国家战略的要求。充分呼应国家东部引领、西部大开发、中部崛起、东北振兴的发展战略，重点是向中西部倾斜，这是输煤输电考虑的重要主题。

20世纪80年代末建设投运大秦晋煤外运通道、2000年初期神华集团采用矿、路、港一体化模式，建设投运神朔黄第二运煤大通道及90年代末起步实施云贵向广东送电的西电东送工程，都是国家在能源输送方面作出的重大战略决策。目前这些项目在我国的能源输送中发挥着关键的作用，对促进区域社会经济协调可持续发展提供了巨大的推动力。

总结我国近10余年来西电东送和省区间电力输出输入的发展历程中存在的问题，由于各种原因，输出、输入方从各自的利益考虑出发，在特定时期，都曾发生过限制电力输出或限制输入的情况，这与没有建立具有约束力、保障相关方利益平衡的机制和规则有关。目前主要煤炭输出省区，从自身的利益出发，都不同程度地制定和实施了提高煤炭就地消化占比，限制原煤输出规模的保护性政策；东部省区以保障供电安全为由，建设大型燃煤电厂的热情不减。这种以省区为利益主体的格局，不利于我国大规模、远距离能源输送的战略规划的安排和实施，不利于国家整体能源供应的安全和平衡。

因此，从促进区域社会经济协调可持续发展比较分析，输煤输电实施的关键是在政府政策引导下，通过市场调节机制的作用，建立公平合理的省区间经济贸易规则，使各相关方面的权益，尤其是经济权益得到持续的保障。国家经济政策和调控措施，应持续向西部地区适当倾斜，以改善西部资源输出造成的自然生态和环境问题，提高经济可持续发展能力。同时要充分尊重当地（特别是少数民族地区）文化传统和生活模式，使当地经济和居民真正受惠受益；通过能源政策导向，促使东部地区产业结构调整，发展和应用新技术，提高节能减排水平。

21.2.2.3 促进提高能源利用效率

我国能源的整体利用效率与发达国家比较还有较大的差距。2009年我国的GDP占世界的8.6%，而能源消费总量却占世界的19.5%，其中，煤炭和石油的消费量分别占世界的46.9%和10.4%。同年美国GDP占世界的24.3%，煤炭和石油消费量分别占世界的15.2%和21.7%（共折合33亿tce）。日本GDP占世界的8.7%，煤炭和石油消费量仅占3.3%和5.5%。

其主要原因是我国产业结构不合理，第二产业占比高（46.8%），占能源消费的近71%；其次是能源转换和用能装备技术能效偏低、技术更新改造投入不足；最后是出口比例大，承担全球“加工厂”的角色等原因造成的。

本篇通过组织调研，收集统计性资料数据，系统分析了输煤输电各环节能源损失状况，得出在目前技术经济条件下，输煤输电能源利用效率的差异。同时对煤炭、电力重工业用户的能耗水平和发展趋势进行了汇总分析。

提高能源利用效率，减少能源生产、运输环节损失，无论对控制能源消费强度、碳减排、还是环境保护，都是最有效的途径。节能优先是能源战略的首选，节能减排是国家社会经济可持续发展的前提条件，因此从制定能源战略和规划上考虑，更应重视能源输送方式节能减排的效果。

本篇从发电调度侧、发电侧和用户侧等方面，提出了与输煤输电相关联的节能政策性方面的措施建议。

21.2.3 综合性因素比较原则概述

21.2.3.1 安全可靠性影响分析

本篇综合分析了输煤、输电在抵御自然灾害、突发社会事件方面的安全可靠性差异。我国中东部地区随着外送电力比例的增加，需要重点研究应对安全可靠供电技术问题；受端负荷地区合理的当地电源支撑、长距离大规模输电安全可靠性应当受到日益关注。

21.2.3.2 输煤输电对生态环境和社会发展的影响

通过案例分析，采用定性和定量相结合的方法，对输煤、输电建设期和运营期对环境和生态影响的差异性，和对社会经济发展影响的程度进行了综合分析研究。输煤输电都会对社会经济发展产生较大的促进作用，但就具体项目而言，输电与输煤项目的效益会有差别，而影响因素是市场波动较大。

21.2.3.3 东部环境资源和西部水资源制约性因素分析

我国正处在经济持续增长、工业化、城市化快速发展时期。由于自然、历史、技术、体制等众多原因，我国的生态环境问题已经面临十分严峻的局面：土地资源沙化面临扩大，水土流失严重；水资源短缺；大气污染严重，酸雨问题突出等。未来我国能源基地建设、燃煤电站建设，将受到环境空间和水资源供应能力等因素的制约。

环境问题对中东西部同样重要，西部地区的开发应该实行同样的标准，不能因为经济不发达，就可以多排放。山西向外输电比较早，大规模的无序开采造成的采空区塌陷、燃烧区、水资源破坏和水土流失等生态和环境影响、社会的负面影响是非常巨大的，应当吸取教训。

21.2.3.4 综合比较分析

通过对我国煤炭资源分布、煤炭输送、煤炭运输和电力供需现状和规划，输电技术的发展现状分析综合汇总分析的基础上，按照上述输煤输电综合比较的指导思想、原则方法，对输煤输电相关影响因素、制约性条件、能源利用效率和经济性比较分析，提出输煤输电的综合性结论意见。结合蒙西、新疆煤电基地的输煤输电调查研究，提出重点地区输煤输电的政策性建议意见。

21.3 经济比较的原则和方法

21.3.1 比较原则

以相同送端起始点和受端落地点，基于受端落地点的成本电价为目标值，结合典型工程案例，以当前技术经济基础数据和特定工程边界条件为基础，通过对输煤方式与输电方式具体项目的效益分析评价，定量比较输煤输电在经济性方面的差异；同时对输煤部分还采用基于现行铁路运价进行比较分析，并对主要影响因素和不确定因素进行敏感性分析。

对技术经济基础数据采用相关行业部门发布的指标，没有发布指标的则通过实际调研获得。

本篇选择哈密—郑州±800kV、宁东—山东±660kV 的直流输电工程为参考项目，并用实际铁路建设、运维数据模拟等运距的输煤工程为对比项目。

采用成本加基准收益的比较方法（简称“成本比较方法”），测算输煤输电每兆瓦的受端成本电价，进行项目效益的案例分析。本篇还采用基于现行铁路运输价格和市场煤炭价格的比较方法，对上述案例输煤输电经济性的影响进行对比分析。

对送端煤炭价格、输送距离、送端煤价差等主要影响因素通过敏感性分析计算，分析其对输煤输电效益的影响程度。

21.3.2 基于成本的经济比较方法

(1) 输煤输电成本构成及成本电价计算

1）各环节和各部分以年为单位计算成本，则输煤输电的年化成本组成如下：

输煤年化成本为下列各项之和：送端年燃料成本+铁路运输年化投资成本和运维成本+受端电厂的年化投资和运维成本。

输电年化成本为下列各项之和：送端年燃料成本+送端电厂的年化投资和运维成本+输电工程的年化投资和运维成本。

各环节的年化成本：电厂年化总成本、铁路运输年化总成本、输电工程年化成本；

各部分的年化成本：燃料年化成本、投资年化成本、运维年化成本。

2）年供电量计算

输煤受端年供电量=铁路年运量×标煤折算系数
×（1-输煤损耗率）/(受端电厂供电煤耗)

输电受端年供电量=输电工程额定输送容量×年利用小数
×（1-年均输电功率损耗）

3）输煤输电成本电价构成

本篇除注明外，各成本电价均以受端上网电量为基数。

输煤总成本电价=输煤总年化成本/受端年供电量

输电总成本电价=输电总年化成本/受端年供电量

输煤、输电各部分、各环节的成本电价可以同理得出。

总成本电价=燃料成本电价+投资成本电价+运维成本电价

（2）投资年化成本的计算方法

投资年化成本采用通用的经济学原理和计算方法：投资年化成本等同于经济计算中的成本构成中的折旧和财务两项成本之和。

年化投资成本系数 $K=(1+R)^N \times R/[(1+R)^N-1]$

投资年化成本=K×总投资

当经济计算年限（N）取 20 年，投资基准收益率（R）取 8%时，K=0.1019。如铁路的单位投资为 8000 万元/km，则铁路的单位年化投资成本为：0.1019×8000=815.2（万元/km）。

（3）运维年化成本的计算方法

运维成本一般包括人工成本、检修维护、材料消耗和管理成本四项。一般采用以投产年投资为基数的费率计算：

年化运维成本=总投资×运维费率

铁路驱动能耗由于与运量有关，需单独计算。采用以 t·km 为单位的能耗指标计算，电价按全国 2011 年工业销售平局电价计算，取 550 元/(MW·h)。

（4）燃料（煤炭）成本

输煤燃料成本及成本电价：

燃料年化成本=年运量×送端煤炭价格

燃料成本电价=燃料年化成本/受端年供电量

燃料成本电价=受端电厂供电煤耗×送端标煤价/(1-煤炭运输损耗率)

输电燃料成本及成本电价：

燃料年化成本=送端电厂供电煤耗×送端煤炭标煤价×输电额定容量
×年利用小时数

或

燃料成本电价＝燃料年化成本/受端年供电量

燃料成本电价＝送端电厂供电煤耗×送端标煤价/(1－输电工程功率损耗)

送端标煤价＝送端煤炭价格×标煤折算系数

21.3.3 输煤基于现行运价的比较方法

输电整个环节、输煤受端电厂的投资和运维成本的计算，仍采用上述基于投资成本的计算方法。

基于现行铁路和海运运价费率，计算煤炭运输到受端地区的煤炭运输费用，并折算成受端成本电价，替代成本比较方法中的铁路投资和运维成本相对应的受端成本电价。

当采用实际受端到厂煤价进行比较分析时，用受端煤价对应的受端成本电价，替代成本比较方法中的送端煤价、铁路运输产生的受端成本电价。

目前我国铁路主要以铁道部制定的统一运价为基础，燃煤单位运价为0.1～0.15元/(t·km)，个别支线达到0.18～0.20元/(t·km)。因此本篇按上述运价区间进行比较分析。

第 22 章 煤炭、电力和电煤运输现状和发展规划

22.1 一次能源总量和结构

2010 年我国国内生产总值（GDP）达到 40.1 万亿元，经济总量升至世界第二，“十一五”期间年均增长 11.2%（发展目标值为 7.5%）。

我国能源消费量巨大，2010 年能源消费总量已达到 32.5 亿 tce，比 2005 年增加 37.7%，是仅次于美国的第二大能源消费国（33 亿 tce）。能源生产 29.9 亿 tce，比 2005 年增加 38.4%，能源自给率为 92%。

根据国家能源规划，按照转变经济发展方式、全面提升能源开发综合利用效率、合理控制能源消费总量、构建安全稳定经济清洁的现代能源产业体系的指导思想，到 2015 年，一次能源总量控制目标为 41 亿 tce，年均增长 4.8%，能源自给率为 84%。

在能源消费总量和结构中，煤炭消费量由 2010 年的 33.9 亿 t 增加到 2015 年的 38.2 亿 t，年均增长 2.8%，但在一次能源中的占比由 70.9% 下降到 62.6%。

原油、天然气和非化石能源消费分别由 2010 年的 3.75 亿 t（占比 16.5%）、1051 亿 m^3（4.3%）、2.7 亿 tce（8.3%），增加到 2015 年的 5.3 亿 t（18.5%）、2300 亿 m^3（7.5%）和 4.7 亿 tce（11.4%）。

到 2015 年能源总体供应能力达到 43 亿 tce，国内生产能力达到 36.2 亿 tce，其中，原煤、原油、天然气和非化石能源分别为 41 亿 t、2 亿 t、1300 亿 m^3 和 4.7 亿 tce；进口一次能源总量为 6.8 亿 tce，其中，煤炭、石油、天然气分别为 1.5 亿 t、3.3 亿 t 和 1300 亿 m^3。

根据相关规划和研究预测，2020 年、2030 年我国一次能源消费总量分别约为 50 亿 tce、60 亿 tce。在一次能源结构中，煤炭消费的占比将持续下降到约 50%，非化石能源的比重将分别上升到 15% 和 25%。

全国一次能源消费总量、结构现状和规划如表 22-1 所示。

表 22-1 全国一次能源消费总量、结构现状和规划

年份	煤炭		原油		天然气		非化石能源		总量合计	
	总量/亿 t	占比/%	总量/亿 t	占比/%	总量/亿 m^3	占比/%	总量/亿 tce	占比/%	总量/亿 tce	占比/%
2010	33.9	70.9	3.75	16.5	1051	4.3	2.7	8.3	32.5	100
2015	38.2	62.6	5.3	18.5	2300	7.5	4.7	11.4	41	100

注：能源消费总量预测 2020 年为 45 亿~50 亿 tce、2030 年为 55 亿~60 亿 tce。

22.2 电力供需现状和规划

2010 年我国全社会用电量 4.2 万亿 kW·h，“十一五”期间年均增长 11.3%，其中火力发电量为 2.37 万亿 kW·h，占比为 81.2%。电力装机容量由 2005 年的 5.2 亿 kW，增加到 2010 的 9.7 亿 kW，累计增长 86.5%，实现了跨越式发展。其中，火电和水电分别为 7.1 亿 kW 和 2.2 亿 kW，分别占 73.2% 和 22.7%，风电和核电分别为 2958 万 kW 和 1082 万 kW，占比分别为 3.1% 和 1.1%。

2010 年，220kV 以上输电线路回路长度 44.56 万 km（2011 年为 48.03 万 km），公用变设备容量 19.90 亿 kVA，500kV 以上输电线路 13.2 万 km，公用变设备容量 6.98 亿 kVA，电网规模居世界第一。“十一五”期间全国电网增加±800kV 特高压直流线路长度 3282km。

2011 年全社会用电量累计达到 46 928 亿 kW·h，同比增长 11.7%。其中，工业用电 34 633 亿 kW·h，占比 73.8%。发电装机容量达到 10.56 亿 kW。其中，火电和水电分别为 7.65 亿 kW（72.44%）（煤电 70 667 万 kW、常规气电 3265 万 kW）和 2.3 亿 kW（21.78%）；风电 4700 万 kW（4.45%）；核电 1191 万 kW（1.13%）。全国火电平均供电煤耗 330g/(kW·h)，线路损失率 6.31%。

根据国家能源规划，2015 年全社会用电量控制目标为 6.3 万亿 kW·h，最大负荷约 10 亿 kW，年均分别增长 8.6% 和 8.9%；电力装机容量 14.3 亿 kW，年均增长 8.1%。其中，燃煤火电增加到 8.9 亿 kW，年均增长 4.6%，占比由 73.2% 下降到 62.2%。非化石能源装机由 2.6 亿 kW 增加到 4.8 亿 kW，占比由 26.8% 增加到 33.6%，其中水电达到 3 亿 kW（含 4000 万 kW 抽水蓄能发电）。

2020 年我国全社会用电量预测为 8.3 万亿 kW·h，最大负荷约为 13.3 亿 kW，“十三五”期间年均分别增长 5.6%。2030 年全社会用电量 10.4 万亿 kW·h，最大负荷约 17.3 亿 kW，年均分别增长 2.3% 和 2.7%。今后 20 年，电力需求将持续增长，新增电量 6.2 万亿 kW·h，负荷 10.7 亿 kW。到 2020 年、2030 年，煤电装机容量占比将呈下降趋势，占比接近 50%，水电装机上升到 3.5 亿 kW（含 7000 万 kW 抽水蓄能发电）。

2010 年我国电能终端能源消费中的比重为 32%，随着社会经济发展，特别是城市化、工业化比例的提高，电能占比将持续增加，预测 2015 年、2020 年、2030 年将分别达到 38%、45%、52% 以上。

全国电力煤电状机容量和煤用量如表 22-2 所示。

表 22-2　全国电力煤电装机容量和用煤量

项目	2005 年	2010 年	2015 年	2020 年	2030 年
总装机容量/亿 kW	5.2	9.7	14.3	18.4	24.7
煤电装机容量/亿 kW	3.7	6.7	8.9	11.0	13.1
煤电装机占比/%	71.5	70.1	62.2	60	53.0
用煤量/亿 t	9.9	17.6	20.2	24.5	28.5
电煤占煤炭的比重/%	53.72	54.24	60	65	/

注：2006~2010 年为统计数据，2015~2030 年为规划数据，用煤量考虑了供电煤耗降低的因素。

2011 年全国人均用电量 3483kW · h，超过世界平均水平；预测在 2015 年、2020 年和 2030 年分别达到 4000kW · h、5000kW · h 和 6000kW · h，电力弹性系数保持在 0.95 左右。

未来 10~20 年，我国煤电装机增长速度趋缓，在装机总容量的占比持续下降，但由于基数规模的增大，燃煤发电每 5 年保持新增约 2 亿 kW 的装机规模，相应对煤炭的需求每 5 年递增约 4 亿 t 的水平。

22.3　煤炭资源分布和供应能力

我国煤炭资源非常丰富，预测的 2000m 以浅的煤炭资源量为 5.6 万亿 t，1000m 以浅约为 2.95 万亿 t，占比 53%。截至 2009 年年底，保有查明资源储量 1.3 万亿 t，比 2005 年增加约 2667 亿 t，其中，查明资源量为 9907 亿 t。

我国煤炭资源分布极不均衡，呈西多东少、北多南少的格局。在全国查明的煤炭资源总量中，内蒙古（26.5%）、山西（30.3%）、新疆（17.5%）、陕西（12.8%）和贵州（4.4%）五省份，共计占全国总量的 91.5%。“十一五”期间查明资源量增长主要在内蒙古和新疆，约占全国增量的 91%。

全国煤炭产量 2005 年为 23.5 亿 t，2010 年增加到 32.4 亿 t，“十一五”期间累计增长 37.9%。2010 年，13 个大型煤炭基地产量共 28 亿 t，占全国的 87%。其中，有 10 个基地煤炭产量超过亿 t，包括神东 5.6 亿 t，晋北和蒙东超过 3 亿 t，云贵、晋东和河南超过 2 亿 t。

按照“调整结构、控制总量、保障供给”的原则，国家煤炭“十二五”工业规划安排煤炭投产规模约 7 亿 t，2015 年煤炭供应能力达到 40.5 亿 t，煤炭产量控制在 37.5 亿 t。新增生产能力主要集中在山西及西北六省区，占 80% 以上。

到 2015 年，东部煤炭产量 4.6 亿 t，占全国的 12%；中部煤炭产量 13 亿 t，占全国的 35%；西部煤炭产量 19.9 亿 t，占全国的 53%。东部的黑龙江（0.95 亿 t）、山东（1.45 亿 t）产量保持稳定，其他省份下降；中部的山西产量增加（总量 8.5 亿 t，占比 23%），河南（2.15 亿 t）、安徽（1.42 亿 t）产量保持；西部的陕西（4.4 亿 t）、内蒙古（8.5 亿 t）、贵州（1.61 亿 t）、新疆（1.5 亿 t）、宁夏（0.85 亿 t）。

全国煤炭省区净调出量由 2010 年的 12.22 亿 t，增加到 2015 年的 15.12 亿 t，其中晋、陕、内蒙古三省区 2010 年调出量为 11.42 亿 t，2015 年为 14.10 亿 t，约占总调出量的 93% 以上。煤炭净调出省份还包括贵州、宁夏、新疆和云南，其余省份全部为净调入区。在调入省份中，江苏（2.5 亿 t）、山东（1.85 亿 t）、浙江（1.7 亿 t）、广东（1.7 亿 t）和河北（1.76 亿 t）处于前 5 位，总量占调入总量的 57%。2010 年全国净进口煤炭 1.46 亿 t，2015 年规划净进口 1.5 亿 t。

晋陕蒙宁甘地区煤炭主要调往华东、京津冀、中南和东北地区，少量调往川渝地区；新疆煤炭目前主要供应甘肃西部、青海和川渝地区；云贵地区煤炭主要调往广东、广西和湖南等地。

2010 年、2015 年主要煤炭生产、消费和净调出（入）实际和预测详见附录 1。

据中国煤炭工业协会公布的 2011 年煤炭经济运行数据，2011 年主要产煤省份的煤炭产量增长很快，主要产煤省份中山西产煤 8.72 亿 t、内蒙古产煤 9.79 亿 t、陕西产煤 4 亿 t，三省份合计约 22.5 亿 t，已超过 2015 年规划产能的 5%。2011 年全国铁路煤炭发运 22.69 亿 t，煤炭占货运总量的 57.9%。

主要四大耗煤行业煤炭消费均继续增长，详见表 22-3。

表 22-3　2011 年主要耗煤行业煤炭消耗量

项目	电力	钢铁	建材	化工	合计
煤炭耗量/亿 t	19.5	5.7	5.1	1.6	31.9
年增长率/%	10.8	6.3	5.1	13.5	9.6

22.4　电煤运输现状和规划分析

22.4.1　铁路运输现状和发展规划

22.4.1.1　铁路运输总体情况

铁路是我国经济社会发展的大动脉，是综合交通系统的重要组成部分。截至 2010 年年底，全国铁路营业里程达到 9.1 万 km，其中电气化运营里程达 4.25 万 km，电气化率 46.6%，均跃居世界第二位。复线里程 3.7 万 km，复线率 41.1%。2010 年，全国铁路货物发送量完成 36.29 亿 t，铁路货物周转量完成 27 332.68 亿 t·km。煤炭运输量突破 20 亿 t 大关，占货运总量比重由 2005 年的 48% 提高到 2010 年的 55%。其中电煤运输 14 亿 t，占铁路煤炭运输量的 70%。

我国铁路已基本形成"八纵八横"的铁路线网格局。"八纵"为京哈、沿海、京沪、京九、京广、大湛、包柳和兰昆通道；"八横"为京兰、煤运北通道和中通道、陆桥（连云港至新疆阿拉山口）、宁西、沿江（沪渝）、沪昆（成）通道和西南出海通道。

在南北向主通道中，京沪、京九、京广铁路等既有干线联系经济长三角、珠三角、京津冀等发达经济区域，客货运输需求量大，长期处于饱和状态。近年来，随着京沪等高速客运列车的投入运营，有望释放一定的货运运能。

在东西向主通道中，煤炭运输北、中、南通道是"三西"地区及宁夏和甘肃煤炭外运的主要通道。详见附录 2。

22.4.1.2　煤炭运输通道分析

(1) 煤炭运输北通道

煤运北通道中，包括大秦线、神朔线、朔黄线、丰沙大线、京原线、集通线和蒙冀线，主要承担"三西"地区的煤炭外运，2010 年总运煤能力 5.97 亿 t，规划 2015 年将达到 10.5 亿 t，通过与之配套的秦皇岛、黄骅港、天津港、京唐港等煤码头，主要向华东、华南沿海经济发达地区供煤，形成铁海联运的格局。

大秦线于 1983 年决策建设，1988 年、1992 年一、二期工程分别建成通车。该铁路全长 658km，原设计运力 1 亿 t，经过持续扩能改造，2005 年运量达到 2 亿 t，2010 年运量突破 4 亿 t（2011 年达 4.4 亿 t），最终将形成 4.5 亿 t 的运力。该运输通道是我国投运最早、运力最大和最重要的晋煤煤炭外运专用通道，并兼顾神东煤炭的外运，与之配套的秦皇岛煤码头，2010 年煤炭吞吐量 2.2 亿 t。

神朔线全长 269km、朔黄线全长 591km，于 2003 年投产运营。神朔线与朔黄线相连，形成继大秦铁路专用通道后的第二条“三西”地区煤炭外运大通道，主要承担神（府）东（胜）煤炭基地的外运。与该专用线配套的包神铁路（170km）等支线、黄骅港和天津港煤码头，均由神华集团控股建设运营，实现了以铁道部管理之外的企业为主体的铁路运输“多元化投资、市场化运作”模式，对我国铁路体制改革和合资铁路的发展具有积极的现实意义和重要的参考价值。

2010 年包神、朔黄线运能达 2 亿 t。朔黄铁路将通过扩能技术改造，2015 年规划运力达 2.5 亿 t，2020 年将比照大秦线扩能到 3.5 亿~4 亿 t 以上。2010 年，黄骅港煤码头吞吐能力为 8500 万 t、天津港煤码头吞吐能力为 4500 万 t，规划 2015 年分别达到 1.5 亿 t 和 8000 万 t。

大秦线、朔黄线是我国仅有的两条具有单一煤炭运输功能的专用铁路线，采用双线、电气化驱动、重载路基、1 万 t 和 2 万 t 机车牵引、整车循环运输不解列、自动装卸不停车等技术，虽然为单向煤炭运输，但设施技术先进、运输集约高效、运能强大，是“三西”地区煤炭外运和华东、华南地区煤炭供应的主力，是我国煤炭输送中的两条大动脉。

“十二五”期间，丰沙大线运能由 1300 万 t 扩能到 1 亿 t；集通线煤炭外运能力将达到 4000 万 t。

2010 年已开工建设的张家口至唐山铁路线，起自集宁线的孔家庄站，终于曹妃甸，正线全长 525km，总投资 500 亿元。该铁路的建设，将连通正在建设的集宁至张家口铁路、集宁至包头铁路三线四线和拟建的准格尔至张家口新线、正蓝旗至张家口铁路，形成内蒙古西部和中部地区煤炭外运下海新通道。配套的妃甸港区共分三期工程建设，未来发展规划为 2 亿 t 的煤炭吞吐能力。

包西铁路全长 800km，“十一五”期间建设的陕西境内神延线、延西线，于 2010 年年底全线通车，设计货运能力 1 亿 t，是“三西”地区煤炭外运的组成部分。

（2）煤炭外运南、中通道

煤炭外运南通道由太焦线、侯月线、陇原线、西康线和宁西线组成；中通道由石太线、邯长线和建设中的和邢线组成。

南通道的煤炭外运能力由 2010 年的 1.58 亿 t 将扩充到 2015 年的 5.3 亿 t。其中，侯月线 2010 年完成煤炭运量 7200 万 t，2015 年将扩容到 1.8 亿 t（2011 年已完成扩容达产）。中通道石太线和邯长线 2010 年运力 8800 万 t，加上即将投运的河邢线增加运力 3000 万 t，2015 年运力达到 2.3 亿 t。晋陕蒙宁甘地区煤炭铁路外运能力现状和规划见附录 2。

（3）其他煤炭外运通道的规划和建设

1）晋煤外运新通道建设

2015 年山西煤炭产量将达到 8 亿~10 亿 t，外运商品煤 5.5 亿 t。目前，山西中南部地区铁路运力十分紧张，煤炭等货物运输只能绕行中北部通道，大大增加了运输成本。2010年年初开工建设的横贯山西、河南、山东3省的铁路线，西起山西兴县瓦塘站，终点为山东日照，全长1260km，设计年运能2亿t，预计2014年投运，将形成“西煤东运”新的运输动脉。

2）内蒙古西部至华中煤炭运输专用通道规划

湖南、湖北和江西（“两江一湖”）的电源结构中水电比例较大（约占45%），但已基本开发完成，增加煤电成为必然的选择。2010年由于水电来水偏枯欠发、煤炭供应紧缺、煤电发电意愿不强等原因，“煤荒”、“电荒”矛盾突出。2010年三省煤炭消费量为2.37亿t，净调入1亿t，2015年规划调入煤炭增加到1.9亿t，到2020年、2030年，预测煤炭需求量约3亿t以上，现有的铁路运力已处于饱和状态，因此两地区域之间，急需要一条输煤专线。

根据初步规划，这条铁路自内蒙古鄂尔多斯，北经神东煤田、延安、山西运城、河南三门峡，延伸至湖北荆州、岳阳，终至江西吉安市。铁路全长约1800km，工程估算投资1500亿元，年运输煤炭能力可达2亿t以上，有望在未来形成与大秦铁路、朔黄铁路比肩的“三西”地区煤炭外运南北向大通道。

3）新疆煤炭外运现状和规划

新疆2010年实际煤炭产量约为1亿t、2011年为1.2亿t，外运1200万t；规划2015年形成产量约1.5亿t，外运3000万t。新疆的煤炭运输专线系统工程可以概括为“一主两翼”。

“一主”是指目前正在建设中的兰新铁路第二双复线，以客运为主，计划2014年投运。第二双复线投运后，对既有兰新铁路进行电气化、重载运输等改造，货运运输能力可达1亿t，主要用于煤炭运输。规划建设兰渝新铁路双复线，成兰铁路改造建设，远期将建成新疆直达川渝地区的煤炭运输通道，并通过陇海线等现有铁路，实现煤炭运输辐射到河南、湖北等华中地区。

南翼通道西起兰新线的哈密鄯善站，向东南经敦煌、格尔木，最终抵达成都，规划于2020年前实现通车。

北翼通道是指新疆将军庙—巴里坤—伊吾—策克（内蒙古）铁路，线路全长428km，计划于近期通车。

新疆目前外运煤炭的唯一通道兰新线的运能只有每年3000万~5000万t，远远不能满足目前“疆煤东运”的需求。

新疆作为中远期全国煤炭供应的重要支撑，在国家新疆大开发战略决策的推动下，能源开发和建设全面提速，煤炭基地的开发已形成较大规模和态势，预计2015年将实际形成产能2亿~2.5亿t，煤炭消纳存在较大的缺口。2015年预计实现煤炭外运5000万t，远期2020~2030年将达到3亿t以上。

22.4.1.3 铁路电煤运输前景分析

我国铁路运输一直是制约国民经济发展的主要因素之一，也是制约煤炭流通的主要“瓶颈”。近年来铁路建设存在的“重客轻货的现象，加剧了煤炭外运的紧张局面，这是造成煤价上升过快，东、中部一些地区出现缺煤、结构性缺电的主要原因之一。

根据“十二五”铁路运输规划，全国煤炭通道运输能力由 2010 年的 20 亿 t 提高到 30 亿 t，年均增长 8.45%，而电煤的增长速度为 5.82%。规划晋陕蒙宁甘地区煤炭铁路外运能力由 2010 年的 8.4 亿 t，提高到 2015 年的 18.1 亿 t，将基本解决上述地区的煤炭外运瓶颈制约问题。预计 2015～2020 年，我国电煤运输瓶颈将逐步得到缓解和消除。

2012 年 2 月国务院批复《西部大开发“十二五“规划》，提出到 2020 年西部地区新增铁路营业里程 1.5 万 km，相当于 2010 年全国铁路里程的 16.5%，明确要求“十二五”期间建设蒙西至华中地区的运煤专用通道。该规划的实施，将有利于新疆等中长期煤炭输出基地煤炭外运的规划和建设，解决目前“三西”煤炭调运集中度高、供需失衡的问题。

22.4.2　铁海联运配套下海港口现状

水运包括沿海航运和内河航运，2010 年运量分别达到 6.74 亿 t 和 3.4 亿 t。

我国北方秦皇岛、天津、黄骅、京唐、青岛、日照和连云港等七个主要港口，主要依托煤炭运输大动脉大秦线、神朔黄线及其他一系列支线，满足华东、华南沿海地区的电力和其他工业用煤需求。2010 年全国主要港口累计发运煤炭 5.56 亿 t，其中上述七港约 4.9 亿 t，占比 88%。预测 2015 年，北方港口海运一次下水量将由 4.9 亿 t 增加到 7 亿 t。煤炭海运约占全国海货运总量的 40%。

我国沿海煤炭海运普遍采用了 3 万～5 万 t 船型，具备运力大、能耗低、运输成本低的优势，且不存在制约性因素，在煤炭运输中占据重要的地位。华东、华南等燃煤沿海电厂，都配置有专用煤码头和储煤场，可以作为国家煤炭平衡的“蓄水池”。北方主要煤炭转运港现状和规划见表 22-4。

表 22-4　全国主要煤炭下水港吞吐量

地区	2005 年		2010 年		2015 年	
	发送量/万 t	比重/%	发送量/万 t	比重/%	发送量/万 t	比重/%
全国	40 800	100	55 600	100		
秦皇岛	14 486	35.5	21 973	39.5		
天津港	7 948	19.5	6 304	11.3		
黄骅港	6 725	16.5	8 840	15.9	15 000	21.4
京唐	1 358	3.3	9 100	16.4		
青岛	818	2	1 059	2.7		
日照	1 950	4.8	1 146	2.1		
连云港	1 390	3.4	624	1.12		
总计	34 675	85	49 046	88.2	70 000	

注：均为近似值。

22.4.3　公路煤炭运输现状

公路运输由于能耗较高，对道路设施损坏严重，运输成本高、恶化道路交通安全状况，不适于跨地区长距离输送，一般只适合区域内短距离的运输。在主要的煤炭生产基地和煤炭中转港腹地，承担中、短距离的公路直达或集运。

但近年来，由于“三西”地区铁路煤炭外运能力的制约，神东、晋北煤炭基地的公路运输仍占相当的规模。根据山西省统计资料，山西煤炭公路运输约1.3亿t，其中约9000万t经公路输出，主要流向河北、山东等地，部分直接供应京津地区等市场，少部分经沿海港口（如天津港等）下水。内蒙古2010年共销售煤炭7.85亿t，其中销往区外4.5亿t，由铁路外运出区3.5亿t，公路外运1亿t，流向天津、河北等地。2010年陕西煤炭外公路外运约4000万t，陕西北煤炭经公路调出的流向为河南、湖北等地。以上三省份公路煤炭外运规模约为2.34亿t。

以上情况说明，山西、陕西和内蒙古铁路煤炭公路运输总量明显偏大，也印证了铁路运输能力存在较大的缺口。

随着铁路运输通道的建设，长距离公路煤炭运输比例应该逐年降低，进而提高能源利用效率、降低能源输送的社会成本。

22.4.4 煤炭管道运输状况

管道运输的基本原理是将煤块破碎后注水搅拌成水煤浆（煤、水比约为6∶4），煤浆灌注管道后，经沿途若干泵站接力抽送至终点。管道输送最担心的是堵塞，煤浆的浓度和流速均匀是解决堵塞问题的两大关键技术。

管道输煤可以实现长距离、大运量的运输煤炭，具有施工周期短、地形适应性强、占用耕地少等优点；但管道输煤也存在单品种、单向运输、运量固定、输送能耗高等局限性。同时由于要制成水煤浆，相当于将缺水地区的宝贵水资源输送到相对富水地区，如果年输送煤量1000万t，需要消耗1500万t的水资源，相当于10台60万kW空冷燃煤机组的年耗水量。

在20世纪80年代，中国开始研究输煤管道技术，并组织技术攻关，曾规划数项输煤管道工程，但由于种种原因，最终均未实施。国际上也有一些探索性的管道运煤工程实践，如前苏联和美国都进行过管道输煤的工程实践。

据媒体报道，由陕西煤业化工集团有限公司投资70亿元的世界最长、运量最大的输煤管道，从榆林到渭南全长727km，年设计运煤能力为1000万t。

该项目的进展和未来应用效果，值得关注。由于大规模管道运输工程尚缺乏实践经验，限于如输送能耗等技术和经济性数据缺乏，本篇不将其纳入输煤输电的比较范围。

22.5 跨区域输电现状和规划分析

22.5.1 西电东送现状

22.5.1.1 西电东送通道发展现状

2010年，全国跨区跨省送电能力达到1.1亿kW，电量达到5782亿kW·h。

其中，全国“西电东送”三大通道总输出电能超过7000万kW，跨区域送电量完成1492亿kW·h。

“西电东送”南通道是南方电网内以云贵水电、煤电输送广东为主，2010年完成“西电东送”1117亿kW·h。

“西电东送”中南通道形成“八交五直”的主网架，输电能力超过2300万kW；中通道包括三峡送华东、皖电送东送（387亿kW·h），阳城送江苏（330万kW），2010年投运的向家坝送上海高压直流线路（640万kW）。

“西电东送”北通道包括陕西锦界、府谷电厂送河北（320万kW）、内蒙古外送通道及宁东至山东直流输电工程，最大输电能力超过2400万kW。

2010年，在主要煤电输出省份中，内蒙古、安徽、山西、陕西分别输出电量1065kW·h、736kW·h、387kW·h和150亿kW·h。西电东送煤炭基地外送的规模达到3500万kW。

22.5.1.2 主要煤电基地外送电力现状

内蒙古煤电基地：2010年霍林河基地外送390万kW、呼盟基地外送280万kW，送电东北辽宁；锡盟基地外送360万kW，送电东北辽宁和华北京津冀鲁；鄂尔多斯和准格尔基地外送1110万kW，送电华北京津冀鲁。

山西煤电基地：2010年外送1580万kW，送电华北京津冀鲁、华东沪苏浙闽和华中东四省。

陕北煤电基地：2010年外送360万kW，送电华北京津冀鲁。

淮南煤电基地：2010年外送720万kW，送电华东沪苏浙闽。

贵州煤电基地：2010年外送850万kW，送电南方两广地区。

22.5.1.3 电力输出输入规划

（1）跨区域电力输出输入

根据国家电网规划，到2015年全国特高压及跨区电网输送容量约2.6亿kW，占全国总负荷的18%。其中，“三华”电网受入1.9亿kW，分别接受西北电网5850万kW，内蒙古西部、锡盟和山西6500万kW，三峡及西南水电5510万kW，东北电网1520万kW。

（2）煤电基地外送规划

山西煤电基地：2015年山西外送容量约为2500万kW，2020年为3030万kW。“十二五”期间，规划建设晋东南、晋北、晋中三座特高压站汇集山西煤电基地电力，并建成晋北—石家庄—济南—潍坊、晋中—晋东南—南阳—荆门—长沙、晋中—豫北—徐州三个特高压交流外送通道，满足“十二五”山西并兼顾陕北、内蒙古西部电力外送需要。

陕北煤电基地：2015年陕北外送容量约为960万kW，2020年为1560万kW。“十二五”期间，规划建成陕北—晋中特高压交流通道。

宁夏宁东煤电基地：2015 年宁东外送容量约为 1150 万 kW，2020 年为 1790 万 kW。“十二五”期间，在建成宁东—山东±660kV 直流工程的基础上，建成宁东—浙江绍兴±800kV直流工程。

内蒙古准格尔煤电基地：2015 年准格尔外送容量约为 3000 万 kW，2020 年为 4900 万 kW。规划建成蒙西—晋北、蒙西—晋中特高压交流通道和蒙西—江苏溧阳±800kV 特高压直流通道，满足“十二五”准格尔电力外送要求。

内蒙古鄂尔多斯煤电基地：主要送电华北、华东、华中电网，2015 年外送 240 万 kW，2020 年外送 480 万 kW。

内蒙古锡盟煤电基地：2015 年锡盟外送 2000 万 kW，2020 年外送 2700 万 kW。“十二五”期间，规划建成锡盟—北京东—济南—徐州—南京特高压交流通道和锡盟—苏南±800kV 直流通道，满足锡盟电力外送要求。

内蒙古呼伦贝尔煤电基地：2015 年呼伦贝尔外送电力容量约为 1330 万 kW，2020 年为 2380 万 kW。在“十一五”建成呼盟—辽宁±500kV 直流基础上，“十二五”期间，规划建成呼盟—山东±800kV 特高压直流通道，满足“十二五”呼伦贝尔盟电力外送要求。

黑龙江宝清煤电基地：“十二五”建成宝清—唐山±800kV 直流，外送容量为 750 万 kW，其余电力通过 500kV 交流接入黑龙江电网。

新疆哈密、准东、伊犁煤电基地：“十二五”期间，建成哈密—河南±800kV 直流工程，送电容量为 760 万 kW；建成哈密—重庆±1100kV 直流，送电容量为 760 万 kW。准东—四川±1100kV 直流，送电容量为 1050 万 kW。“十三五”期间，规划±1100kV 直流向江西、四川和湖北各输送 1000 万 kW，总外送容量达到 6000 万 kW。

陕西彬长煤电基地：“十二五”期间，建成±660kV 彬长—山东直流，输送容量为 460 万 kW。

甘肃陇东煤电基地：“十二五”期间，建成±800kV 陇东—江西直流，输送容量为 750 万 kW。

贵州煤电基地：“十二五”期间，贵州规划新增煤电装机 1100 万 kW。

安徽淮南煤电基地：在满足本地区用电需求的基础上，“十二五”初规划建成淮南、皖南特高压变电站，汇集电力，并建成淮南—皖南—浙北—上海特高压交流通道向上海、浙江送电。2015 年通过特高压电网外送电力 600 万 kW，2020 年外送 800 万 kW。

22.5.2 特高压输电技术发展现状分析

(1) 超高压、特高压交直流输电的主要特点

交流输电具有网络功能，可以灵活地汇集、输送电力，是电网构建和安全的基础；交流电压等级越高，电网结构越强，输送能力越强。

特高压交流定位于主网架建设和跨大区送电，在特高压交流覆盖范围内的大型煤电、水电和核电可以就近接入。

直流在大容量、远距离输电方面具有经济优势，一般采用点对网接入受端电网。特高压直流定位于大型能源基地的远距离、大容量外送，西南水电基地、西北和新疆等煤电、风电基地均通过直流输送。

（2）特高压交直流输电技术和区域电网互联

1990年配套葛洲坝水电送出，催生了葛南（葛洲坝到上海南桥）±500kV直流输电和联网工程建设和投运，是我国第一条远距离超高电压等级的直流输电工程。2003～2006年，配套三峡水电送出通道建设，投运了江城（三峡到广州）、龙正（三峡到江苏）和宜化（三峡到上海）直流输电工程。1999年国内首个跨省区煤电输送项目——山西阳城到江苏淮阴500kV输电工程投运。

2010年6~7月，云南至广东、四川向家坝至上海±800kV特高压直流输电工程分别顺利投产。蒙东（伊敏）至辽宁穆家寨±500kV直流输电工程、宁夏至山东±660kV直流、新疆与西北750kV联网等一批跨区跨省重点工程建成投运，标志着我国跨区域、长距离特高直流输送技术进入成熟应用阶段；±800kV特高压直流输电工程国产化率达到60%以上，为煤电基地的大规模电力输送奠定了技术基础。2009年1月，晋东南至荆门1000kV特高压交流试验示范工程投运，华北与华中通过1000kV交流输电线实现同步联网。典型的输电工程情况见表22-5。

表22-5　典型的输电工程情况一览表

序号	系统名称	投运日期	电压等级/kV	额定输送容量/万kW	线路长度/km
1	葛洲坝—上海南桥	1989年9月	±500	2×582	1110
2	山西阳城—江苏淮阴	2001年1月 1997年5月	500kV交流（2回）	320	750
3	天广直流	2000年12月	±500	2×150	860
4	三峡—江苏（龙正）	2003年6月	±500	2×150	860
5	陕北神木—河北南网	2006年9月	500kV交流	320	438+437
6	三峡—上海（宜华）	2006年12月	±500	2×150	1048
7	蒙东—辽宁（伊穆）	2010年9月	±500	2×150	908
8	宁夏（灵武）—山东（青岛）	2010年11月	±660	2×200	1334
9	向家坝—上海（复奉）	2010年7月	±800	2×320	1892
10	云南—广州（楚穗）	2010年6月	±800	2×250	1374
11	山西晋中—湖北荆门	2010年	1000交流	500	996
12	新疆—甘肃	2010年	750交流	200	337

注：①阳城—淮阴、陕北—河北、蒙东—辽宁、宁夏—山东为煤电输送，其余为水电输送。②新疆—甘肃为网对网方式，其他为点对网方式。

（3）输电工程合理的技术经济方案汇总

根据国家电网《直流输电电压等级序列研究》等研究，各种电压等级的经济、合理输送容量、距离、网损汇总如表22-6所示。

表 22-6 输电工程经济输送技术方案

序号	输电方案 电压等级	每回输电容量 /万 kW	输送距离 /km	线路损耗/ (%/百 km)	备注 典型工程
1	500kV 交流	60~150	小于 500	0.7	山西、内蒙古电网华北网内；阳城—淮阴
2	750kV 交流	100~250	小于 700	0.5	新疆—甘肃
3	1000kV 交流	500~600	400~1000	0.277	晋中—湖北
4	±500kV 直流	300	小于 1000	小于 4.5	蒙东—辽宁
5	±660kV 直流	500	1000~1300	3.39~4.58	宁东—山东
6	±800kV 直流	500~760	1300~2350	3.97~6.15	云—广、向家坝—上海
7	±1100kV 直流	1000	大于 2350	大于 3	尚未有工程实践

注：①各电压等级直流输电换流站最大能耗率为 2%，平均能耗率为 1.4%。线路损耗为输送额定功率时的设计值，电量损耗需根据全年负荷率考虑约 0.642~0.752 的折算系数。②直流工程线路损耗与线路长度基本成正比，表中数据对应着直流的经济距离。

第 23 章　输煤输电能源利用效率分析

23.1　概述

23.1.1　简述

今后 10~15 年，虽然煤炭在一次能源结构中的比重下降，需求增速放缓，但每 5 年仍要增加 4 亿~5 亿 t 的发电用煤需求。通过铁路等运煤到负荷中心建设燃煤电厂，或在煤炭基地建设燃煤电厂、通过输电到负荷中心，这二者都是能源输送的主要方式。通过对两种能源输送过程的能源转换和输送损失的比较，得出两者的能源利用效率的差异。

我国煤炭运输的方式有铁路、公路、海运和内河航运等，其中，公路方式一般用于运距 100km 以内的短途电站运煤，远距离公路运煤损耗高、经济性差，社会成本高；内河航运运煤所占比例小，而且一般与铁路、海运联合运输。因此，铁路直达输煤、铁路海运联合输煤是当前最主要的远距离输煤方式。

我国跨区域、长距离输电规模和技术水平在世界上居领先地位。输电的电压等级、技术路线和经济合理适用范围，参见表 22-5 和表 22-6。

未来进一步开发的煤炭基地主要分布在新疆、内蒙古、宁夏和陕西等地区，距离受端华中地区负荷中心（主要包括河南、重庆、湖南、湖北、江西等）和华东地区负荷中心（主要包括上海、江苏、浙江等）一般为 1500~2500km，是±800kV 直流输电技术适用的范围，本章以±800kV 直流输电为输电方案，进行输煤输电能源利用效率的比较分析。

±1100kV 输电由于电压提高、导线截面增大等因素，在相同输电距离下，预计线路损耗比±800kV 工程降低 30%~50%。但±1100kV 直流输电正在开展前期研发，尚未有工程实践，本书暂不纳入比较范围。

鉴于目前长距离汽车公路运输约占“三西”地区 20%的煤炭外运量，本章也对汽车运输能耗情况进行了调研和分析。据调研，目前“三西”地区长距离汽车煤炭外运，普遍采用载重 40t 汽车运煤。从陕北神木到河南某电厂约 1000km，单趟耗油 700~760L，若煤炭热值按 5500kcal/kg 计算，相当于损失输送煤炭热值的 2.67%。折算到每 100t · km 油耗为 1.8~1.9L，折合每 1000t · km 约 21kgce。

朔黄铁路专用线电气化驱动，运输平均单位驱动能耗为 120kW · h/(万 t · km)，折合 40kgce/(万 t · km)。按相同的 1000km 计算和原煤热值比较计算，相当于损失运输煤炭热值的 0.5%。

从以上分析可以看出，相同距离运煤，汽车公路运输驱动不但消耗了高品质的石油资源，且能量消耗是铁路的约5.3倍。如果减少长距离汽车公路原煤运输1亿t，运距平均按1000km计算，每年可减少燃油消耗约150万t。

23.1.2 原则方法

评估输煤输电能源利用效率的方法，是在送端地区相同热值煤炭的情况下，计算比较输煤输电不同方案的受端落地的上网电量。

输煤输电方案能源利用效率的差异包括两个方面：一是送端地区因缺水普遍采用空冷机组导致供电煤耗的差异；二是输煤与输电过程中的能源损耗差异。

输煤方式的损耗包括运输过程中的物理损失和运输驱动能耗（按电力驱动）。物理损失包括送端集运站装卸和运输、输煤铁路干线运输、中转港口装卸、海运、受端港口装卸、受端电厂煤炭运输等环节的遗撒、风损、自燃、卸煤不净等；运输过程中的动力能耗包括机车牵引、船舶动力、集运站和中转港口装卸等环节消耗的电力和燃油等。能耗损失指标为折算到单位原煤的损失百分比，与输电方式开展损耗比较时可用受端等效供电煤耗指标来对比。

输电方式的损耗包括输电线路网损、送受端变电站（交流输电）或换流站（直流输电）的电能损耗。能耗损失指标为输送电量的电能网损失率（%）。

输煤输电各环节的能量损失，一般采用相关行业部门发布的指标，没有发布指标的，通过实际调研获得。通过多案例分析，得出输煤输电各环节和总体能量损失率。

23.2 典型案例分析

23.2.1 案例和分析比较说明

本篇以宁夏至浙江、内蒙古至浙江和新疆哈密至河南郑州为案例开展分析比较。这几个案例涵盖了宁夏、内蒙古和新疆等主要煤炭基地与华东、华中的典型受端省份，具有较强的代表性。

在送端相同热值煤炭的情况下，通过计算输煤输电方案的受端落地电量来比较两者的能源利用效率。

23.2.2 煤炭发热量和供电煤耗

（1）煤炭发热量

据调研，内蒙古蒙西地区煤炭典型发热量为5300kcal/kg，宁夏地区煤炭典型发热量为4905kcal/kg，新疆哈密地区煤炭典型发热量为5500kcal/kg。

（2）燃煤电厂和供电煤耗

送端内蒙古、宁夏、新疆哈密地区电厂和受端浙江、郑州地区电厂按照建设60万kW和100万kW级超超临界机组考虑，送端考虑建设空冷机组，受端考虑建设湿冷机组。

60万kW超超临界湿冷机组供电煤耗取305gce/(kW·h)，100万kW超超临界湿冷机组供电煤耗取290gce/(kW·h)；空冷机组供电煤耗考虑较湿冷高20gce/(kW·h)。按照以上参数，内蒙古、宁夏、新疆哈密地区送端电厂的平均供电煤耗按照320gce/(kW·h）考虑，浙江、郑州受端电厂的平均供电煤耗按照300gce/(kW·h）考虑。

23.2.3 输煤损耗

23.2.3.1 输煤物理损失

国家《煤炭送货办法实施细则》中规定："煤炭每换装一次的自然减量标准暂定为1%，每次在铁路运输过程中的自然减量标准暂定为1.2%，每次在水路运输过程中的自然减量标准暂定为1.5%。水陆联运的煤炭，如果经过两次铁路或两次水路运输，其运输自然减量标准，仍按一次计算。"据此，煤炭运输过程中物理损失率的上限为4.9%。

大秦铁路和秦皇岛港口是目前我国规模最大和技术水平最高的煤炭运输专线和煤炭中转港口，煤炭运输和装卸过程中的防损措施比较完善，物理损失较小。其他输煤通道由于技术水平相对较低，煤炭运输的物理损失也相对较大。

资料显示，大秦铁路送端大型集运站煤炭装卸的物理损失率大约为0.1%。集运站铁路专线距离较短，煤炭运输损失忽略不计。因此，集运站装卸运输的损失率合计为0.1%。

铁路干线煤炭运输的损失主要有遗撒、风损和卸车不净等。近年来，铁路干线煤炭运输逐步采用全钢结构的新型敞车，运输过程中的遗撒大为减少，煤炭专运列车采用下部封闭式车体，遗撒已经基本绝迹。目前，大秦、神朔黄煤炭运输专线对末煤喷淋固煤剂，使煤堆表面固结，减少了运输过程中的风吹损失，同时采取喷防冻液和卸车前加温等措施，卸车不净的状况有所减少。

据调研和综合分析，铁路运煤专用干线煤炭运输的损失率约为0.1%。

煤炭到达中转港口后的作业流程主要包括卸车、堆料、取料、装船四个环节。近年来，煤炭专用码头已采用较为先进的装卸机械，煤炭在堆场的管理措施也逐步完善，损失已大为减少。据调研，中转港口的煤炭装卸损失率为0.3%~0.5%。

电厂煤码头卸煤（铁路运输的翻车机卸煤），储煤厂煤炭的综合损失率为0.1~0.5%，这里取0.3%。

近年来，海运船舶在运输煤炭时，大多都采取了封闭措施，因此煤炭运输过程中的物理损失已大为减小。据调研，煤炭海运的损失率约为0.1%。

煤炭通过海运到达受端港口后，一部分煤炭直接进入沿海电厂自用码头卸船，另一部分煤炭在专业堆场倒装后通过内河运往沿江电厂或通过铁路运往内陆电厂。

电厂自用码头的物理损失主要是卸船机械遗撒现象，部分船涉及卸煤不净的问题。燃煤在煤场的平均堆存时间约为10天，也会产生一些风吹损失和发热量损失。据调研电厂自卸码头及电厂储煤的综合物理损失为0.1~0.5%，这里取0.3%。

内河、内陆电厂和铁路运输直达电厂，需要通过内河转运或经电厂铁路专线运煤在专业堆场中进行倒装，装卸运输损失与中转港口相当。据调研，这两类电厂装卸损失率大约为0.5%。

综上所述，沿海电厂煤炭铁海联运过程中的物理损失率约为 1.1%；内河电厂铁路、海路、内河联运过程中的物理损失率为 1.3%；铁路运输直达电厂的物理损失约为 0.5%。调研结果表明，实际输煤物理损失较国家标准有大幅度的降低。

输煤物理损失参数汇总如表 23-1 所示。

表 23-1　输煤运输物理损失　　　　（单位：%）

序号	运输环节项目	物理损失率		
		国家标准	铁海联运	铁路直达运输
1	集运站装卸运输	0.2	0.1	0.1
2	铁路干线运输	1.2	0.1	0.1
3	中转港口装卸	1	0.5	0
4	海运损失	1.5	0.1	0
5	沿海电厂卸煤、储煤损失	1	0.3	—
	其他电厂装卸运输损失		0.5	0.3
6	合计	4.9	1.1（沿海电厂）	0.5
			1.3（转运内河、内陆电厂）	

内蒙古、宁夏向浙江地区输煤采用铁海联运方式，既包括向浙江沿海电厂输煤，也包括向浙江内河、内陆电厂输煤，输煤平均物理损失取 1.2%；新疆哈密向河南郑州地区输煤采用铁路直接运输方式，输煤物理损失取 0.5%。

23.2.3.2　输煤动力能耗

(1) 统计分析

根据有关资料，集运站煤炭装卸单位能耗大约为 1.4kW·h/t，折算为 4662kgce/万 t。据调研，煤矿集运站铁路专线运输能耗为 228kgce/万 t。因此，集运站煤炭装卸及运输的单位能耗平均为 4890kgce/万 t。

据调研，神华朔黄铁路专用线，煤炭运输综合能耗约为 120kW·h/(万 t·km)，折合为 40kgce/(万 t·km)。黄骅港口的煤炭装卸综合能耗为 3582kgce/万 t。煤炭海运单位能耗为 10kgce/(万 t·nmile)①，折合成千米单位为 5.4kgce/(万 t·km)。

煤炭到达受端港口后，送往沿海电厂的煤炭在电厂自用码头卸船，该部分的能耗包含在厂用电内。送往非沿海电厂（主要包括沿江电厂和内陆电厂）的煤炭在专业堆场倒装，并从受端港口经过内河和铁路转运。堆场倒装能耗为 5112kgce/万 t。根据沿海与非沿海电厂容量比例测算，平均装卸能耗取值 2300kgce/万 t。

内河煤炭运输单位能耗按 2005 年全国内河煤炭运输平均能耗取为 50kgce/(万 t·km)，平均距离取 100km，则煤炭内河运输的能耗为 5000kgce/万 t；内陆电厂的铁路运输能耗以铁路干线的运输能耗为标准，取为 52kgce/(万 t·km)，平均距离为 50km，则受端煤

①1nmile = 1.852km。

炭铁路运输的能耗为 2600kgce/万 t。

因此，从受端港口到沿江电厂和内陆电厂的能耗合计为 12 712kgce/万 t。根据沿海与非沿海电厂容量比例测算，平均运输能耗取值 2010kgce/万 t。

输煤动力能耗参数汇总如表 23-2 所示。

表 23-2　输煤动力能耗指标统计

序号	运输环节项目	动力能耗	损耗率/% （按 1000km、5500kcal/kg 计算）
1	集运站装卸及运输	4890kgce/万 t	0. 062
2	铁路干线运输	40kgce/(万 t · km)	0. 5
3	中转码头	3582kgce/万 t	0. 045
4	海运	5. 4kgce/(万 t · km)	0. 07
5	受端装卸运输	4310kgce/万 t	0. 05
6	合计		0. 727

综上所述，煤炭铁海联运过程中，电气化铁路驱动能耗 120kW · h/(万 t · km)，按 5500kcal 计算，每百万米相当于损耗输送能量的 0. 50%；海运综合能耗取 5. 4kgce/(万 t · km)，则每 1000km 驱动能耗相当于输送能源损失的 0. 07%；受端装卸运输平均能耗 4310kgce/万 t，相当于输送能源的 0. 05%。

（2）案例计算

宁夏、内蒙古至浙江为铁海联运，海运里程均为 1265km；新疆哈密至河南郑州全程为铁路运输，铁路干线里程约 2211km。煤炭运输能耗参数汇总如表 23-3 所示。

表 23-3　煤炭运输动力能耗

项目	宁东—浙江	蒙西—浙江	新疆哈密—郑州
原煤热值/(kcal/kg)	4905	5 300	5 500
铁路干线里程/km	1319	805	2 211
海运里程/km	1 265	1 265	0
集运站装卸运输能耗/(kgce/万 t)	4 890	4 890	4 890
铁路干线运输能耗/(kgce/万 t)	52 760	32 200	88 440
中转港口装卸能耗/(kgce/万 t)	3 582	3 582	0
海运能耗/(kgce/万 t)	6 831	6 831	0
受端港口装卸能耗/(kgce/万 t)	2 300	2 300	0
受端电厂运输能耗/(kgce/万 t)	2 010	2 010	0
煤炭运输能耗合计/(kgce/万 t)	72 373	51 813	93 330
煤炭运输能耗占输送能源比例/%	1. 03	0. 68	1. 19

23. 2. 3. 3　输煤能量损失汇总表

输煤能量损失汇总见表 23-4。

表 23-4　煤炭运输动力能耗

项目	宁东—浙江	内蒙古—浙江	新疆哈密—郑州
送端原煤热值/(kcal/kg)	4905	5300	5500
物理损失率/%	1.2	1.2	0.5
运输动力能耗损失/%	1.03	0.68	1.19
能源损失合计/%	2.23	1.88	1.69
等效供电煤耗/[gce/(kW·h)]	306.9	305.8	305.2
等效供电效率/%	40.00	40.22	40.30

23.2.4　输电能量损失分析

23.2.4.1　理论分析

直流输电损耗主要包括换流站损耗、直流线路损耗和接地极系统损耗，正常情况下，前两项损耗占绝大部分比重。

换流站损耗指换流站内各种设备、原件引起的电能损耗的总和。换流站中引起损耗的设备主要有晶闸管阀、换流变压器、交流滤波器、并联电容器组、并联电抗器、平波电抗器等。其中以换流变压器和换流阀的损耗为最大，分别占全站损耗的50%和35%，其次是平波电抗器、交流滤波器等。

直流线路损耗包括电阻损耗、电晕损耗和绝缘介质损耗，其中主要考虑电阻损耗。220 kV 及以上电压等级线路的电晕损耗约为电能损耗的0.02倍；绝缘介质损耗由于比重较小，一般忽略不计。

接地极系统损耗是指直流输电系统接地电阻通过电流产生的损耗。直流输电系统通过接地极形成大地回路，存在接地极电阻，一端接地极电阻一般在0.5Ω以下。当系统为双极平衡运行时，流过接地极的电流为直流线路电流的1%~3%，接地极损耗较小，可忽略不计。

23.2.4.2　案例分析

±800kV 直流输电损耗主要由换流站损耗和线路损耗两部分组成。采用 $6\times900\text{mm}^2$ 导线，当线路传输最大功率时，两端换流站功率损耗率合计约2%，每百万米的线路损耗率约为3.3%。宁东—浙江输电线路长度约为1860km，内蒙古—浙江输电线路长度约为1830km，新疆哈密—河南郑州输电线路长度约为2211km。经测算，宁东—浙江的输电功率损耗率约为8.1%，内蒙古—浙江的输电功率损耗率约为8.0%，新疆哈密—河南郑州的输电功率损耗率约为9.3%。

由于电网运行方式经常发生变化，线路和变压器通过的功率相应也发生变化，因此输电损耗率也随时间而变化。输电损耗率随线路传输功率的减小而减小，因此线路平均输电损耗率低于线路最大传输功率的输电损耗率。在分析全年的电能损失时，应根据不同传输功率下的输电损耗及对应时间段进行积分计算。线路平均输电损耗具体计算如下：

$$\tau = \frac{\int_0^{8760} P(t)\tau(t)\,\mathrm{d}t}{\int_0^{8760} P(t)\,\mathrm{d}t} \tag{23-1}$$

式中，P（t）为线路瞬时传输功率；τ（t）为瞬时输电损耗；τ 为平均输电损耗。

5500h 的年均损耗系数取 0.682，则此时宁东—浙江的输电电量损耗率约为 5.55%，内蒙古—浙江的输电电量损耗率约为 5.48%，新疆哈密—郑州输电电量损耗率约为 6.34%。

同理可以分别得出利用小时数为 5000h、6000h 的年均输电功率损耗的系数分别为 0.640 和 0.752。

输电损耗参数汇总如表 23-5 所示。

表 23-5　输电工程电能损耗

项目	宁东—浙江	内蒙古—浙江	新疆哈密—郑州
变电站损耗/%	2	2	2
每百万米线路损耗/%	3.3	3.3	3.3
输电线路长度/km	1860	1830	2211
最大功率时输电损耗/%	8.1	8.0	9.30
（年均）输电电量损耗/%	5.55	5.48	6.34
送端电厂供电标煤耗/［g/(kW·h)］	320	320	320
等效净供电标煤耗/［g/(kW·h)］	338.8	338.6	341.7
净供电效率/%	36.30	36.32	36.00

23.3　比较结果和结论

23.3.1　比较结果汇总

比较结果汇总见表 23-6。

表 23-6　输煤输电能源利用效率差值

项目	宁东—浙江		内蒙古—浙江		哈密—郑州	
	等效煤耗 /[kgce/(kW·h)]	净供电效率 /%	等效煤耗 /[kgce/(kW·h)]	净供电效率 /%	等效煤耗 /[kgce/(kW·h)]	净供电效率 /%
输煤方案	306.9	40.0%	305.8	40.3	305.2	40.3
输电方案	338.8	36.3%	338.6	36.3	341.7	36.0
输煤—输电	-31.9	+3.7	-32.8	+4.0	-36.5	+4.3

注：供电净效率（%）= 0.123/等效供电煤耗［kgce/(kW·h)］。

23.3.2　比较结论

根据本章内蒙古、宁夏和新疆哈密输电案例分析计算，在输煤输电距离 1800～2200km 的范围内，输煤方式能源利用效率高于输电方式。

输煤方式的等效供电煤耗较输电低 32～36g/(kW·h)；相应的输煤净供电效率较输

电高 3.7~4.3 个百分点，能源利用效率高 10.7%~12%。

对上述案例在输煤、输电距离分别为 1000km、1500km 进行分析计算，得出输煤方式的等效供电煤耗较输电低 30~32g/(kW·h)；相应的输煤净供电效率较输电高 3.7~4 个百分点，能源利用效率高约 10%以上。

造成输电方式能源利用效率较低的原因有两个：一是远距离输电损耗较大，输电比输煤损耗增加约 3.5%（能源利用效率高 3.5%）；二是送端燃煤电厂汽轮机排汽冷却采用空冷机组，供电煤耗比常规水循环冷却机组高约 20gce/(kW·h)（能源利用效率高 6.7%）。上述两项能源利用效率合计高约 10%。

23.4 提高能源利用效率的政策措施分析

23.4.1 切实实行发电节能经济调度

国务院于 2007 年颁发了《节能发电调度办法》(试行)，发电节能经济调度取得一定程度的进展，但仅仅是起步阶段，还存在很多问题。目前，我国电网调度执行的是按照年度计划实施发电调度的方式，发电机会分配原则基本上是同类机组的利用小时数大致相当，这在表面上体现了公平性，但实质上却降低了效率，增加了能耗和排放。节能经济调度的基本原则是以能耗高低进行电量分配的调度形式，让低能耗的机组多发电，体现的是整个社会成本的最优。

据国家电力监管委员会的通报，2010 年全国统调常规燃煤机组平均利用小时数为 5240h。其中，600MW 及以上机组 5259h，300MW 级机组 5356h，存在严重的倒挂现象。2010 年度，贵州、山西等 13 个省份的 60 万 kW 及以上机组利用小时数低于 30 万 kW 级机组；贵州、吉林等 13 个省份的 60 万 kW 及以上机组利用小时数低于常规燃煤机组平均利用小时数。节能调度执行较好的省份有浙江和江苏。

截至 2010 年年底，全国省级以上调度管辖范围内机组装机容量 8.22 亿 kW，其中，统调火电机组 6.41 亿 kW，占 78%。统调火电机组中，常规燃煤机组装机容量 4.97 亿 kW，占 77.5%。常规燃煤机组中，100 万 kW 级机组装机容量 3319 万 kW，占 6.7%；60 万 kW级机组 427 台共 2.45 亿 kW，占 49.3%；30 万 kW 级机组容量 1.68 亿 kW，占 33.8%；30 万 kW 以下机组容量 5457 万 kW，占 11.0%。

现有平均调度模式下还存在低负荷期百万千瓦超（超）临界机组深度调峰的问题，如果百万千瓦机组在 50%的额定负荷时，其煤耗将增加 4.7%左右，加剧了能源的消耗，不能发挥超（超）临界等大机组的经济性能优势。因此，建议对百万千瓦机组按照核电机组的调度方式，使其长期承担电网基荷，避免调峰，从而发挥效率优势，减少不必要的能源浪费。

对于实行节能调度所可能产生的高能耗机组利益平衡问题，可以通过深化和扩大电量交易，让高能耗机组通过出让发电利用小时数，来补贴少发电的损失来解决，同时低能耗大机组也可以通过多发电来降低平均成本，增加收益，达到共赢。

表 23-7 为假设 1000MW、600MW 燃煤机组年利用小时数分别提高到 7000h、7500h 时的年节约标煤量和碳减排量。

表 23-7　600MW、1000MW 机组的节能表

机组等级 /MW	投运数量 /台	利用小时 /h	平均供电煤耗 /[g/(kW·h)]	低于全国平均水平 /[g/(kW·h)]	年节约标煤量 /万 t	年 CO_2 减排量 /万 t
1000	33	7 500	287	46	733	1 932
600	394	7 000	313	20	5 212	12 434

23.4.2　加大对非电行业发电设施的管理

据 2009 年统计，全国仍有 4600 万 kW 高耗能企业的自备电厂，台均容量仅有 1.54 万 kW，煤耗高达 440g/(kW·h)，年发电达 2079 亿 kW·h，广泛存在于钢铁、化工、电解铝等行业。

如果其中的 500 亿 kW·h 电量，即发电量的 25% 能够被超临界机组替代发电，仅此一项每年可为国家节约标煤 500 万 t，减排 CO_2 1000 万 t。

但是由于涉及跨行业问题，这部分非电行业发电设施的管理一直没能很好地推进，特别需要出台相关政策，对其加以引导和管理。可以通过在电力行业已经非常成熟的“以大带小”、“大用户直供”等方式给予有效解决和替代，进一步发挥统筹协同效应，避免能源的继续浪费。

23.4.3　归口统一下达节能减排指标目标

“十二五”期间，污染物排放国家标准以浓度为目标，但在考核中采用总量控制；在节能方面，中央企业要考核供电煤耗，地方要考核节煤量，发电企业面临多头管理和考核，因此建议对减排指标进行统一，便于政策的执行和减排水平对比。

同时，在实际对企业进行目标控制时，存在着部分地区采取“一刀切”、减量指标平均分配的现象，各电厂的节能水平和提升空间存在不同差异，使得先进企业在完成任务方面存在很大困难。由于各地区未来发展不同、定位不同，企业节能降耗空间不同(如行业中的标杆企业与落后企业节能潜力较大)，为此建立科学、合理、系统的指标体系，是对企业节能减排评价的关键步骤，从而避免“十一五”末，某些地区为完成节能减排任务强制电厂停运，造成区域缺电的现象。

23.4.4　扩大热电联产提高热能综合利用率

热电联产能够有效节约能源，热电联产与热、电分产相比，热效率提高 30%，集中供热比分散小锅炉供热效率高 50%，以热电联产集中供热为主的方式替代城市燃煤供热小锅炉，还可以降低污染物的排放，提高供热品质。热、电、冷联产则是在热电联产的基础上，以热为动力来制冷，是能源的综合利用系统。这样在夏季，可以提高热电厂的热负荷率，实现资源的综合利用，大力推广热电联产，发展热、电、冷技术和热、电煤气三联供技术，可提高热能综合利用率，减少资源消耗。建议扩大热电联产规模，加快规划和实施。

第24章 输煤输电成本构成和项目效益分析案例

24.1 铁路建设投资水平和运维成本

24.1.1 铁路建设投资水平

铁路建设受技术水平、沿线地形地貌、地质条件，尤其是跨越大山、大河，桥梁和隧道的数量和难度影响较大，且在不同时期造价水平也有较大的差异。

根据调研，以货运为主的铁路2011年的造价水平如下：

1）内燃机车驱动，地质地基条件较好，无大的桥梁、隧道的情况下，单线铁路每千米造价约为2000万元；双线铁路单位投资约为3600万元；如采用双线电气化驱动则单位铁路投资为4200万元。

2）双复线、电气化驱动，重载，煤炭专用通道（具备开行万吨列车条件，年运力2亿t以上），每千米投资约8000万元。例如，正在规划设计阶段的内蒙古西部至华中地区运煤铁路通道，全长约1837km，其中新建1771km，既有线增建2线约77km，全线桥隧比例约为45%。工程估算投资1463亿元，单位投资约为7954万元/km。

24.1.2 铁路运维成本

据调研测算，铁路专用线运维成本费率（不包含电力驱动）约为投资额的4%，包括人工成本、检修维护及车辆更新、材料费用和管理成本。

铁路运煤专用按电力驱动能耗120kW·h/(万t·km)，电价按2010年全国工业供电平均价格的550元/(MW·h)计算。

24.1.3 铁路、海运现行运价分析

根据铁道部2009年铁路货物运价的相关规定和费率表，采用固定基价和里程基价相结合的规则，煤炭运输的运费收费规则和标准费率如下（表24-1）：

铁路运价=固定基价（基价1）+里程基价（基价2+基价3+基价4）×运输里程

表24-1 煤炭运价规则和费率表（铁道部2009年发布）

类型	基价1 /(元/t)	基价2 /［元/(t·km)］	基价3（铁路建设基金）/［元/(t·km)］	基价4（电气化附加费）/［元/(t·km)］	基价2~4合计 /［元/(t·km)］
洗精煤	11.4	0.0612	0.033	0.012	0.1062
原煤	10.5	0.0537	0.033	0.012	0.0987

注：表中的价格为含税价，运输税率按7%计算。

据调研，神朔铁路（269km）、朔黄铁路专用线（591km），运费标准分别为 0.15 元/(t · km)、0.12 元/(t · km)，加权运费标准 0.13 元/(t · km)。个别其他投资经营主体支线达到 0.18~0.20 元/(t · km)。

海运煤炭价格：沿海船舶运输费率采用“递远递减”的计算方法，即运距越远费率越低，运价为 0.05~0.06 元/(t · n mile)。目前，北方港口下水煤炭港口收费标准为 19~25 元/t。

24.2　输电工程建设投资水平和运维成本

24.2.1　输变电工程投资水平

根据电力规划设计总院发布的《电网工程限额设计控制指标》（2010 年水平），±500 kV 直流输送容量 300 万 kW，换流站的单位静态投资（户内 GIS）2×610 万元/kW，输电线路静态投资每千米 150 万~190 万元。±660kV 直流输电工程目前仅有宁东到山东青岛一项，输送容量 400 万 kW，输送距离 1334km，总投资 103.85 亿元。楚雄到穗东±800kV 输电工程输送容量 500 万 kW，输送距离 1478.4km，总投资 159.3 亿元。±500 kV 换流站的投资成本构成中，一般建筑占 10%，设备购置费用 76%，安装费用占 3%~4%，其他费用 10%~11%。

表 24-2　直流输电工程限额设计指标汇总分析

序号	系统名称	额定输送		换流站		线路投资		静态总投资/万元	动态总投资/万元
		容量/MW	距离/km	万元	万元/kW	万元	万元/km		
1	±500kV	3000MW	户内 GIS	18 3022	610.07		(150~190)		
2	±500kV	3000MW	户外 GIS	17 3670	578.9		(150~190)		
3	宁东—山东 ±660kV	4000MW	1333	290 054 266 901	725.14 667.25	385 023	(288.84)	941 978	1 038 500
4	楚雄—穗东 ±800kV	5000MW	1378.4	500 141 462 285	1000.28 924.57	485 564	(352.27)	1 447 990	1 592 789

注：摘自《电网工程限额设计控制指标》（2010 年水平），动态投资为实际结算值。

将在“十二五”期间开工建设的新疆哈密到河南郑州±800kV 特高压输电工程，线路全长约 2211km，额定输电能力 760 万 kW，采用 6×900mm^2 截面的导线，估算的动态总投资 250 亿元，预计 2014 年双极投运，单位输送容量投资 3289.5 元/kW。在投资构成中，换流站（两端）约 150 亿元，占比 60%，单位投资 1974 元/kW；输电工程约 100 亿元，占比约 40%，折合单位投资 452 万元/km。

已开工建设的糯扎渡—广东±800kV 输电工程中，输送距离 1451km，额定输送能力 500 万 kW，采用 6×630mm^2 截面的导线，换流站投资约 99 亿元，线路投资 58 亿元、接地投资 3 亿元，总投资 164 亿元。根据以上案例分析，各电压等级投资水平如下：±800kV 直流输电换流站的单位投资约 2000 元/kW；线路投资约为 380 万~450 万元/km。±660kV 换流站的单位投资约 1500 元/kW；线路单位投资约为 318 万元/km。±500kV 换流站的单位投资约 1300 元/kW；线路投资约为 180 万元/km。

24.2.2 输变电线路运维成本构成

根据调研数据，输变工程运维成本为投资成本的 1.5%～2%，主要包括：换流站检修维护成本，以换流站投资为基数，费率取 2%；线路检修维护成本，以线路投资为基数，费率取 1%；人工及管理成本取上述 2 项成本和的 15%。

24.3 燃煤电厂的投资水平和运维成本

近年来，600MW、1000MW 超临界常规湿冷燃煤机组的单位投资为 4000 元/kW；送端地区普遍缺水，采用空冷机组，单位投资较常规湿冷高约 7%，单位投资采用 4280 元/kW。

据调研，600MW、1000MW 燃煤电厂的年运维费率以投资为基数，取投资的 4%。运行维护成本中，人工成本约占 40%，检修维护成本约占 30%，材料及消耗品约占 10%，管理及其他成本约占 20%。

燃煤电厂的投资成本、燃料成本和运维成本构成电厂的全运营成本。

24.4 输煤输电项目效益分析（哈密—郑州案例）

24.4.1 边界条件和基础数据

（1）输电工程边界条件和基础数据

以哈密—郑州±800kV 特高压输电工程为案例，主要基础数据输入条件如下：额定输电能力 760 万 kW，换流站（两端）投资约 150 亿元，输电工程线路单位投资 452 万元/km，输送距离 2211km，总投资 250 亿元；根据第 3 章的计算，输电工程的额定容量时的电量损失为 9.3%，输电年均电量损失按 6.34%进行测算。

（2）“输煤”方案边界条件和基础数据

假设新疆哈密到郑州新建以运煤为主的电气化重载复线铁路，年运输量 2 亿 t，按铁路运煤专用通道考虑运营考虑。铁路运距和输电线路距离相同为 2211km，铁路投资按 8000 元/km，则投资总额 P 为 1768.8 亿元；铁路运输从矿口至电厂储煤厂的物理损失按 1%计算，驱动能耗按 120kW·h/(t·km)、购电价 550 元/(MW·h)。

（3）经济计算参数

原煤的低位发热量按 5500kcal/kg，输煤输电送端煤价、铁路车板价和输电电厂到厂煤价均按 250 元/t，折合标准煤价 318.2 元/tce。本篇除注明外，煤价、电价、铁路运费等的计算和采用均为不含税。

24.4.2　计算结果及分析说明

24.4.2.1　计算结果汇总

输煤：送端年运煤量 2 亿 t，铁路输煤损失按 1%，供电煤耗按 300g/kW 计算，年供电量 5185.7 亿 kW·h；厂用电率按 5%计算，年利用小时按 5500h 计算，受端需配套 9925 万 kW 燃煤电厂。

输电：送端额定输送 760 万 kW，受端年供电量 391.5 亿 kW，送端配套建设 790.9 万 kW 燃煤电厂。

成本电价的计算汇总于表 24-3。

表 24-3　输煤和输电成本电价计算一览表　[单位：元/(MW·h)]

序号	项目	投资	运维	燃料	总成本
一	输煤成本				
1	燃料成本			96.42	96.42
2	铁路成本	34.74	19.27		54.01
3	燃煤电厂	77.97	30.62		108.59
2	输煤小计	112.71	49.89	96.42	259.03
二	输电成本				
1	燃料成本			108.71	108.71
2	输电成本	65.04	12.02		77.06
3	燃煤电厂	84.63	33.23		117.86
	输电小计	149.67	45.25	108.71	303.63
三	输煤输电差	-36.96	+4.64	-12.29	-44.60
	占比%	82.84	-10.40	27.56	100

24.4.2.2　计算结果分析

输煤、输电全成本电价分别为 259.03 元/(MW·h)、303.63 元/(MW·h)，输煤比输电低 44.60 元/(MW·h)，约 15%，输煤经济性优于输电。

从输送环节比较，铁路、输电工程成本电价分别为 54.01 元/(MW·h)、77.06 元/(MW·h)，输煤比输电低 23.05 元/(MW·h)，约占成本差的 52%。

从电厂环节比较，输煤比输电低 9.27 元/(MW·h)；输煤燃料成本比输电低 12.29 元/(MW·h)，二者均是由于输电能源损失大于输煤，配套燃煤电厂投资和供电煤耗高所致，合计约占成本差的 46%。

从投资部分成本电价比较，输煤总投资成本电价为 112.71 元/(MW·h)，输电为 149.67 元/(MW·h)，输煤成本比输电低 36.96 元/(MW·h)，因此投资成本是影响输煤输电效益的主要因素。

从运维成本看，输煤运维成本电价为 49.89 元/(MW·h)，输电为 45.25 元/

(MW·h)，输煤比输电高 4.64 元/(MW·h)，成本差约为 10.4%。

输煤输电各环节和总成本电价对比参见图 24-1，输送环节的对比参见图 24-2。

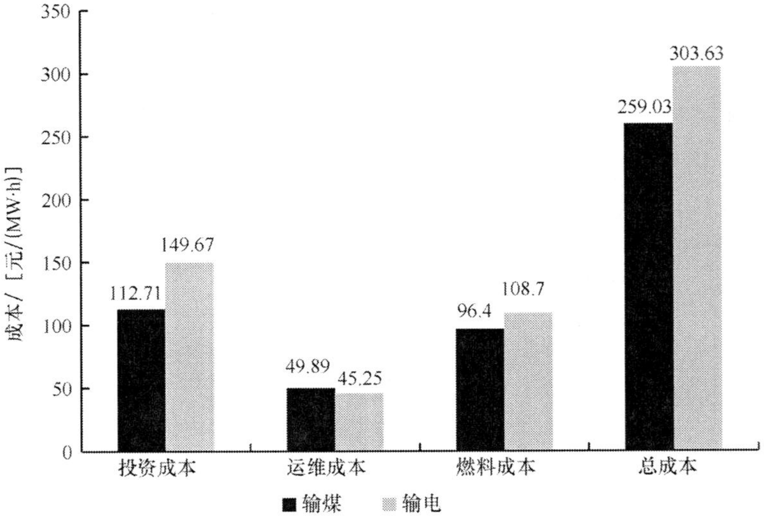

图 24-1　输煤、输电成本电价比较

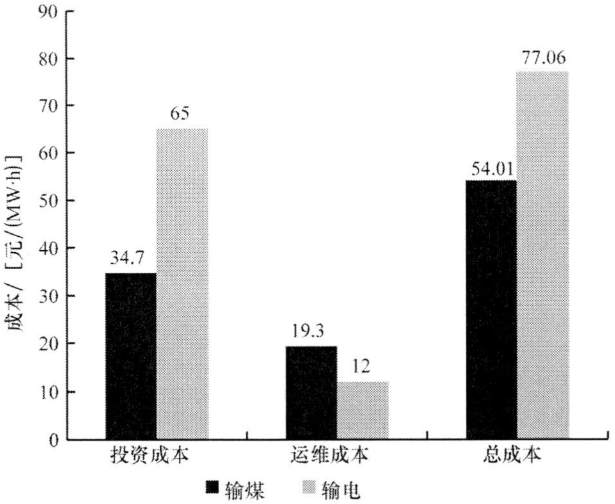

图 24-2　输送环节电价成本比较

24.4.2.3　输煤输电效益平衡点

根据输煤的燃料成本电价＝受端电厂供电煤耗×送端煤炭标煤价，将表 24-2 中的输煤输电成本电价差 44.60 元/(MW·h)，折算成相应的输煤送端煤炭价格的增加值，约为 115.6 元/t，也即当输煤输电的送端煤价差为 115.6 元/t 时，输煤输电项目的经济效益相当。此时的煤价差称为输煤输电效益平衡点煤价差。

24.4.2.4　敏感性分析

(1) 输送距离的变化

1）铁路运距增加为输电线路的 1.2 倍。一般情况下，输煤的运距比输电略长，如哈密到郑州现有铁路路径为兰新线、陇海线到郑州，运距共 2526km，比输电线路长约 14%。按铁路运距增加为输电线路的 1.2 倍计算，铁路总电价成本将增加 20%，输煤输电成本电价差由 44.60 元/(MW·h) 减小为 33.80 元/(MW·h)。铁路运距单方面增加 20%，输煤成本电价增高，但仍是输煤经济性优于输电。

2）输送距离同步变化对成本电价的影响。输送距离在±800kV 电压等级的经济适用范围为 1300~2500km，输煤、输电输送距离同步变化，对成本变化的影响，计算结果如表 24-4、图 24-3 所示。输送距离在 1300~2500km 的范围内变化，电价差绝对值在 50.24~42.94 元/(MW·h) 的范围内变化。相应计算出输煤输电效益平衡点的送端煤价差在 130~111 元/t 的范围内变化。

表 24-4　输送距离对输煤输电成本电价的影响

输送距离/km	1300	1600	1900	2200	2500
输煤成本电价/[元/(MW·h)]	236.77	244.1	251.43	258.76	266.09
输电成本电价/[元/(MW·h)]	287.01	292.43	297.9	303.44	309.03
成本电价差/[元/(MW·h)]	-50.24	-48.33	-46.47	-44.68	-42.94
平衡点送端煤价差/(元/t)	130.3	125.3	120.5	115.8	111.3

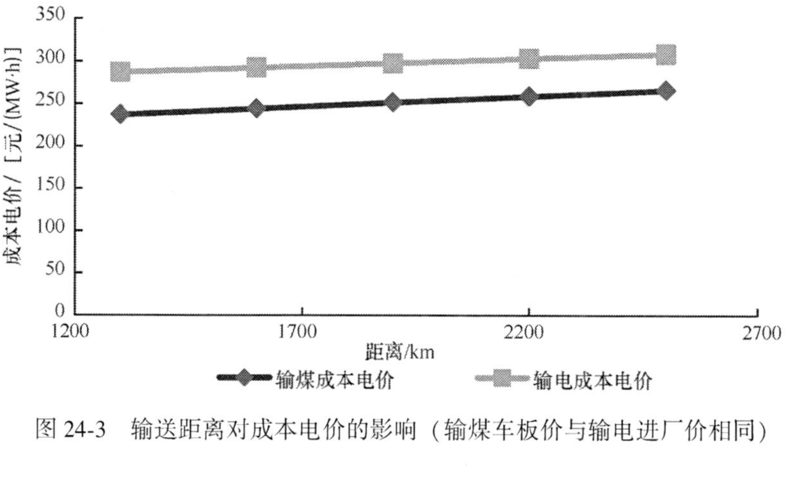

图 24-3　输送距离对成本电价的影响（输煤车板价与输电进厂价相同）

以上分析表明，在上述输送距离范围内，输煤输电送端煤价、输送距离相同的条件下，输煤的经济性优于输电。

(2) 输煤与输电送端煤炭价格同步递增

输煤和输电送端煤炭价格按 50 元/t 同步递增到 450 元/t，计算对成本电价差的影响。计算结果汇总于表 24-5。从表 24-5 可以看出，煤炭价格由 250 元/t 增加到 450 元/t，燃料价格为 200 元/t，输煤输电成本电价差绝对值增加 9.8 元/(MW·h)，输煤输电成本差价增加，经济性依然优于输电。

表 24-5　送端煤炭价格增加对成本电价差的影响

原煤价格/(元/t)	标煤价格/(元/t)	输煤成本电价/[元/(MW·h)]		输电成本电价/[元/(MW·h)]		总电价差/[元/(MW·h)]
		燃料	总成本	燃料	总成本	
250	318.2	173.6	259.0	108.7	303.6	-44.6
300	381.8	115.7	278.3	130.5	325.4	-47.1
350	445.5	135.0	297.6	152.2	347.1	-49.5
400	509.1	154.3	316.9	173.9	368.8	-51.9
450	572.7	173.6	336.2	195.7	390.6	-54.4

(3) 煤炭发热量变化

分别计算发热量在 4000~6000kcal/kg 条件下，输煤输电成本电价的变化趋势。为简化计算，按 5500kcal/kg 时煤价为 250 元/t，相对应的标准煤价为 318.2 元/tce 计算。由于发热量降低，在铁路运输量不变的情况下，输煤的年受端可供电量减少，因此铁路成本电价同幅度成比例提高，输煤输电的成本电价差减少，相应平衡点煤价差减小，如发热量由 5500kcal/kg 下降到 5000kcal/kg，下降 10%，铁路成本电价增加 10%，输煤输电成本电价差绝对值减少 12.1%，平衡点煤价差由 147.2 元/tce 减少为 129.4 元/tce。输煤随着发热量的降低，成本电价提高，而输电的成本电价不受发热量变化的影响，这是输电的优势之一（表 24-6）。

表 24-6　发热量变化对输煤输电成本电价差的影响

煤的发热量/(kcal/kg)	4000	4500	5000	5500	6000
铁路总成本电价/[元/(MW·h)]	74.27	66.02	59.41	54.01	49.51
成本电价差/[元/(MW·h)]	-24.35	-32.6	-39.2	-44.60	-49.10
折算平衡点煤价差/(元/tce)	80.4	107.6	129.4	147.2	162.0

(4) 影响因素叠加分析

若上述敏感性因素按叠加考虑进行分析，煤的发热量按 5000kcal/kg、铁路运距按输电距离的 1.2 倍，并考虑输煤输电送端煤价差为 50 元/t（70 元/tce）等条件，输煤的受端成本电价为 308.38 元/(MW·h)，输电受端成本电价为 303.63 元/(MW·h)，输煤输电电价差为 4.75 元/(MW·h)，输电的经济性略好于输煤。

实际项目的效益分析受工程边界条件和基础数据的影响比较大，尤其是不利因素存在叠加的情况时，输煤输电项目的效益分析结论有可能发生扭转。因此，对具体项目或区域规划，需结合输煤输电的实际工程情况，选择客观的边界条件和原始数据进行分析论证。

24.4.3 输煤基于现行铁路运价和市场煤价的比较分析

24.4.3.1 基于现行运价的比较分析

根据上述基于成本的比较方法，铁路投资和运维成本产生的单位里程成本为 0.0633 元/(t·km)，本案例运输里程为 2211km 的煤炭运费成本价格为 140 元/t，又据输煤输电效益平衡点的送端煤价差约为 116 元/t，二者之和为 256 元/t。

因此，基于现行运价的比较分析时，按现行实际运费测算的煤炭运费价格为 256 元/t 时，是输煤输电的效益平衡点运价。运费高于此价格时，输电经济性好于输煤，反之亦然。据此单一里程的效益平衡点运价为 0.1158（元/t·km），折算含税运输单价为 0.1240 元/(t·km)。

对照表 24-1 煤炭运价费率表进行比较，铁路现行运价在运价 1 的条件下，输煤经济性好于输电；在运价 2 的条件下，二者的经济性相当；在运价 3 和运价 4 的条件下，输电的经济性好于输煤。

同理可以计算出输送距离为 1300km 时，输煤输电效益平衡点的铁路运价为 0.1635 元/(t·km)［0.1750 元/(t·km)］。

24.4.3.2 基于现行市场煤价的比较分析

据某发电集团河南燃煤电厂 2012 年第一季度的统计资料，从陕北采购经铁路运输的到厂煤价平均为 845.3 元/tce，此时煤价较高。

若按表 24-5 电厂的投资、运维费用 108.7 元/(MW·h) 为基础，则输煤成电价为 362.2 元/(MW·h)，比表 24-5 中的输电成本电价［303.6 元/(MW·h)］高 58.6 元/(MW·h)。因此，基于现行市场煤价，输电经济性优于输煤。若煤价较低，输电经济性可能与输煤相当。

24.4.4 关于输煤输电送端煤价差的分析

上述比较没有考虑送输煤输电送端煤价差，该部分价差现实情况是存在的。不同煤电基地情况相差比较大，涉及的边界条件不同，矿口价和车板价的差异还包含市场煤价的因素，比较复杂，具有不确定性。

首先，输煤送端煤价是按铁路车板价计算的。从煤矿矿口到编组车站，若仅考虑输运成本的因素，集运平均运距按 50km，汽车运输［运价 0.7 元/(t·km)］和铁路运输［按固定基价 10 元/t+里程基价 0.2 元/(t·km)］各 50%的比例计算，该部分运费估算为 49 元/t。一般会高于在送端建设矿口、路口电厂的集运费用。

另外，由于煤炭供应、铁路运输供需和体制原因，铁路运输存在着计划重点煤和非计划市场煤的“双轨制”导致的“价外价”的现象，特别是在煤炭运输紧张时期，承担外运任务的煤炭装车费、换装费、车皮“点装费”等；此外还包括销售环节的费用、煤炭输出地区的环保基金等收费，合计可能达 50~100 元/t。

有些铁路线路的实际里程大于输电工程、单位里程运费大于效益平衡点里程运费 0.1158 元/(t·km)。

如前所述，当输煤输电的送端煤价差为 116 元/t 时，输煤输电的经济性相当；而上述分析表明，实际送端和铁路运输环节有很多因素可造成输煤煤价高于输电煤价，并往往差价超过 116 元/t，这就使输煤效益优于输电的结论发生逆转。

由于这些因素主要是由于铁路运力的供需不平衡和体制原因造成的。随着铁路体制的深化改革、铁路运力的提高，这些不规范的收费状况必然会受到抑制。因此，输煤输电从项目的经济效益分析的孰优孰劣，有很强的时效性，不宜作为我国能源战略规划输送方式选择的主要依据。

24.5 输煤输电项目效益分析（宁东—青岛案例）

24.5.1 边界条件和基础数据

输电工程：±660kV 特高压输电，额定输电能力 400 万 kW，输送距离 1334km，动态总投资 104 亿元；输电工程额定功率损失 6.7%，年均功率损失为 4.6%。

铁路运煤：假设新建铁路 1334km，单位投资 8000 万元/km，总动态投资 1067.2 亿元；运输能力 2 亿 t。

煤炭的低位发热量为 5000kcal/kg，煤价取 300 元/t。

24.5.2 计算结果汇总及分析

如表 24-7 所示，计算结果表明，输煤全成本电价为 268.46 元/(MW·h)、输电为 318.63 元/(MW·h)，输煤比输电低 50.17 元/(MW·h)。上述计算结果与哈密—郑州案例趋势一致，结论吻合。该成本电价差折合输煤送端煤价为 118 元/t。换言之，在输煤输电送端煤价差在 118 元/t 时，输煤输电项目的效益相当。

表 24-7 输煤和输电各环节全电价成本 [单位：元/(MW·h)]

序号	项目	投资	运维	燃料	总成本
一	输煤成本			127.27	127.27
1	燃料成本				
2	铁路成本	20.96	11.63		32.59
3	燃煤电厂	77.97	30.62		108.59
	输煤小计	98.93	42.25	127.27	268.46
二	输电成本				
1	燃料成本			140.88	140.88
2	输电成本	50.37	4.72		55.09
3	燃煤电厂	88.07	34.59		122.65
	输电小计	138.44	39.31	140.88	318.63
三	输煤输电差	-39.51	2.94	-14.75	-50.17

24.5.3　输煤输电效益平衡点的计算

计算±660kV 输电输送距离 1000~1400km 运距范围变化时，输煤输电的成本电价差及经济平衡点煤价差，汇总于表 24-8。随着输送距离的增加，输煤输电的成本电价差绝对值减少，相应的经济平衡点煤价差也减少。该结论与前述哈密—郑州案例的趋势是一致的。

表 24-8　输送距离对输煤输电成本电价的影响

输送距离/km	1000	1100	1200	1300	1400
输煤成本电价/［元/(MW·h)］	260.3	262.7	265.2	267.6	270.1
输电成本电价/［元/(MW·h)］	316.8	317.3	317.9	318.4	319.0
成本电价差/［元/(MW·h)］	-56.5	-54.6	-52.7	-50.8	-48.9
经济平衡点煤价差/(元/t)	133.1	128.6	124.2	119.7	115.2

根据表 24-8 中的效益平衡点煤价差，可以计算出输送距离在 1000~1400km 的范围内，铁路单一里程综合运价为 0.1964~0.1456 元/(t·km) 时，输煤输电的经济性相当，是效益平衡点运价。

24.5.4　实际输煤路径及成本分析

从宁东到山东青岛，可能路径有铁路直达和铁海联运：铁路直达线路经西安、郑州到青岛，需途经包兰线、陇海线、京广线等铁路，运距 2115km，按此运距显然是不经济的，且实现的可能性很小；铁海联运经包兰线北上、经海拉线等（共约 1323km），再转行神朔黄铁路专用线（860km），由黄骅港下水，海运到青岛（448n mile）。

该路径较上述假定的 1334km 直达铁路，多出了 849km 的铁路运输和 448n mile 的海运，按铁路运费 0.12 元/(t·km) 和海运运费 0.05 元/(t·n mile) 计算，两端的港口装卸作业费按 30 元/t 计算，该部分煤炭运价约为 154.3 元/t，扣除税率 7% 后，为 143.5 元/t，超过了前述计算的平衡点煤价差 118 元，显然该输煤运输方案是不经济的。

由上述分析可以得出，在现有运输体系和运价下，宁东到山东青岛采用输电的经济性好于输煤。

第 25 章　输煤输电综合性影响因素分析

25.1　安全影响分析

25.1.1　安全性分析

1. 煤炭运输安全性分析

煤炭在长途运输中因长时间封闭高温容易引发自燃事故，进而造成火灾，严重的时候还可能引发车（船）内的燃料油爆炸。

历史上铁运、海运、公路运输煤炭均发生过煤炭自燃事故，如 2010 年 10 月 13 日成渝高速公路运煤货车自燃事件、2011 年 1 月 24 日运煤船“昌运 68”轮煤舱自燃事件、2011 年 4 月 27 日张家口市怀来县开往天津的运煤火车煤炭自燃事件等，引起不同程度的火灾，造成煤炭损失、交通堵塞或车毁人亡的严重后果。但是这些事故在采取安全措施后可以有效减少，而且产生的影响可以控制在一定范围内，而且单次煤炭运输容量有限，事故造成的煤炭损失相对较小，对能源供应安全总体不构成太大的影响。

2. 输电安全性分析

随着电力技术的不断创新和进步，输电网的安全稳定性得到大大提高，可以满足一般情况下 N-1 和重要元件 N-2 故障下的安全可靠供电，出现严重故障导致的大面积停电事故概率极低。总体来说，输电的运行安全性是有保障的。随着电网应急措施和安稳预防措施的完善，且大面积停电概率低，电网修复速度快，输电运行安全性风险基本可控。

但在交直流并列运行的大电网，即使在保证电网安全稳定运行方面采取了各种预防措施，也不可能完全避免大面积停电的可能性，特别是送电距离越长，发生各种意外线路事故的概率会越高，对电网的安全稳定水平也提出了更高的要求。

根据《电力系统安全稳定导则》（DL 755—2001），“外部电源宜经相对独立的送电回路接入受端系统，尽量避免电源或送端系统之间的直接联络和送电回路落点过于集中。每一组送电回路的最大输送功率所占受端系统总负荷的比例不宜过大。具体比例可结合受端系统的具体条件来决定”。按照上述规定，输电方式应注意受端电网的外区受电比例问题，避免由于失去主干输电线路和大容量发电电源、多回直流闭锁等严重的多重故障和继电保护、高压断路器的拒动或误动等原因导致的电网电压频率稳定被破坏。因此，应在负荷中心和受端电网适度建设支撑电源。

25.1.2　抵御自然灾害能力分析

25.1.2.1　输煤抵御自然灾害能力分析

我国的电煤需求，一般在夏季和冬季是高峰期。但这两个季节也是台风、强降雨、洪水、雨雪冰冻等极端恶劣天气、严重自然灾害频发的时期，可能导致交通中断、运煤受阻、电煤供应紧张。

面对自然灾害给交通运输系统带来的巨大挑战，交通运输部门主要是从强化交通救灾应急系统、加强交通防灾抗灾基础设施建设等方面，来研究提高交通运输系统的抗灾能力。随着上述措施的落实，输煤抵御自然灾害的能力将有所增强，能源供应的安全性将有所提高。

另外，为保证电煤供应，国务院已经批准通过了国家煤炭应急储备方案，即国家委托煤企、电企等在煤炭重要集散地、关键运输枢纽等地储备煤炭，用于应对煤炭供应中断和严重不足等紧急状况，增强在重大自然灾害和突发事件状态下的煤炭供应保障能力，保持经济社会平稳运行。

25.1.2.2　输电抵御自然灾害能力分析

2008 年 1 月 12 日到 2 月 4 日，我国南方、华中和华东地区先后四次遭受低温雨雪冰冻灾害天气袭击，贵州、湖南、江西、广西和浙江等省份电力设施损毁严重，发电出力受阻，多片电网解列，一些地区电网大面积停电。

再如 2005 年 9 月 26 日，海口遭受台风“达维”影响，导致海南电网电力设施造成严重破坏，引发部分电厂连续跳机解列，最终系统全部瓦解，导致罕见的全省范围大面积停电。事故发生后，海南电网紧急启动“黑启动”方案，经过 5 个小时的调度抢修后，基本实现主力机组先后启动并网发电，并逐步扩大系统的恢复范围，最终实现整个系统的恢复供电。

各省市电力调度部门也正在积极升级更新“黑启动”方案。总的来说，电力行业充分吸取了近年来电力系统受自然灾害的历史教训，采取了一系列积极措施，从电力规划、工程设计、工程建设、调度运行、发电企业和电网企业管理等方面，加强电力系统抗灾能力，输电方式的能源供应安全将有所提高。

25.2　煤炭合理开发利用的影响分析

25.2.1　煤炭合理开发利用的制约性因素分析

25.2.1.1　资源总量和分布

据统计，我国已利用煤炭资源量约 4000 亿 t，其中剩余可采储量约 1100 亿 t，查明尚未利用的资源量约 6400 亿 t，即可供利用煤炭资源共约 7500 亿 t。按照年利用 50 亿 t 计算，储采比达到 128 年。

煤炭是宝贵的不可再生能源，因此煤炭合理开发利用是输煤输电必须考虑的前提。

25.2.1.2 煤炭开发受水资源、生态资源的制约较大

以秦岭—大别山以北地区为例，水资源年均为6000多亿立方米，仅占全国的21.4%，其中晋、陕、蒙三省份水资源仅占全国的2.6%。未来煤炭重要供应地的新疆水资源更缺乏。

北方中西部地区普遍干旱少雨、生态环境相对脆弱，但集中了我国近90%的煤炭资源，煤炭大规模开采生态环境恶化现象普遍存在，生态环境是煤炭开发的重要制约因素；东部地区人口密集、城市化程度高、可耕地少、土地资源为主要制约因素；西南地区煤层硫份高，煤炭利用对环境产生的影响较大。

25.2.1.3 煤炭资源开发受高效安全的制约

煤炭开采还受安全高效生产能力的制约。我国煤田地质结构复杂，开采深度大，目前开采平均深度已达约600m，煤炭工业安全事故已成为全社会关注的焦点。

我国煤炭开采的回收率还不高，目前国有大型煤矿的资源回收率约为50%，占煤炭产量的49%，乡镇煤矿的资源回收率约为20%。

我国煤炭产量中约50%的运输距离超过500km，平均运距达642km，煤炭运输约占全国货运总量的55%，运输量巨大，由于受运输条件，特别是铁路运力严重不足，采用重型卡车长途运输还有相当的规模，公路运输不但成本和能耗高，并且安全性比铁路运输要低。

长期以来，煤炭无序、违规开采现象严重，违规开工建设规模大，规划计划的严肃性不够，“十一五”期间经过大力整治，有所改善，但仍需要强有力的措施持续进行治理。根据分析，我国目前煤炭在总量上开发强度已经过大，合理的总量控制时机已经迫在眉睫。

25.2.1.4 优质炼焦煤和无烟煤应保护性开发

从全国煤种、煤质上看，我国煤炭资源煤种比较齐全，煤质较好。褐煤主要分布在内蒙古东部、黑龙江东部和云南东部，低变质煤（长焰煤、气煤）主要分布在新疆、山西、内蒙古和宁夏等省区，中变质煤（肥煤、焦煤、瘦煤等炼焦用煤）分布较广，但是储量不大，只占总储量的15%左右，高变质煤（无烟煤）主要分布在山西、贵州、川南和豫东部分地区。

2010年我国焦炭产量3.87亿t，其中出口约1200万t，共计消耗原煤约5.6亿t。我国炼焦用煤储量不大，无烟煤是化工原料煤，资源量偏少。目前，优质炼焦煤作为特殊和稀缺煤种在澳大利亚、美国、加拿大等国都得到了战略性保护，成为战略性原料品种，因此我国也应制定特殊和稀缺煤种实行保护性开发法规，限制炼焦煤、无烟煤用于发电，适度控制优质炼焦用煤的生产。

煤化工领域4~5t煤炭转化成1t产品，运输量只有煤炭的20%~25%。建设大型煤电一体化项目，特别是利用不适宜运输的煤矸石、洗中煤低热值煤炭建设综合利用电厂，是煤炭合理开发利用的重要途径。

25.2.2　煤炭、电力利用结构和节能潜力分析

25.2.2.1　煤炭消费结构

煤炭的利用主要集中在电力、钢铁、建材和化工四大工业行业，其煤炭消费约占总量的 80%。其中，电力约占 54%，钢铁约占 17%，建材约占 8%，化工约占 6%，有色金属约占 1%，其他约占 19%。2012 年 2 月工业和信息化部发布《工业节能“十二五”规划》，将在钢铁、有色金属、石化、化工、建材、机械、轻工、纺织、电子信息等 9 个行业，大力推进结构节能。制定了 20 个单位产品的能耗指标，提出了节能基础途径和路线、任务及重点节能工程。该规划的实施将为提高能源利用效率、降低煤炭开发强度提供支撑。

25.2.2.2　电力消费结构

2010 年全国全社会用电量约 4.2 万 kW・h。其中，工业占比约为 74.88%，第三产业用电占比 10.66%，城乡居民生活用电占比 12.13%，农业用电占比 2.33%。工业用电中，化工（7.33%）、建材（5.94%）、黑色金属冶炼（11.21%）、有色金属冶炼（7.54%）四大行业占全社会用电的 32.03%。预测到 2015～2020 年，工业用电占比将下降到 67%～71.6%；居民用电占比将上升到 14.1%～17.27%。

2010 年国家相关部门联合下发了《电力需求侧管理办法》，对促进需求侧管理起到了极大的推动作用。电力需求侧管理要引导各类用户科学合理使用电力，是节约能源的不可或缺的重要方面。通过错峰、避峰等措施，在缓解峰谷差压力的同时，还可以提高发电、供电设备的负荷率、进而提高能源利用效率。需求侧管理不但要关注工业用户，还应该提倡全民节约用电、用能，提倡分时、延时进行工作等，形成全社会节约用能、用电的良好氛围。

25.2.2.3　煤电行业能耗水平和发展潜力

电是最清洁的能源，它易于控制、便于转换，能大规模生产和远距离输送，电已经融入到现代生活的方方面面。电气化程度是工业文明发展的标志，是城市化、工业化的重要标志，在我国现在的发展阶段，提高电能在终端消费中的比例，应该成为我国能源战略中重要方向。

2010 年电力在能源终端消费中的比重约为 32%，2020 年将达到 45% 以上。

我国煤电行业平均供电煤耗、线损率、单位发电量 SO_2 排放量等指标已经达到或接近发达国家的水平。2011 年全国火电行业平均供电标煤煤耗为 330g/(kW・h)。其中，1000MW 超超临界机组平均供电煤耗 290gce/(kW・h)，600MW 超临界机组 305gce/(kW・h)；外高桥 3 期 1000MW 机组的供电煤耗降低到 280g/(kW・h) 以下，创世界纪录。

发展高参数大容量超临界机组和淘汰小机组并举，是我国火电行业能耗水平取得巨大提升的重要原因。2010 年在统计范围，我国 600MW 及以上火电机组容量所占比例由 2005 年的 11.68%，连续提高到了 2010 年的 36.84%；“十一五”期间，全国共关停小

火电机组7683万kW，仅此一项，节煤效益在5000万t以上。

但也应该看到，随着大机组占比的上升，降低火电机组的能耗的潜力越来越有限，现役机组通过技术改造升级，进一步提高能效，被提到议事日程。例如，亚临界600MW和300MW机组实行增容提效改造等现役机组的技术改造成为可选择的方式之一。

近年来，火电行业由于煤价过高、电价调整严重滞后等原因，存在普遍性经营困难。2011年新颁布的火电行业环保标准，要求近期加装脱硝装置，环保指标日趋严格，需要投入进行技术改造，面临资金和运行的压力，势必会影响企业对节能技术改造的投入。因此，理顺煤、电、运的价格体系，与提高能源利用效率关系密切。

25.2.3 煤炭商品化和综合利用

25.2.3.1 现状

煤炭资源合理开发利用，从科学合理的利用角度出发，首先是提高煤炭洗选商品化程度，分级利用。

我国原煤的平均发热量约为5000kcal/kg，2010年我国原煤入洗量约占总量的50%，根据规划2015年入洗率将提高65%以上。采用洗选后的洗精煤发热量达到6300kcal/kg，产生的洗中煤发热量约为2000kcal/kg，此外还产生煤矸石、煤泥等，发热量在2000kcal/kg以下。

据统计，我国2010年低热值煤炭约占煤炭总量的15%以上，低热值煤炭应该就地消化，减少运输成本和资源浪费应该成为输煤输电比较的基本原则。目前，使用循环流化床锅炉（CFB）发电是低热值煤炭主要的利用方式。

2010年，全国洗矸、煤泥和中煤综合利用发电装机容量2600万kW，利用低热值资源1.3亿t，相当于回收4200万tce，少占压土地300ha。根据《国家煤炭“十二五”规划》，到2015年，原煤入洗率达到65%以上、煤矸石综合利用量达到5.8亿t，利用率达到75%，其中燃煤发电3亿t，煤矸石制建材利用1亿t，煤矸石井下充填、复垦和筑路利用1.8亿t以上。综合利用发电装机容将大幅增加到7600万kW。到2020年，13个大型煤炭基地每年将产生5.36亿t可用于发电的低热值煤炭量，折合标准煤1.62亿t。

25.2.3.2 展望

低热值煤炭综合利用发电应遵循以下原则进行规划和政策安排。

分类利用原则：对没有利用价值的煤矸石应尽量进行矿区填埋和实施绿化；对能够形成矿物利用经济规模的煤矸石应尽量进行精深加工；热值较低（300~1200kcal/kg）的煤矸石应尽量用于生产建材、做砖或通过低温煅烧后做砖；热值较高（>1200kcal/kg）的低热值煤炭应用于发电。

就地消纳原则：低热值煤炭的利用应避免长距离运输，遵循“谁产生、谁处理，谁利用、谁受益”的原则，鼓励煤电一体化，低热值煤炭发电应优先考虑煤炭企业自用，剩余电力上网。

高效可靠原则：为保证 CFB 机组的运行性能，可适度放宽燃料热值和种类限制，并鼓励与洗中煤、煤泥、粉煤灰和劣质煤等没有运输价值的较高热值燃料掺混发电，尽量配备双机组以保证可靠性。

25.2.4　煤炭开发对生态环境的影响分析

煤炭开发对环境的影响较大，往往造成地下水结构破坏、地表塌陷、水土流失、植被破坏和矸石堆积等，严重破坏水资源、土地资源和生态环境。我国主要煤炭基地在西北地区，生态环境相对脆弱，水资源严重短缺，资源量仅为全国的 20%，其中内蒙古、新疆、宁夏和甘肃 5 省份水资源只占全国的 8.3%。据统计分析，每开采 1 亿 t 煤就破坏 7 亿 t 水资源、造成水土流失面积约 245km^2，产生 1300 万 t 煤矸石。

目前，全国累计煤矸石达到 40 亿 t，形成煤矸石山约 1500 多座，其中长期自燃的约 400 个。占用土地面积 1.6 万 hm^2。目前，全国塌陷土地面积约 80 万 hm^2，并且每年以 4 万 hm^2 的面积递增，形势比较严峻。

25.2.5　综合分析

环境和生态资源是我国煤炭开发的制约性因素，煤炭基地的开发坚持开发与保护并举，开发强度控制在环境和生态能够承受的范围内。降低煤炭开发强度、控制总量是未来一段时期我国煤炭能源行业面临的挑战之一。目前违规开采、超前开采的现象还普遍存在，因此以总量控制为目标，应增强规划的权威性和严肃性，避免无序超前开发。

煤炭热值越低，煤炭开发对环境生态的破坏就越严重，因此建议适当限制低热值煤炭资源的开发。沿海省区可以借助海运和对外贸易的便利，争取多进口煤炭，也是减轻我国煤炭资源开发强度的措施之一。

同时，钢铁、水泥是耗煤大户，其生产主要应满足国内城市化、工业化发展的需要，应限制出口，以减少煤炭的需求量。

我国环境污染严重，生态破坏问题突出，其中，燃煤是 SO_2、NO_x、重金属汞的主要产出者。我国长江三角洲、珠江三角洲和京津鲁由于高度集中的能源消费，已成为大气污染的重灾区。根据环保部颁发的《“十二五”环境保护规划》和《重点区域大气污染联防联控“十二五”规划》，上述地区在“十二五”期间将限制建设除“上大压小”和热电联供以外的燃煤电厂，并严格限定钢铁、水泥、石化、化工和有色等高耗能项目，实现“总量控制”。

25.3　社会发展和生态环境的影响分析

25.3.1　输电对社会发展和生态环境的影响

25.3.1.1　对生态环境的影响

输电工程生态影响分为施工期和运行期。施工期影响源主要是地面开挖、破坏植被、引起水土流失等，影响是小范围、短暂的和可逆的，随着施工期的结束，对生态环境的影响也逐步消失。项目运行期对生态环境的影响主要来自变电站和输电线路杆塔永久占地，而且影响贯穿整个寿命运营期，一般为潜在的、长期的影响。

工程施工期塔基开挖、道路施工对植被覆盖、水土保持、土地生产力和生物多样性方面的影响较为突出。工程施工改变了当地的土地利用格局，破坏了部分地面植被和土层，降低了植被覆盖度和土地生产力，同时由于人类活动的干扰可能会造成当地生物多样性的下降。此外，当工程穿越自然保护区、森林公园和水源地等生态敏感区域，如果没有做好一定的生态保护措施，工程建设施工可能会对当地生态环境造成更加不利的影响。但这些影响可以通过进行合理选址、有效的工程防护措施实施缓解或消除，不会对工程所在地的生态环境带来显著的不利影响。施工期的主要环境污染是施工机械噪声，运行期主要环境污染是电磁和声环境影响。

工程线路选址尽可能地避让了各类自然保护区和森林公园，同时避让了树林茂密和动物出现频率较高的地区，工程进入运行期后对鸟类、兽类、两栖动物、爬行动物、水生生物栖息基本不产生影响。

变电站内的高压、大电流电气设备附近，产生较强的电场、磁场影响，交流设备产生工频电场、工频磁场影响，直流设备产生合成电场、直流磁场影响；站内各种电气设备、导线、金具、绝缘子串亦可能产生局部电晕放电，这些都可成为无线电干扰源，向站外传播无线电波。输变电工程的无线电干扰频率在 0.1～30MHz，更多集中在 0.5～1.0MHz，干扰频率较窄，传播距离主要在几十米内。

直流输电线路运行期的主要污染因子有：合成场强、直流磁感应强度、无线电干扰；交流输电线路运行期的主要污染因子有：工频电场、工频磁场、无线电干扰。

交流变电站内的变压器、电抗器运行时候会有噪声影响，尤其是高压电抗器，一般布置在围墙附近，对站外声环境影响较大。

直流换流站内电气设备在运行时会产生各种噪声，主要有换流变压器、平波电抗器、滤波电抗器、电容器（交流滤波器等）、冷却风扇和降压变压器运行时产生的噪声、带电导线、金具及绝缘子产生的噪声等。

直流和交流输电线路运行时候，由于电晕放电，会有噪声影响，线路噪声一般在 45dB（A）以下。

25.3.1.2 输电对当地社会发展的影响

（1）定性分析

送端：煤炭供应地一般为经济欠发达地区，仅靠出售一次能源，对当地经济拉动作用较小；而将一次能源转化为二次能源，对当税收、就业、相关产业发展有明显的促进作用。因此，电力送出在送端建设电厂，对当地经济拉动作用非常明显。

途中：塔基占地对农业生产不利，但影响轻微；影响城市规划，通过避让人口密集区，影响较小；工程拆迁，给予补偿后，影响不大。

受端：电力受端一般为经济发达地区，急需的是电能，而环境容量和建设用地比较紧张，建设燃煤电厂受到限制。输电工程给当地输送清洁能源，有利于当地经济发展，又不至于给当地环境增加压力。

（2）定量分析

结合输电工程对生态环境影响的典型案例，按照所建立的社会环境影响评价指标体系，通过定性与定量相结合方法，对比分析输电工程对社会环境影响（表 25-1）。

表 25-1　输电工程建设期对社会环境的影响

项目名称	树木砍伐		房屋拆迁		占用耕地	
	总量/棵	单位路径砍伐量/(棵/km)	总量/m^2	单位路径拆迁量/(m^2/km)	总量/hm^2	单位路径占地面积/(m^2/km)
500kV 交流	9 000	10	10 000	11	7.0	80
750kV 交流	1 390	4	0	0	2.3	69
1000kV 交流	26 000	41	113 217	177	28.3	443
±500kV 直流	18 230	19	118 600	126	17.4	185
±660kV 直流	18 670	14	41 052	31	7.7	58
±800kV 直流	49 200	26	702 379	371	31.5	167

注：表中数据来自项目环评或竣工环保验收报告统计结果，为输电线路指标，不含变电站（换流站）指标。

（3）工程措施

1）工程选线注意避让林木茂密的区域，线路采取高塔跨越，线下不砍树，塔基区尽量避开树木，选取荒地或灌草地，因此工程建设对树木砍伐较少，平均每千米 4～41 棵。在南方雨热条件较好的地方，树木较多，因此砍伐的树木稍多一些，北方地区林木稀疏，工程砍伐数量也不多。对于砍伐的树木，均按国家林业法规办理了砍伐手续，并按规定给予了赔偿。

2）为保证居民房屋电磁环境达标，对于输电线路下方和边相导线 5～7m 的范围的房屋进行拆迁，在此范围以外，对于电磁环境超标的长期住人房屋也进行拆迁，民房拆迁安置按照有关政策、规定进行补偿，征得当地政府的批准和房屋主人的同意，并签订协议。

3）根据目前的有关政策，线路走廊不征用土地，对于塔基占地给予一次性赔偿。在线路走廊内的其余土地使用权仍属土地原有者所有，不影响农作物等的正常耕作。单个塔基占地较少，平均每千米线路占用耕地 69～443m^2。

（4）输电方案对送端地区社会发展的影响

建设铁路输煤方案对沿线社会经济的发展有较大的带动和辐射作用，输电线路工程本身对沿线社会经济的发展十分有限。因此，输电方案方式与输煤方式对区域社会经济的影响比较，主要是在煤电基地送端和在受端地区分别建设电源（燃煤电厂），在税收、劳动就业和对地方经济的辐射带动的差异。

根据我国的税收制度，燃煤电厂的主要税种为企业所得税和增值税，其他税费还有城建附加、教育附加、土地使用费、排污费和房产费。其中，企业所得税和增值税、地方分税占比分别为 40% 和 25%。在地方分税部分，省级和市县占比各 50%。各项税种的基数和计提比例见表 25-2。

表 25-2　燃煤电厂生产期的税种　　（单位：%）

序号	税种	税基	税率	省、地、县占比
1	企业所得税	税前利润	25	40
2	增值税	销售收入	17	25
3	印花税	全年合同总额	0.03	100
4	城建税	应缴增值税+应缴营业税	5	100
5	营业税	服务业收入	5	100
6	房产税	房屋原值—房屋原值×20	1.2	100
7	土地使用税	m^2	5 元/m^2	100
8	教育附加费	应缴增值税+应缴营业税	5	
9	个人所得税			40

以神华锦界电厂为例，该厂位于陕北神木县，现有 4×600MW 亚临界燃煤空冷机组，该电厂通过 500KV 交流通过点对网向河北南网送电，由于采用煤电联营，煤炭供应能得到保证，煤价也比较适中，经营状况良好。

年利用小时为 5500h，上网电量约 121. 亿 kW · h，税前上网电价 265 元/(MW · h)，销售收入 32.65 亿元。燃料价格按占成本 65% 计算，售电利润按 50 元/(MW · h) 计算，则售电利润为 6.5 亿元，计算的企业上缴所得税、增值税分别为 1.63 亿元、1.67 亿元，合计共 3.3 亿元，地方分税合计 1.07 亿元。省市共计分税共约 1.42 亿元。

我国燃煤电厂属于资金、技术密集型行业，用工相对较少。目前新建 4×600MW 机组一般配置 500 名员工，其中约 50% 在当地招聘；雇员、检修、部分配套工程的运行管理等外委全日制人数约 1000 人，其中约 70% 由当地提供。由此估算，按每人年 6 万元计算，增加当地居民收入约 5700 万元。

同时，电厂运营除煤炭外的其他工业品，如脱硫剂、石灰石等的使用均会对地方经济、社会发展有一定的辐射和带动作用。

近年来，由于煤炭价格过快的增长，而电价调整滞后现象严重，煤电企业经营困难。其中包括煤炭产区的山西、陕西等地区。如果煤电企业长期处于亏损，不能上缴企业所得税，甚至增值税，将影响到送端地区的直接经济利益，对跨区域长距离输电的积极性产生消极影响，应当引起关注。

25.3.2　输煤对社会发展和生态环境的影响

25.3.2.1　输煤对生态环境影响评价指标

输煤对生态环境影响评价指标具有多目标性、相关性较强、指标定量化难度大等特征，从输煤对生态环境在生物系统、水环境、土壤环境、空气环境、景观、噪声、振动、电磁及生态成本等方面影响进行综合分析（表 25-3）。

表 25-3　输煤对生态环境影响评价指标体系

目标层	准则层	指标层
输煤对生态环境影响	生物系统影响	植被覆盖率
		生物量
		生物多样性
		可恢复性
	水土环境影响	水土流失量
		水土流失治理度
		水环境质量
		污水排放
		土壤环境质量
	空气环境影响	空气粉尘含量
		温室气体排放
		有害气体含量
	噪声、振动及电磁影响	噪声强度
		震动强度
		电磁强度
	景观影响	景观破碎度
		景观分离度
	生态环境成本	环境损失成本
		环境保护成本

25.3.2.2　朔黄铁路对生态环境影响评价研究

对于定性指标评价标准的确定主要通过专家咨询法获得，项目业主单位邀请了交通建设项目评价和环境工程专业相关专家及学者，对朔黄铁路生态环境定性评价指标值进行分析和打分，得出输煤对生态环境影响的现状评价值如表 25-4 所示。

表 25-4　朔黄铁路输煤对生态环境影响现状

目标层	准则层	指标层	现状值
输煤对生态环境影响	生物系统影响	植被覆盖率	49.5%
		生物多样性	0.64
		可恢复性	96.1%
	水土环境影响	水土流失治理度	90%
		污水排放	二级（76）
		水环境质量	二类（80）
		土壤环境质量	三级（74）
	空气环境影响	空气粉尘含量	轻度（76）
		有害气体含量	轻度（78）
	噪声、振动及电磁影响	噪声强度	62.9/67.2（30m）
		振动强度	75/75
		电磁强度	二级（72）
	景观影响	景观分离度	0.25
	生态环境成本	环境损失成本	较低（82）
		环境保护成本	适中（73）

依据国家现行的相关环境评价标准，无论是项目建设期还是竣工后的运营期，朔黄铁路均实现了良好的污染控制和环境生态保护。

在建设期内，生态防护、废水防治、废气防治、噪声防治和电磁防护等五个方面的保护和防治要求基本得到了较全面地落实，项目建设没有产生或者形成大的环境污染和生态环境破坏。

在运营期内，针对环保专项验收时环保部门提出的加快肃宁北站生活污水处理设施建设、研究解决煤炭运输中煤尘飘散问题、加快噪声敏感点降噪工程施工进度，以及加强污染防治设施的运行管理，使污染物稳定达标排放的意见和要求，保证了项目投入运营后对环境和生态、对沿线受影响人口的生产和生活没有形成更多的负面影响。

在建设和运营期内，对污染物的处理及生态环境的保护和恢复达到了预期的效果，对环境质量没有形成大的负面影响。

此外，伴随朔黄铁路运量需求的不断增长及未来可能的扩能改造工程，对于环境的不利影响必然相应增大，应随着国家及地方对于环保重视和要求的提高，在继续加强环境动态监测与评价的同时，加大环保设施、技术装备的投入，以减轻或消除对于输煤对于环境的不利影响。

25.3.2.3 煤炭运输对社会环境影响分析

（1）朔黄铁路输煤对沿线经济发展的影响

朔黄铁路经过忻州市、保定市、衡水市、沧州市等地市区县，在朔黄铁路建设、临管运输及正式运营以来，对这四个地区经济产生影响，尤其是对朔黄铁路起点忻州市及终点沧州市经济发展产生较大影响。1998~2010年忻州市、保定市、衡水市、沧州市生产总值有了较快增长，尤其是2002年一期工程建成后，忻州市、沧州市的经济成跳跃式发展，连年的经济增长率在15%以上，高于周边城市3个百分点以上。

（2）朔黄铁路对沿线地区产业结构调整影响

朔黄铁路建设、运营，对沿线地区忻州市、保定市、衡水市、沧州市产业结构调整产生较大影响，尤其是对忻州市、沧州市的产业结构影响最大，第二产业、第三产业比重逐渐上升。

（3）朔黄铁路对社会发展的影响

1）煤炭运输通道建设对城市化进程的影响

朔黄铁路建设占用大量土地，并征地拆迁，这些农民失去土地后大量向城镇转移，从事商贸业等。在朔黄铁路运营期间，对沿线地区的市场需求，如铁路员工的生活、文化、娱乐等方面的需求，以及煤炭运输使沿线地区工业得以迅速发展，商贸业等需求较大，从而吸引更多人群向城镇聚集，参与商贸等活动。

2）促进劳动力就业

2010朔黄铁路共有在职员工4200名，雇员及外委全日制人数约6000余人，极大地带动了沿线地区的就业。按每人每年5万元的收入计算，增加当地居民收入约5亿元。

3）对沿线地区增加税收的影响

朔黄铁路有限责任公司自2003年开始，公司分支机构在属地缴纳营业税，至2007年年末，累计在河北省肃宁县纳税29 272万元，山西省忻州市纳税15 418万元，扩大了地方税收的来源，增加了地方财政收入。

2010年全年煤炭运量约为1.64亿t，销售收入为107亿元，上缴税费总额度约为18亿元，其中对山西、河北两省的税费贡献共计6亿元，约占全年总税费的1/3。

4）对占用土地资源产生的影响

朔黄铁路神朔段共征地46 139亩①。其中，神朔段征地34 774亩，肃黄段一线征地9031亩，二线段征地2334亩。朔黄铁路占用大量土地，其中包括大面积农田，这使部分农民失去赖以生存的土地，生活方式发生了改变，造成了较大的影响。

25.4　综合性影响因素比较分析

25.4.1　安全性比较

输煤输电在保障供电安全均有很高的可靠性，不成为比较的主要因素。

输煤的优点是煤炭可以储藏应急，事故发生后不易扩散，影响范围小，同时电厂一般自建煤场，数天的运输障碍对供电安全性很小；输电的优点在于输电线路相对易维护、故障修复速度快，输电中间环节少，受人为干扰因素小等，缺点则在于输电网在严重及多重故障下存在系统失稳解列大面积停电的风险，由于电力生产、输送和消费同时发生的特点，输电一旦发生故障，对电力供应的影响比较大。

随着输电距离和单回输电容量的增加，输电工程的安全可靠性，在技术和管理层面，都需要予以特别的关注。

25.4.2　对生态、环境和社会发展的影响比较

在建设施工期，输煤输电对生态环境的影响主要是施工过程对生态、植被的影响，以及施工噪声等的影响。由于输电架空铺设，施工周期短，设施、出线走廊布置一般尽量避让城镇设施，对生态和环境的影响小于铁路运输。施工期减少对环境、生态的主要措施是在运营期，直流输电对环境的影响主要是工频电场、工频磁场、无线电干扰等。铁路主要是噪声、废气和废水排放等。

上述影响虽然均在国家环保法规允许和可控的范围内，不构成主要制约性因素。但在输煤、输电规模持续增加的趋势下，需要执行更严格的环境和水土保持标准。

输电由于在西部煤炭基地建设燃煤发电机组，对于西部地区经济和社会发展，特别是税收劳动就业，配套产业的发展起到一定的辐射和带动作用。例如，按1亿t煤量计算，输电建设电厂规模约4600万kW，直接可以增加当地居民年工资性收入11亿元，省、地税收收入约28亿元，间接地对社会发展的带动作用更大。

铁路运输线的建设对送、受两端均有较大的影响，对沿线地区经济、社会发展有更

①1亩≈666.7m^2。

大范围的辐射和带动作用。案例分析表明，一条铁路线的建设运营，对沿线城市 GDP 的拉动作用在 3% 以上。

25.4.3 能源输送总量和占地比较

一条双线重载列车年运量可以达到 2 亿 t 以上，可以满足 9400 万 kW 容量的装机，年供上网电量约 4700 亿 kW · h 的电量；一回输电额定输电能力 760 万 kW，可年供上网电量约 385 亿 kW · h。从电量上看，输送相同容量的上网电量，一条铁路线与 10 条以上的输电线路相当。

铁路输煤和输电通道都需要占用大量的土地资源。一条铁路线平均占地 25m，但沿路两侧约 50m 的范围也需封闭，不能利用。一条输电线路占地宽度约 60m，只有数百米一个的塔基周围封闭，其余区域也要进行征地和管理，但仍可利用。

如按输送能量相同规模比较，铁路线的土地占用少于输电；但二者占地的属性不同，输电为架空敷设，除塔基周围外，其他部分可在一定限度内利用。

25.4.4 建设周期和难度

铁路建设周期从开工到投入使用，一般需要 5 年以上的时间，而输电工程建设周期一般在 2 年以内，铁路建设周期长；铁路建设涉及的征地、拆迁和安置工作量大，而输电线路架空铺设工作量小，铁路建设难度和比输电线路要大。

修建铁路专用线，煤炭运力按每年 1 亿~2 亿 t 计，其中，60% 用于燃煤发电，需要配套建设 3000 万~6000 万 kW 的“电站群”，从规划角度看，具有规模优势，但灵活性和渐进性较差。特高压输电一个回路输电 300 万~500 万 kW，灵活性较输煤好。

25.4.5 水资源占用比较

我国负荷中心水资源相对丰富，煤炭送端地区普遍缺水严。输电需要在送端建设燃煤电厂，必须采用节水型的空冷机组。如按原煤发热量 5500kcal/kg、年利用小时 5500h、耗水量指标 0.5kg/(kW · h) 计算，2 台 600MW 机组，年需耗淡水资源约 300 万 t；如按 1 亿 t 原煤在送端地区转化发电，年耗淡水约达 1.2 亿 t。

通过发电，配套建设采用空冷机组的优点是淡水资源消耗下降到常规湿冷机组的 15%，但将需增加电厂投资约 8%，增加煤炭消耗 10%。

25.4.6 促进煤炭资源合理开发利用的影响

输煤铁路运煤的经济性，随着煤炭发热量而成比例降低。输电在送端建设燃煤电厂，经济性受热值降低的影响较小，是消纳低热值原煤、煤炭生产伴生的低热值洗中煤、煤矸石等主要途径，对促进煤炭资源合理开发利用有利。如蒙东煤炭基地主要为低热值褐煤，发热量约 3600kcal/kg，就宜就地发电，通过输电外送。

因此，进一步提高煤炭洗选商品化程度，保证长距离外送煤炭热值（不小于 5000kcal/kg）；同时低热值煤炭就地发电是输煤输电规模合理配置首先要考虑的前提。

第 26 章 主要结论及建议

26.1 综合性结论

26.1.1 能源输送格局

我国煤炭资源丰富，但储量和产能主要集中在西北地区和山西，与经济、电力负荷中心和在地域上的呈逆向分布。煤炭在一次能源结构中的比重将逐步降低，但总需求量将会持续增加。鉴于煤炭、煤电在我国能源供应中的主导地位，主要通过输煤、输电实现跨区域、大规模、远距离能源输送的格局将长期存在。

26.1.2 能源利用效率比较分析

跨区域远距离大规模输煤输电，从能源利用效率（减少能源转换损失）角度分析，经对输送距离 1000km 以上的比较，输煤优于输电。输煤的能源利用效率高 10%，相当于等效供电煤耗低 30gce/(kW · h)，净供电效率高 4 个百分点。

从长期来看，节能减排、提高能源利用效率、控制能源消费强度，是国家社会经济可持续发展的前提条件，因此从制定能源战略和规划上考虑，更应重视能源输送方式节能减排的效果（如按受端年供 5000 亿 kW · h 电量计算，则输煤比输电少消耗约 1500 万 tce）。

26.1.3 经济性比较分析

课题选择哈密—郑州±800kV、宁东—山东±660kV 的直流输电工程为参考项目，并用实际铁路建设、运维数据模拟等运距的输煤工程为对比项目，采用成本加基准收益的比较方法，测算输煤输电单位兆瓦的受端成本电价，进行了项目效益的案例分析。

研究结果表明，在输送距离为 1000～2500km、输煤输电送端煤价相同的情况下，输煤受端成本电价较输电低 56～43 元/(MW · h)，输煤的项目效益优于输电；换言之，当输煤输电的送端煤价差在 146～111 元/t 时（煤炭发热量按 5500kcal/kg 计，下同)，二者的经济性相当。

本书还采用基于现行铁路运输价格和市场煤炭价格的比较方法，对上述案例输煤输电经济性的影响进行了对比分析。

研究结果表明，当铁路单一里程为 2200～1300km，综合运价为 0.1240～0.2160 元/(t · km) 时（不含税，下同)，输煤输电的经济性相当，是效益平衡点铁路运价。按市场受端实际到厂煤价计算，输电的经济性好于输煤。

实际送端有很多因素可造成送端煤差价超过上述经济平衡点煤价差，这就可能使输煤效益优于输电的结论发生逆转。其中，铁路运力的供需不平衡是主要原因。随着铁路体制的深化改革、铁路运力的提高，不规范的状况必然会得到改善。因此，从项目的经济效益角底分析得出的输煤输电孰优孰劣的结论，有很强的时效性，难以作为我国能源输送方式选择的主要依据。

26.1.4 综合性因素分析

综合分析表明，输煤在供电安全、能源利用效率、输送规模和经济性、土地和水资源占用等方面占优；输电在促进区域经济协调发展、提高煤炭资源合理开发利用（提高煤炭商品化和低热值煤的利用）、建设难易程度和建设周期、能源输送的灵活性等方面占优。

西部地区经济相对落后，加大电源建设规模，提高输电比重，对促进区域社会经济发展、煤炭资源合理开发利用有利，但生态和水资源是主要制约性因素。通过发电就地利用低热值煤炭、洗中煤和煤矸石，是合理开发利用煤炭资源的重要和有效途径，可以减缓铁路运输的压力，是输煤输电规模配置考虑的前提条件。

东部地区是经济和负荷中心，从保证供电安全考虑，需要适当比例的新增煤电电源支撑，也有利于提高经济性和减少能源转换损失，水资源和灰渣综合利用条件好，但污染物环境排放空间是主要限制性因素。

26.1.5 综合性结论

目前煤电运输矛盾突出，应加快加强主要煤电基地煤炭外运通道的规划和建设。近年来我国特高压交、直流输电技术发展逐步成熟，已形成了系列电压等级的输电方案，具备了一定的技术基础。随着西部煤电基地的大规模开发，电力输出输入需求增强，跨区域长距离大规模输电具有较大的发展潜力。

在新的发展阶段，国家能源战略和规划应从保障能源供应安全、提高能源利用效率，促进区域经济协调可持续发展角度出发，综合考虑生态、环境和水资源等制约性因素的影响，统筹考虑和安排输煤输电规模的合理配置。

26.2 重点煤电基地输煤输电比较和发展建议

26.2.1 新疆煤电基地

26.2.1.1 新疆煤电基地输煤输电合理布局

哈密地区煤炭热值高，适宜大规模输煤；准东地区热值较高的煤炭适宜直接输煤，热值较低的煤炭宜洗选后输送洗精煤，洗中煤、煤矸石宜就地综合利用；库拜、伊犁等地区煤炭热值高，但距离负荷中心较远，宜考虑预留至更远期战略储备利用。

26.2.1.2 新疆的输煤输电战略

新疆作为我国中远期煤炭供应主要基地，目前煤炭开发已形成相当的规模，但铁路外运短期内尚形不成规模，但输电工程的规划建设也存在滞后现象。新疆输煤输电的开发受生态和水资源的制约，同时出新的能源输出走廊受自然地理环境的制约十分宝贵。因此，从规划角度看，应统筹平衡安排近期和远期输煤和输电的规模配置。

建议近期应适当加快到河南郑州、重庆和成都输电的前期规划和建设，以输电为重点。远期以铁路运煤输出煤炭为主，其主要方向应为中南、西南川渝地区，铁路的建设应与已经形成的“三西”地区煤炭运输北通道、规划中的到华中地区的新通道衔接。未来形成输煤输电并举的策略。

26.2.2　内蒙古宁夏煤电基地

1）内蒙古、宁夏煤炭采用输煤方式运至浙江、江苏等东部沿海地区发电，与输电比较，能源利用效率较高，经济性较好，土地占用少，水资源易于保障。

随着未来煤化工产业的发展及东部地区产业转移，内蒙古、宁夏地区煤炭就地转化能力加强，煤电就地消纳需求增大，工业产品外送需求增加，建设铁路运输能力也有利于地区工业经济的发展。

2）浙江、江苏地区环保压力较大，输电方式有利于减轻东部沿海地区的环保压力，但与此同时内蒙古、宁夏地区的环保容量也较为紧张，燃煤电源布局需要统筹考虑。

3）内蒙古、宁夏地区输煤方式较优，应主要以输煤方式为主，加强铁路输送能力建设，保障浙江等东部沿海地区的电煤供应。

26.3　综合性政策的建议

26.3.1　关于促进煤炭资源合理开发利用

1）制定严格的政策法规、技术规范，限制劣质煤炭长途外运（如蒙东地区煤炭基地主要为低热值褐煤，宜就地发电，通过输电外送）；进一步提高煤炭洗选商品化程度，保证长距离外送煤炭热值（不小于 5000kcal/kg）；提高煤矸石、低热值煤炭煤电转化及综合率等，促进煤炭资源的合理开发利用。

2）我国炼焦用煤储量不大，无烟煤是化工原料煤，资源量偏少。参照国际上的做法，我国应制定特殊和稀缺煤种实行战略性保护性开发的法规，限制炼焦煤、无烟煤用于发电，适度控制优质炼焦用煤的生产和出口。

3）应鼓励引导华东、华南沿海电力企业扩大进口煤炭的使用比重，国家在政策给予支持。输煤输电规划和项目实施，在具体经济、税收等政策导向上适当向中西部倾斜。

26.3.2　促进区域社会经济协调可持续发展

1）从促进区域社会经济协调可持续发展比较分析，输煤输电的关键是在政府政策引导下，通过市场调节的作用，建立公平合理、具有约束力的省（区）间经济贸易规则，使各相关方面的权益，尤其是经济权益得到持续的保障。由于煤炭主要集中于西部欠发达地区，国家经济政策和调控措施，应持续向西部地区适当倾斜。

2）煤电基地开发注意尊重当地（特别是少数民族地区）文化传统和生活模式，使当地经济和居民真正受惠受益。

26.3.3 关于节约能源具体政策性建议

（1）切实实行发电节能经济调度

国务院于2007年颁发了《节能发电调度办法》（试行），发电节能经济调度取得了一定程度的进展，但仅仅是起步阶段，还存在很多问题。目前，高效大机组存在利用小时倒挂的现象，应着力扭转。

建议认真总结近年来该办法的实际执行情况，从节能优先的战略高度进行补充、细化和完善。同时应将节能发电调度纳入电力监管的范围，电网企业要将节能经济调度的情况向社会公布，接受监督。

（2）加强高耗能产业管理

钢材、水泥等高耗能行业的生产，主要以满足国内城市化、工业化发展的需要为前提，应限制出口，以减少煤炭和电力的需求量。这些行业的地域间转移，应注意区域平衡，避免出现运输中产生“能源倒流”现象。

（3）归口统一下达节能减排指标目标

“十二五”期间，在节能减排方面，中央企业要考核供电煤耗，地方要考核节煤量，环保部门要签订责任书，发电企业面临多头管理和考核，因此建议对减排指标进行统一，便于政策的执行和减排水平对比。

（4）建议加强开展电网稳定运行和供电安全技术的研究

在未来20年，华东、华中南方（广东为主）电网，通过跨区域长距离受电比例将持续增加。但为保障电网的稳定运行，保障电网供电安全，在上述地区建设一定比例的支撑作用的燃煤电站项目是必要的。

建议相关部门、机构对以下重大课题进行研究：以保障供电安全和稳定运行为前提的受端电网消纳外送电力上限比重；特高压电力线路的安全可靠性的技术；采用串补等技术措施后，将送端燃煤发电机组长距离送出的安全性影响等。

26.3.4 综合性建议

建议“十二五”期间应加大煤电基地特高压跨区域输电的建设，提高输电规模；加紧铁路项目投资体制的改革，推动铁路建设投资多元化，实行我国货物运输能力建设发展，消除铁路运力能力不足造成的对我国经济的可持续发展的影响；逐步建立起煤、电、运的价格体系和市场定价机制，形成市场需求和政府调节相结合的输煤输电并举的跨区域能源流输送格局。

参考文献

陈望祥 . 2007. 第三运煤通道与特高压电网，孰优孰劣？——输煤与输电的综合比较 . 能源思考，（8）.

电力规划设计总院 . 2011. 电网工程限额设计控制指标（2010 年水平）. 北京：中国电力出版社 .

电力规划设计总院 . 2011. 火电工程限额设计参考造价指标（2010 年水平）. 北京：中国电力出版社 .

杜伯学，马宗乐，霍振星，等 . 2010. 电力电缆技术的发展与研究动向 . 高压电器，46（7）：100-104.

高凯，李莉华 . 2007. 气体绝缘输电线路技术及其应用 . 中国电力，40（1）：84-88.

关志成，朱英浩，周小谦 . 2010. 中国电气工程大典第 10 卷：输变电工程 . 北京：中国电力出版社 .

国家电力调度通信中心 . 2001. 电力系统安全稳定导则［行业标准］.

国家电网公司 . 2006. 能源基地建设及电力中长期发展规划深化研究 . 北京：国家电网公司 .

国家发改委能源研究课题组 . 2009. 中国 2050 低碳发展之路——能源需求暨碳排放情景分析 . 北京：科学出版社 .

国家能源局 . 2011. 中国能源发展报告 2011. 北京：经济科学出版社 .

国家统计局 . 2010. 中国统计年鉴 2006~2010. 北京：中国统计出版社 .

国家统计局 . 2011. 2011 中国发展报告 . 北京：中国统计出版社 .

国家统计局 . 2011. 2011 中国统计年鉴 . 北京：中国统计出版社 .

国网北京经济技术研究院 . 2006. 能源基地建设及电力中长期发展规划深化研究（内部项目）.

国网能源研究院，中国电力科学研究院 . 2011. 中国能源中长期发展战略研究 .

国网能源研究院 . 2011. 电力需求格局演变（内部资料）.

国网能源研究院 . 2011. 2011 中国电力供需分析报告 . 北京：中国电力出版社 .

胡航海，李敬如，杨卫红，等 . 2011. 柔性直流输电技术的发展与展望 . 电力建设，32（5）：62-66.

江琦 . 2007. “十一五”电力建设及高压开关市场分析 . 电器与配电，10.

李广凯，梁海峰，赵成勇，等 . 2004. 几种特殊输电方式的分析比较和展望 . 中国电力，37（4）：43-48.

林良真 . 2005. 我国超导技术研究进展及展望 . 电工技术学报，20（1）：2-7.

刘铁男 . 2011. 中国能源发展报告 2011. 北京：社会科学文献出版社 .

刘振亚，舒印彪，张文亮，等 . 2008. 直流输电系统电压等级序列研究 . 中国电机工程学报，28（10）：1-8.

刘振亚 . 2005. 特高压电网 . 北京：中国经济出版社 .

刘振亚 . 2011. 特高压直流输电技术研究成果专辑 . 北京：中国电力出版社 .

人民网日本频道 . 2009. 日本将于年内在宇宙空间进行太阳光发电及输电技术实验 . http：//japan. people. com. cn/35465/6696328. html.

王晋根 . 2009. 刚性气体绝缘输电线路（GIL）市场与技术探讨 . 电器工业，40（9）：87-90.

王绍德，李耀玲 . 2000. 昌房 500kV 紧凑型线路运行特性分析 . 电网技术，24（2）：10-13.

王锡凡，王秀丽 . 1995. 分频输电系统的可行性研究 . 电力系统自动化，4：5-13.

王秀丽，宋永华，王海军 . 2003. 新型交流输电技术现状与展望 . 中国电力，36（8）：40-46

王妍 . 2008. 基于 MARKAL 模型的我国火力发电节能减排研究 . 北京工业大学［硕士学位论文］.

王耀华，张风营，白建华 . 2007. 输煤输电经济性比较 . 中国电力，（12）：6-9.

吴小辰，金小明，赵勇，等 . 2011. 云广直流孤岛运行的稳定特性研究 . 南方电网技术，S1（27）：

7-12.
徐政 . 1995. 超、特高压交流输电系统的输送能力分析 . 电网技术，19（8）：7-12.
张国光 . 2007. 我国新型架空输电线路技术的发展及展望 . http：//www. cwc. net. cn/tech/dltech/31167. html.
中国电力企业联合会 . 2011. 中国电力行业发展规划研究报告 . 北京：中国水利电力出版社 .
中国电力企业联合会 . 2011. 中国电力行业年度发展报告 . 北京：中国市场出版社 .
中国工程院 . 2011. 中国能源中长期（2030、2050）发展战略研究 . 北京：科学出版社 .
中国南方电网公司 . 2006. ±800kV 直流输电技术研究 . 北京：中国电力出版社 .
中国能源中长期发展战略研究项目组 . 2011. 中国能源中长期发展战略研究 . 北京：科学出版社 .
中华人民共和国国家发展和改革委员会 . 2008. ±800kV 特高压直流线路电磁环境参数限值 .
周传让，宋钢，阮源源 . 2010. 同塔多回高压架空输电线路的设计原则及其经济分析 . 能源技术经济，22（5）：33-37.
周先哲 . 2006. 四相输电系统的仿真研究 . 湖南大学硕士学位论文 .
FACTS Terms，Definitions Task Force of the FACTS Working Group of the DC and FACTS Subcommittee. 1997. Proposed Terms and Definitions for Flexible AC Transmission Systems（FACTS）. IEEE Transactions on Power Delivery，12（4）：1848-1853.
Gong X H，Wang H R，Zhang K，et al. 2000. Tests on the first 500 kV compact transmission line in China. Proceedings of International Conference on Power System Technology，Perth（Australia），173-178.
Guyker W C，et al. 138kV Six-Phase Transmission System Feasibility. Proceeding Power Conference，Chicago，USA，1978.
Kunze D，Knierim V，王学刚 . 2007. 用于发电中心大规模电力输送的气体绝缘输电线路 . 中国电力，40（9）：87-90.
Masuda T，Yumuraa H，Watanabe M. 2008. Recent progress of HTS cable project. Physica C：Superconductivity and its applications，（05）.
Portela C M，Tavares M C. 1993. Six-Phase Transmission Line-Propagation Characteristics and New Three-Phase Representation. IEEE Transactions on Power Delivery，8（3）：1470-1483.
Rupich M W，Schoop U，Verebelyi D T，et al. 2007. Development of Second Generation HTS Wire at American Superconductor. Applied Superconductivity，IEEE Transactions，17（2）：3379-3382.
Stewart J R，Wilson D D. 1978. High Phase Order Transmission-A Feasibility Analysis Part II-Over-Voltages and Insulation Requirements. IEEE Transactions on Power Apparatus and Systems，97（6）：2308-2316.
Subhas S，et al. 1989. All India Seminar on Multi-Phase Transmission Systems. Feasibility Studies on Multi-Phase Transmission Systems（High Phase Order）. Kanpur，India，7-19.

附录

附录1　全国煤炭生产、消费、调出实际和规划　　　　(单位：万 t)

地区	2010年			2015年规划		
	产量	消费量	净调出+ 净调入-	产量	消费量	净调出+ 净调入-
全国总计	324 000	338 600	-14 600	37 500	390 000	-15 000
1. 京津冀	9 400	29 900	-20 500	8 900	32 500	-23 600
北京	500	2 800	-2 300	500	2 000	-1 500
天津	0	3 600	-3 600	0	4 500	-4 500
河北	8 900	23 500	-14 600	8 400	26 000	-17 600
2. 晋陕蒙宁甘新	194 700	77 600	117 100	243 500	97 400	146 100
山西	70 000	25 100	44 900	85 000	29 500	55 500
陕西	35 500	10 200	25 300	44 000	14 000	30 000
内蒙古	69 500	25 500	44 000	85 000	29 500	55 500
宁夏	6 200	4 300	1 900	8 500	6 500	2 000
甘肃	4 500	4 700	-200	6 000	5 900	100
新疆	9 000	7 800	1 200	15 000	12 000	3 000
3. 东北	19 300	33 900	-14 600	19 000	38 200	-19 200
辽宁	5 700	15 000	-9 300	5 500	16 200	-10 700
吉林	4 300	8 900	-4 600	4 000	10 500	-6 500
黑龙江	9 300	10 000	-700	9 500	11 500	-2 000
4. 华东	34 800	103 800	-69 000	35 200	112 900	-77 700
上海	0	5 500	-5 500	0	5 500	-5 500
江苏	2 100	25 000	-22 900	2 000	27 000	-25 000
浙江	0	15 500	-15 500	0	17 000	-17 000
安徽	13 000	12 800	200	14 200	14 600	-400
福建	2 100	7 200	-5 100	2 000	8 000	-6 000
江西	2 700	6 800	-4 100	2 500	7 800	-5 300
山东	14 900	31 000	-16 100	14 500	33 000	-18 500
5. 中南	28 000	59 900	-31 900	28 500	70 700	-42 200
河南	20 100	21 500	-1 400	21 500	25 100	-3 600
湖北	1 100	8 600	-7 500	1 000	10 400	-9 400

续表

地区	2010年			2015年规划		
	产量	消费量	净调出+ 净调入-	产量	消费量	净调出+ 净调入-
湖南	6 200	8 300	-2 100	5 500	9 700	-4 200
广东	0	15 000	-15 000	0	17 000	-17 000
广西	600	6 000	-5 400	500	7 800	-7 300
海南	0	500	-500	0	700	-700
6. 云贵	23 100	18 000	5 100	25 900	20 700	5 200
贵州	14 100	9 300	4 800	16 100	11 700	4 400
云南	9 000	8 700	300	9 800	9 000	800
7. 川渝青藏	14 700	15 500	-800	14 000	17 600	-3 600
重庆	4 300	4 600	-300	4 000	5 400	-1 400
四川	9 100	9 500	-400	8 500	10 400	-1 900
青海	1 300	1 400	-100	1 500	1 800	-300

资料来源：《煤炭工业“十二五”规划》

注：净调出为+，净调入为-，2010年全国进口煤炭1.46亿t，2015年规划为1.5亿t。

附录2　晋陕蒙宁甘地区煤炭铁路外运能力现状和规划　（单位：万t）

铁路通道名称	2009年运煤量	2010年能力	2015年能力
全国煤炭运输	175 000	200 043	250 000
其中：晋陕蒙宁甘外运	70 620	84 320	181 000
一、北通道	49 053	59 677	105 000
大秦线	31 543	40 500	45 000
丰沙大线	1 190	1 298	10 000
京原线	574	699	1 900
集通线	802	860	8 000
朔黄线	14 944	16 320	25 000
蒙冀线	—	-	15 000
二、中通道	6 947	8 837	23 000
石太线	6 000	7 543	10 000
邯长线	947	1 384	10 000
和邢线	—	—	3 000
三、南通道	14 620	15 806	53 000
太焦线	5 328	5 702	6 000
侯（新）月线	6 387	7 193	18 000
陇海线	1 720	1 784	6 000
山西中南部通道	—	—	10 000
西康线	153	347	5 000
宁西线	1 032	816	8 000

资料来源：《煤炭工业“十二五”规划》